U0351769

中国环境经济发展研究报告

2015：聚焦城市生态转型

宋马林 崔连标 编著

科学出版社

北 京

内 容 简 介

我国经济可持续发展面临环境污染的巨大挑战，当前我国正处于工业化和城镇化纵深发展的关键阶段，如何协调环境保护与经济发展是政策制定者面临的一个重要问题。本书基于城市生态转型视角，分析了我国城市发展过程中的环境保护问题。首先，我们聚焦于环境污染中的碳排放问题，对我国省市间开展碳排放交易合作的效果进行了定量评估；其次，鉴于城镇化是环境污染的重要影响因素，我们讨论了我国新型城镇化与环境保护之间的关系；再次，研究视角转向城市生态效率评估，并以安徽省为例，分析了安徽省环境污染对生态效率的影响；最后是案例分析，选取天津市、蚌埠市、苏州市和重庆市为研究对象，进一步探究了不同地区在城市生态转型中面临的环境污染困境及潜在的解决方法。

本书适合能源环境相关政府部门人员、战略研究机构人员、科研院所研究人员和大中专院校在校师生等阅读。

图书在版编目（CIP）数据

中国环境经济发展研究报告．2015：聚焦城市生态转型 / 宋马林，崔连标编著．--北京：科学出版社，2015

　ISBN 978-7-03-043752-5

　Ⅰ．①中…　Ⅱ．①宋…②崔…　Ⅲ．①环境经济－经济发展－研究报告－中国－2015②城市环境－生态环境－环境保护－研究报告－中国－2015　Ⅳ．①X196②X321.2

中国版本图书馆 CIP 数据核字（2015）第 053168 号

责任编辑：魏如萍 / 责任校对：王　双
责任印制：霍　兵 / 封面设计：无极书装

科　学　出　版　社　出版

北京东黄城根北街 16 号
邮政编码：100717
http://www.sciencep.com

中国科学院印刷厂　印刷

科学出版社发行　各地新华书店经销

*

2015 年 3 月第　一　版　　开本：787×1092　1/16
2015 年 3 月第一次印刷　　印张：13 1/4
字数：314 000

定价：**78.00** 元

（如有印装质量问题，我社负责调换）

前　言

　　我国工业化与城镇化的快速推进和纵深发展，带来经济的高速增长和物质的极大丰富，但同时也为此付出巨大的环境代价。截至 2013 年年底，我国已经成为仅次于美国的全球第二大经济体。但由于能源利用效率不高和经济发展方式粗放，我国也是当今世界能源消耗量最大的国家、二氧化碳排放量最大的国家和二氧化硫排放量最大的国家。环境污染已经成为制约我国经济可持续发展的重要因素。

　　当前我国正处于经济发展的关键时期，工业化与城镇化正在稳步推进中，预计在未来二三十年内这一趋势仍将继续。作为国家现代化的重要标志，城镇化是经济社会发展的必然产物，也是推动经济社会进一步发展的动力源泉。改革开放 30 多年来，我国城镇人口增加了近 5 亿，如此大规模的城乡人口转移，世所罕见，这既改变了亿万农民的命运，也是经济高速发展的重要原因。随着人口的急剧膨胀，城市资源被大量消耗，环境污染问题不断加剧，由此引发多种社会问题。尽管我国政府一直强调在城镇化推进中要注意生态文明建设，但环境状况总体恶化的趋势并未得到有效遏制，环境矛盾突出，环境压力持续加大，一些重点流域和海域水污染严重，部分地区大气灰霾现象突出，许多地区主要污染物排放量超过环境容量。如何最大限度地发挥城镇化的积极作用，消除或减少其负面影响，并建立符合国情的城镇化格局，是我国城镇化发展过程中必须要解决的一个问题。

　　本书对环境发展的研究是基于城市生态转型的视角，并采用定性与定量相结合的研究方法，重点讨论了城市发展过程中的环境保护问题。首先，放眼全球，聚焦环境污染中的碳排放问题，分析碳排放权交易机制在世界范围内的进展情况，通过对不同国家经验教训的及时总结，给出我国碳排放权交易市场建设的政策建议，相关结论对我国低碳城市建设有着较大的现实意义；其次，立足于我国 30 个省（自治区、直辖市，西藏及港澳台地区除外），考虑环境的另一层因素——城镇化，研究我国新型城镇化与环境保护之间的关系；再次，将研究视角转向安徽省，对其生态效率进行评估，并着重分析安徽省环境污染对生态效率的影响；最后，对天津市、蚌埠市、苏州市和重庆市进行案例分析，针对不同城市的不同情况具体分析其环境发展问题。

　　本书内容是对安徽财经大学环境与可持续发展统计学科特区长期以来研究工作的总结。近年来，作为学科特区的负责人，宋马林教授领导的研究团队从城市生态转型的视角研究经济可持续发展问题，在一系列热点问题上取得重要进展。在本书的创作过程中，来自安徽财经大学多位研究生不同程度地参与具体撰写工作。本书的总体框架设计、组织和统稿由宋马林教授负责；第一章由崔连标和沈永昌完成；第二章由袁帅帅、崔连标和张可蒙完成；第三章由芮源、宋马林和陶军完成；第四章由唐帅、宋马林和吴梦杰完成；第五章由沈永昌、崔连标和宋马林完成。

当然，笔者清楚地知道本书所述内容只是对城市发展过程中环境保护问题的探索，是初步的研究成果；但是，笔者相信从这些方面入手，能够观测到我国城市发展过程中面临的环境污染难题及其可能的解决之道，可为我国新型城镇化推进发挥一砖一瓦的支撑作用。限于知识范围和学术水平，书中难免存在不足之处，恳请读者批评指正！

宋马林　崔连标

2014 年 12 月

目　录

第 1 章

绪　论

环境恶化日益成为制约我国经济可持续发展的重要因素，良好的环境对经济的快速发展有着推动作用，而经济发展又反过来为环境改善提供了物质基础。当前，全球环境污染状况日益严峻，人们的环保意识还有待加强，经济社会的可持续发展面临挑战。衡量环境状况的标准越来越多样化，既包括自然资源等生产要素的指标投入，也包括二氧化碳等伴随物的排放。由于环境对经济发展制约性逐渐增强，因此研究环境与经济发展之间的关系将有明显的现实意义。本书采用由大到小、由面到点的方法，逐级分析城市环境发展问题。下面分四段对本书内容进行归纳。

一

第 2 章从全球视角分析碳排放权交易市场发展现状，进而分析碳排放权交易市场对我国节能减排的促进作用。碳排放权交易机制可对二氧化碳排放进行量化控制，能够促进企业加大低碳技术投资，通过市场机制加强企业间减排合作，是一种成本有效的减排手段。目前，许多国家都在加快本国碳排放权交易体系的探索和建设工作。除了欧洲联盟(简称欧盟)以外，在第十二个五年规划(简称"十二五")期间，我国有包含北京和上海在内的七个省市获准开展先期试点，在此基础上我国将探索建立国内统一碳排放权交易市场。可以预见，碳排放权交易在未来全球节能减排实践中将会发挥重要作用。该章首先利用非期望产出数据包络分析(data envelopment ananlysis，DEA)模型测算了 1995～2011 年我国、美国、日本、欧盟和澳大利亚碳减排效率值，并基于国家之间的效率差异，研究了各国实施碳交易体系的有效性。通过研究发现，我国与其他国家在碳减排效率上存在巨大差距，从而揭示我国建立碳排放权交易市场的必要性。其次，针对我国"十二五"期间节能减排的现实背景，利用以我国经济为背景的动态可计算一般均衡模型，通过构建省际碳排放权交易机制模型，探讨碳排放权交易市场对实现我国"十二五"期间碳排放强度下降目标的成本节约效应。本书的研究估算了我国碳排放权交易市场的交易规模，分析了不同交易情景下的碳均衡价格，以及碳排放权交易市场对我国 31 个省(自治区、直辖市，港澳台地区除外)减排行为的影响。结果发现，为实现"十二五"期间碳排放强度下降 17% 的目标，扣除自然下降率，全国二氧化碳排放需要减少约 6.39 亿吨。如果全国能够建立统一碳排放权交易市场，总的减排成本约为 120.68 亿元，相比无碳排放权交易市场情景节约减排成本 23.44%，此时碳排放权交易量为 1.21 亿吨，市场碳均衡价格约为 38.17 元/吨二氧化碳。本书的研究同时发现，碳排放权交易市场对参与交易省份的成本节约效应各不相同，总的来看，东西部地区成本节约较为明显，部分西部地区能够在完成自身减排目标的前提下，通过加入碳排放权交易市场而获取正的收益。最后，通过总结研究的结果，提出我国碳排放权交易市场建设存在的问题，并给出相关政策建议。

二

第 3 章首先回顾了国内外有关城镇化效率研究工作，并在此基础上结合我国国情，利用 Super-SBM(slacks-based measure，即松弛变量的度量)模型，基于 1999~2012 年的城镇化投入产出数据，测算了我国 30 个省(自治区、直辖市，西藏及港澳台地区除外)的城镇化效率。其次，通过对我国城镇化效率的实证分析，采用横向和纵向两个维度，对东部、中部和西部地区的城镇化效率进行量化比较。最后，基于分析结果，提出提高城镇化效率的政策建议。定量分析表明，我国城镇化发展的总体水平不高，并且存在严重的区域不平衡状况。其中，东部地区的城镇化效率较高，远高于全国的平均水平，但东部地区的内部差异也比较大。西部个别地区城镇化效率排名靠前，但与西部其他地区有明显差距。中部地区未能够与东部地区形成良好的联动机制，城镇化效率整体不高。全国总的城镇化效率在过去 10 年并非一直在提高，而是有缓慢下降的趋势。这表明，在以后的城市化推进中应该注意统筹兼并，协调区域均衡发展，形成城镇联动机制，从而提高整体城镇化效率。

三

第 4 章将研究视角聚焦在安徽省生态效率评价上。首先，对所选取的指标进行描述统计分析；其次，利用考虑非期望产出的 Super-SBM 模型对全省各个地区的生态效率进行测度和排名，通过比较效率值大小来观察非期望产出对各地区环境的影响。基于模拟结果，比较分析了皖南、皖中和皖北三大区域之间和区域内部的生态效率水平的差异。该章将 Super-SBM 模型应用到生态效率评价层面，利用该模型测算了 1999~2012 年安徽省 16 个地区的生态效率值。结果显示，安徽省地区生态效率水平差异较大，但整体呈上升趋势。通过 Super-SBM 模型与经典 SBM 模型的对比分析发现，Super-SBM 模型在处理非期望产出时具有一定的优势，解决了 Super-SBM 模型中因多数地区效率值为 1 而不能进一步评价和排序的问题。该章的研究还发现，生态效率较高的地区一般为经济发达且环境保护较好的地区，生态效率较低的地区往往是环境污染严重的地区。根据安徽省 16 个地区 Super-SBM 模型生态效率值和经典 SBM 模型生态效率值的比较可知，Super-SBM 模型具备潜在优势，因为各市的生态效率值具有较好的区分度，但总的趋势是提高的。安徽省 16 个地区生态效率的差异较为明显，最高的生态效率值大约是最低值的 7 倍。该章的研究发现，通过三大区域生态效率值的对比分析可知，皖南地区和皖中地区的生态效率值较高，皖北地区的生态效率较低。但是，皖中地区的效率值波动很大，凸显出政策的持续性不够。皖北地区的效率值较低，提高其生态效率刻不容缓。

四

第 5 章将研究重点落脚在天津、蚌埠、苏州和重庆四个市上，通过案例分析探究它们在城市生态转型中面临的环境污染困境及其解决之道。由于地区资源蕴藏和发展阶段的差异，四个城市面临的环境压力和需要优先解决的环境问题不尽相同。其中，在天津的案例中，我们重点关注天津市静海县水污染问题，采用 1992～2012 年天津市工业"三废"排放和人均地区生产总值数据，通过建立平滑转换模型，探讨天津市经济发展与环境保护之间的内在关系。结果发现，随着经济的增长，天津市近年来环境污染日益严重。与之不同，苏州市的案例突出其城市生态环境建设体系的构造，并通过模糊数学的方法来对苏州市和江苏省的其他 12 个市区进行综合评价，得到苏州市与其他地区在环境效率方面的差异，并得出相关结论和政策启示。重庆市案例全面分析了重庆市经济发展和环境污染现状，对环境变化趋势进行了 Daniel 检验，结果发现环境污染变化趋势显著，指出重庆应加强经济与环境的协调发展。蚌埠市案例首先分析了蚌埠市经济发展和环境污染状况，利用 2007～2012 年总共发生的 16 起环境污染突发事件，探讨了蚌埠市生态城市的城镇化在推进过程中面临的制约因素和困境。其次，从水污染、大气污染、固体废物污染、能源消耗、城市绿化率五个方面探究蚌埠市在城市发展中的环境压力。最后，运用 SWOT 分析给出相关政策建议。

第 2 章

气候变暖下的全球环境保护

随着全球经济的不断发展，世界各国化石能源消费正在快速增加，由此导致的气候变暖正在威胁着人类赖以生存的生态家园。控制二氧化碳排放是减缓当前气候变暖的一个有效途径，目前世界上许多国家都在尝试利用市场的手段来控制本国温室气体的排放。碳排放权交易作为一种成本有效的市场化减排手段，自提出以来就受到国际社会的普遍关注。当前，不仅是以欧盟为主的发达国家，包含中国在内的发展中国家也在开展本国碳排放权交易市场的建设工作。可以预见，碳排放权交易市场在未来全球节能减排中必将发挥十分重要的作用。本章主要从全球视角分析各国碳排放权交易市场发展现状，并在此基础上模拟分析碳排放权交易市场对我国节能减排的促进作用。

2.1 研究背景

2.1.1 全球性气候变暖与碳排放权交易机制提出

气候变暖已经成为 21 世纪人类社会共同面临的难题。在过去的 150 年，人类社会通过燃烧化石能源积累了巨大的物质财富，但是排放的温室气体在大气中不断累积，由此造成的温室效应正不断影响和威胁人类赖以生存的生态系统。联合国政府间气候变化专门委员会(Intergovernmental Panel on Climate Change，IPCC)第四次评估报告指出，自 1840 年工业革命以来，人类社会通过燃烧化石能源向大气中大约排放 300 十亿吨碳(giga tons of carbon，GTC)，使得全球平均温度大约上升 0.74℃。全球暖化引起北极冰川的快速融化，带来海平面的迅速上涨，自 1961 年以来，全球平均海平面上升的年均速率大约为 1.8 毫米/年，而从 1993 年以来，这一速率增至为 3.1 毫米/年。世界银行的研究指出，国际社会现有的温室气体减排承诺不足以有效减缓全球暖化的趋势，如果当前的趋势持续下去，到 21 世纪末全球温升可能高达 4℃。到时人们可能面临一系列灾难性的后果，如沿海城市被淹没、粮食危机、水资源匮乏、生物多样性遭遇不可逆转的损失等。

将全球温度上升幅度控制在某个合理水平已经成为当今国际社会的普遍共识。发达国家,如美国等,由于在气候变化应对方面具有雄厚的资金和领先的技术,他们率先尝试利用行政和市场的手段来减缓气候变暖的实践。"酸雨计划"是将排放权交易机制应用于控制气体排放最早的探索,随后,碳排放权交易法律法规在美国部分区域相继出台,为将排放权交易思想引入温室气体控制提供了法律制度保障。2001 年丹麦提出温室气体减排计划,英国也于 2002 年规划建立全国性碳排放权交易市场。日本环境署宣布拟在 2003 年正式推出本国碳排放权交易计划。在此之后,澳大利亚和挪威也相继声称开始施行碳排放权交易的探索。2005 年,欧盟碳排放权交易体系(the European Union's emission trading system,EUETS)正式建立,该交易系统已经发展成为当今世界最大的碳排放权交易市场。我国在"十二五"期间也明确提出要建立本国碳排放权交易市场的构想,目前包括北京和上海等在内的七个省市已经获准开展先期试点。可以预见,碳排放权交易市场在未来全球节能减排实践中将发挥重要作用。

目前的国际碳排放权交易市场大致可以划分为两大类:一类是以项目为基础的交易市场;另一类是以配额为基础的交易市场。气候变化是关乎人类生存与发展的全球性问题,需要所有国家的高度关注与有效合作。碳排放权交易制度作为一种依靠市场调节来实现温室气体减排任务的有效机制,已得到国际社会的广泛认可。在"共同但有区别的责任"原则下,我国目前尚无强制性量化减排义务,所以国内碳排放权交易市场需求明显不足,碳排放权交易制度也不完善,在国际碳排放权交易市场中处于边缘地位。但我国碳排放量已经超过美国,跃居世界第一位,因而在温室气体减排方面承受着较大的国际压力。因此,出于转变经济增长方式、保护国内生态环境和减轻国际压力等综合考虑,发展我国碳排放权交易市场、推进温室气体减排势在必行。

作为全球最大的碳排放权交易市场,欧盟碳排放权交易体系的发展始终走在世界前列,实现了碳排放权交易机制理论与实践之间的有机结合,为世界其他地区建立碳排放权交易市场提供了较好的样板。其他发达国家,如加拿大、澳大利亚、日本等也都在积极筹建各自的碳排放权交易市场。我国作为全世界二氧化碳减排量一级市场的最大供应国,由于研究缺失和相关市场化机制不到位,长期没有定价权,国内企业处于国际碳排放权交易市场价值链的低端,损害了国家的整体利益。作为一个发展中国家,我国利用市场机制解决环境问题的经验还不成熟,在碳排放权交易市场建设过程中还有许多需要学习借鉴的地方。立足本国国情,找出我国与发达国家的发展差距,进而制定科学合理的政策措施,对我国建立健全碳排放权交易市场意义显著(樊纲,2009)。

我国推进碳排放权交易市场建设有内在的必要性,其取决于本国国情。在我国经济快速发展的阶段,能源消费过于集中、能源结构不合理和能源效率低下的问题比较突出,因此,能源消费的持续增长将不可避免地带来温室气体排放的增长。截至 2011 年,我国已成为世界最大的碳排放国。目前我国能源结构中煤炭消耗占比过高,这种现状亟待扭转。由于我国还处于工业化进程中,城市化进程也在稳步推进中,能源消耗和碳排放还会不断增加。如何保证能源供应,科学有效地应对环境污染问题,从而实现整个经济社会的良性发展,是当前决策者面临的重要问题。

虽然我国已经开展七个碳排放权交易试点的建设工作,但都较为分散和不协调,碳排放权交易体系亟待建立健全。碳排放权交易市场在我国的发展还不完善,交易市场的不完全、监督核查不到位、初始配额分配不合理等，说明碳排放权交易市场在我国的发展还存在不少的难题和问题。总之，在探索全国统一碳排放权交易市场的实践中，我国还有许多要摸索的地方。通过构造指标评价体系，分析碳排放权交易体系的有效性，通过对碳减排效率进行国别比较，分析国外碳排放权交易市场建设的好经验和好办法，这有利于建立健全我国碳排放权交易体系，推进我国切实有效地开展节能减排工作。

2.1.2 我国碳排放权交易体系发展现状

为了以一种成本有效的方式实现二氧化碳减排，我国在"十二五"中提出建立国内碳排放权交易市场的构想。目前，包括北京和上海等在内的七个省市获准开展先期试点。但是，由于市场化程度不高，缺乏可供借鉴的经验，碳排放权交易市场在我国的发展还处于摸索阶段，一些关键问题亟待突破。

1. 缺乏合理的碳排放权初始分配方案

我国目前的碳排放权初始分配制度存在一定的缺陷。首先，我国还主要采取自愿减排措施。许多企业担心现在减排越多，日后实施总量控制时，其所能分配到的排放配额将会越少。在此顾虑下，企业实施节能减排的动力明显不足。同时，也存在新建企业和已建企业在排污权初始分配方面的不公平。其次，排污权名义上是公共资源，实质上受政府所管辖，变相为管理部门的一种权力资源。因此，由于政策失灵的存在，企业受到利益驱动可能存在寻租行为，因此碳排放权交易受管理部门操纵的影响。最后，我国幅员辽阔，地区间发展极不平衡，如何在我国 31 个省（自治区、直辖市）实现碳排放权公平合理的分配挑战巨大，目前还未有明确的方案。

2. 碳排放权交易市场的法律体系不健全

健全的法律法规可以规范和促进碳排放权交易的有序发展。作为当前全球最大的碳排放权交易市场，欧盟碳排放权交易体系的建立离不开法律法规的保障。目前，我国在碳排放权交易方面的立法工作进展不顺，关于碳排放权交易规则、交易方式、纠纷解决机制、交易双方的权利与义务，以及碳排放权交易试点的法律授权等关键性问题还未能有效解决。法律法规的缺失在一定程度上阻碍了碳排放权交易市场在我国的发展。

3. 政府监督管理的力度不够

碳排放权交易是国家环保部门监督和管理下的一种自愿市场行为。碳排放权交易市场作为一个二级市场，它的基础是一级市场的行政行为，在碳排放权交易的过程中交易标的的审核及分配等都需要相关行政部门的参与和指导。目前，碳排放权交易机制还不完善，在对环境监测标准和监测设施的技术开发上，还存在很多不足，监管及制度的缺失将阻碍我国碳排放权交易市场的建立。

4. 缺少规范性的碳排放权交易场所

欧盟和美国的碳排放权交易体系的规范化是分别建立在欧洲气候交易所和芝加哥气候交易所运行良好的基础之上的。自 2007 年以来，国内也在尝试建立环境权益交易平台。例如，2007 年 11 月 14 日，我国第一个碳排放权交易平台在浙江省嘉兴市揭牌成立，自此碳排放权转让有了专门的二级市场。2008 年，我国先后成立了北京环境交易所、上海环境能源交易所和天津碳排放权交易所三家环境权益交易机构。2009 年，国内更是涌现出大量环境权益交易机构，如山西吕梁节能减排项目交易中心，武汉、杭州、昆明等地的环境能源交易所。但对比国外的环境交易所，它们都还处于初级阶段并且发展不完善。此外，政府在交易配额分配中依旧处于主导地位，导致存在着交易价格不稳定、交易主体范围狭窄、交易不透明等问题。

5. 缺乏碳排放权交易的定价机制

微观经济学的核心就是价格理论，价格是商品真实价值的表征方式，真实的价格是保证交易顺利进行的基础(杜栋等，2008)。我国碳排放权交易体系的建立过程中还存在定价困难的问题。国内一般都是依据国外的定价机制来定价，而未形成自己的定价机制，往往不能反映出交易标的的真实价值。同时政府规定了初始碳排放份额，在行政体系的干扰下，碳排放权交易的价格易受到人为操控，导致市场交易价格不稳定，从而影响碳排放权交易市场的整体效率。

6. 落后的技术条件

新古典经济学指出技术进步作为内生变量，对企业提高生产效率、降低生产成本有着重要影响。虽然我国在清洁生产技术方面取得了许多成果，积累了很多宝贵经验，但是对一些国际尖端的节能减排、清洁生产方面的技术与方法还没有完全掌握。相对落后的技术不仅直接导致我国碳排放权交易的价格偏高于产品的真实价值，影响到市场机制功能的充分发挥，还会使得我国在国际碳排放权交易市场上处于不利的竞争地位。

2.1.3　完善碳排放权交易体系的迫切性

完善碳排放权交易体系是我国当前迫切需要解决的一件事情。首先，在国际市场上，我国企业没有定价权，处于被动、劣势地位；同时，我国国内碳排放权交易市场的交易活动主要以企业自愿减排项目为主，采取的是协议定价，交易量在全球碳排放权交易市场上所占比重也很小。其次，我国基于碳排放权配额的碳金融市场发展严重滞后。基于碳排放权的金融产品是碳排放配额货币化的产物，碳金融产品可以是碳排放配额派生出的相关期货和期权产品，如碳排放配额的远期合约、期货合约、期权合约、掉期合约等金融产品；也可以是以减排项目为标的碳资产的买卖。我国碳金融市场总体上还处于起步阶段，存在着金融体系不健全、碳金融中介市场发展滞后、碳排放权交易所功能不完善、企业及金融机构对碳金融认识不足等问题。

2.1.4　研究意义

加强和完善我国碳排放权的相关研究具有深远意义，主要体现在以下几个方面。

1. 有利于提高我国碳排放权交易竞争力，维护碳排放权交易利益

目前，我国主要是以清洁发展机制(clean development mechanism，CDM)的表现形式参与国际碳排放权交易，由于这是基于项目交易，而不是标准化的交易合约，加之信息不透明，我国企业在谈判中常常处于弱势地位。据悉，国际市场上碳排放权交易价格一般在每吨 17 欧元左右，而我国单位碳排放权交易价格为 8~10 欧元。因此，如何

增强碳排放权交易市场的竞争力，特别是定价权利，从被动的价格接受者转变为价格制定的公平商议者，以维护我国的碳排放权交易利益，这些都将是我国亟待解决的问题。

2. 有利于培养全社会低碳经济意识

二氧化碳排放的空间属于公共物品范畴，因此二氧化碳排放具有外部性的特征。为解决二氧化碳排放外部性内在化问题，可以对其施加一定的约束条件，在约束条件下，再通过市场机制调节碳排放权的归属。而对碳排放权的确定，政府的指导和干预是必不可少的。由于经济基础决定意识形态，如果政府对碳排放权加以约束，使碳排放权在消费上具有竞争性和排他性，这样首先使低碳意识融入企业生产，其次通过低碳产品促进低碳消费的形成，并且逐渐地通过碳排放权交易市场的拉动和推进作用，最终使全社会自觉进入低碳经济发展路径中。

3. 有利于发展新兴"产品"交易市场，培育新的经济增长点

我国金融业在 2007 年开始的金融危机中受到的冲击小，这给我国发展低碳经济提供了契机。我国应充分利用良好的金融中介平台，改变目前单一碳资本与碳金融发展落后的现状，充分发挥碳排放权交易具有金融产品特性的作用，开展碳排放权远期交易、碳排放权交易证券、碳排放权交易期货、碳排放权交易基金等各种形式碳金融衍生品的金融创新。我国应通过借鉴国际碳排放权交易机制，完善碳排放权交易制度，建设多元化、多层次的碳排放权交易平台，并加快构建碳排放权交易市场，培育新的经济增长点，促进经济的可持续发展。

4. 有利于展现和维护我国负责任的国际形象

当前的国际金融危机使我们意识到经济发展不仅需要增长速度，而且更应注重增长质量和效益。2013 年的中央经济工作会议上我国政府指出要加大经济结构调整力度，努力提高经济发展质量和效益，提高可持续发展能力。在 2009 年哥本哈根会议上，我国政府明确地提出到 2020 年我国单位国内生产总值（gross domestic product，GDP）二氧化碳排放比 2005 年下降 40%～45% 的目标。我国在面对国际国内形势变化的情况下，自主地把发展低碳经济作为国家的重要战略部署，体现出负责任的大国风范。

以上分析比较得出，由于发达国家碳排放权交易体系起步较早，发展较为完善，涉及的企业很广，覆盖了国内绝大多数的温室气体排放企业，且碳排放权交易量大，碳减排方式多样，在世界碳排放权交易市场中往往处于主动地位。反观发展中国家碳减排大都基于自愿，且主要产生于清洁发展机制，核证减量量收益取决于发达国家需求，而且交易种类单一，交易市场不完善。当前世界多数国家都在积极推进碳排放权交易计划，我国面临巨大的机遇和挑战。提高我国的碳排放权交易竞争力，实现低碳经济的新策略和可持续发展的长远目标，发展和完善我国的碳排放权交易市场，是当前紧迫的任务。

2.1.5　相关概念

温室气体排放具有负外部性，排放主体并不承担全部成本，因此容易造成过量排放，形成"公地悲剧"。在环境容量有限的前提下，为达到减少碳排放量的长期目标，可以采用征收碳税和碳排放权交易两种方式。碳税更加灵活，而且符合污染者付费的原

则，但是减排效果较差，排放总量难以控制；碳排放权交易的减排效果明确，但是碳权分配的协调难度大。因此，一国范围内的减排制度应该是两者的配合使用，但国家之间的减排机制普遍采用的还是碳排放权交易。

目前国际碳排放权交易市场可以划分为两大类：一类是以项目为基础的交易市场；另一类是以配额为基础的交易市场。而以配额为基础的交易市场又分为京都市场和非京都市场。京都市场的参与主体主要为《京都议定书》下有减排义务的国家及其他法律实体，它们在市场提供的碳排放交易平台上开展碳排放权交易，以满足自身的温室气体排放限额。非京都市场与京都市场不同，在该市场上，碳排放权的买方通常是一些出于履行社会责任等目的而自愿减排的大公司。目前，全球已构建了多个专门从事碳排放权交易的国际性交易体系，为碳排放权交易的国际化提供了平台，知名的包括欧盟碳排放交易体系、英国碳排放交易体系、芝加哥气候交易所、澳大利亚新南威尔士碳排放贸易体系。其中，欧盟碳排放贸易体系和英国碳排放贸易体系是典型的京都市场，而芝加哥气候交易所与澳大利亚新南威尔士碳排放贸易体系则是非京都市场。就全球来说，京都市场占主要地位。

这些已建立的碳排放权交易市场在参与主体的准入、市场的交易产品、市场的交易程序等方面都做出具体的规定，各级碳排放权交易市场在参与主体的基本准入条件上具有共性。对比可知，两类市场的参与主体基本一致，但存在以下差异：京都市场的准入标准要高于非京都市场；京都市场的供给弹性较小，非京都市场的供给弹性较大；碳排放权额度的价格越高，自愿参与碳排放权交易的主体个数越少。因此，京都市场碳配额的价格要偏高于非京都市场。其中，《京都议定书》规定的三种碳排放权交易机制为清洁发展机制、联合履行机制（joint implementation，JI）及排放贸易机制（emissions trading，ET）。清洁发展机制的基本运行方式是发达国家为发展中国家提供资金和技术，通过取得在发展中国家开展的合作减排项目所获得的"核证减排量"，来完成发达国家承担的强制减排任务。联合履行机制的基本运行方式是发达国家之间，一国在另一国出资开展减排项目并从中获得减排单位，通过这种彼此合作开展的减排项目来获得所需要的强制减排量。排放贸易机制是指发达国家之间通过有偿转让碳排放额度来增加一国的温室气体总排放份额。所以，清洁发展机制是为发达国家与发展中国家之间的碳排放权交易设计的，联合履行机制和排放贸易机制则适用于发达国家间的碳排放权交易。目前，我国对外碳排放权交易的主要形式就是清洁发展机制。清洁发展机制具有双赢的作用，它既可以帮助发展中国家实现可持续发展，又可以帮助发达国家实现减排承诺。发展中国家通过这种项目合作，可以获得更好的技术，获得实现减排所需的资金甚至更多的投资，进而实现可持续发展的目标；而发达国家通过这种合作，能够以远低于国内所需的成本实现在《京都议定书》中的减排承诺，节约大量节能减排本所需的资金。

2.2　国际与国内主要碳排放权交易市场发展状况

2.2.1　欧盟碳排放权交易体系

欧盟一直是《京都议定书》的坚定支持者和积极推动者，在应对气候问题和发展低碳经济方面一直起着积极的作用。在《京都议定书》中，欧盟提出，到 2012 年，欧盟 15 国（2005 年之前加入欧盟的成员国）温室气体排放比 1990 年降低 8％的目标，达成《京都议定书》所规定各阶段的限控指标；欧盟中的 12 国（2005 年东扩后加入的成员国）实现各自承诺的减排目标。

欧盟碳排放权交易体系自 2005 年启动以来不断发展，目前已是众多体系中规模最大、交易活动最频繁的体系。欧盟碳排放权交易体系被视为实现《京都议定书》目标的关键，是欧盟主要的气候政策工具。在某种程度上，它刺激了低碳技术投资，促进了温室气体减排（熊灵和齐绍洲，2012）。基于其实施以来取得的良好效果，对其进行研究是有必要的。

（1）总量交易的碳排放权交易模式。具体来讲，欧盟作为权利拥有者规定碳排放总量，各成员国根据自身排放情况设置一个合理的本国排放量上限，并作为二级权利拥有者向本国需求者发放一定额度的排放许可。

（2）分权化治理模式。分权化治理模式符合欧盟众多成员国的差异性，部分权利，如排放权分配和监督权的自主性有效地兼顾了各国的利益，避免了盲目分配造成的成员国配额溢出或不足，促进内部成员国平衡性发展（李布，2010）。

（3）逐步实现与市场的对接和交流。在第一阶段内，欧盟碳排放权交易体系允许使用欧盟外的减排信用。该方式实现了清洁发展机制与联合履行机制的对接，但上述两种机制占比要小且不能作为主导减排机制。在第二阶段，为了完成国家间交易体系的对接，欧盟积极行动，签署双边协议。目前，加拿大、日本、瑞士等国，甚至是美国州一级的碳排放权交易制度都拟同欧盟碳排放权交易体系建立起连接（Ellerman and Buchner，2007；王伟男，2009）。

（4）完善的法律框架。欧盟委员会发布的关于碳排放权交易的指令对碳排放权交易市场的构建做出明确的规定，包括碳排放权交易市场限额的分配流程及方式、管理主体、准入对象、监管机构、处罚措施与相应法律责任等，并在指令中详细规定了欧盟碳排放权交易体系的运行阶段（试验期、执行期），保证了机制运行的流畅性与持续性。

（5）较好的公平透明性。欧盟委员会对各国计划的审核在很大程度上保证了分配的公平性，企业每年的温室气体排放情况报告和第三方机构的核准报告对社会公开，以及从 2013 年开始的部分配额拍卖的发放形式，都将有效提高欧盟碳排放权交易体系运行的透明度。

（6）严格的监测考核体系。由于欧盟碳排放权交易体系是市场化运作，因此必然会出现市场失灵的情况，而欧盟碳排放权交易体系的调控、管理和监督措施，保证了该市场的健康、规范和有序发展。尽管欧盟碳排放权交易体系经历了三个阶段的改革和完善，但它还是存在需要完善的地方，依然存在着初始阶段碳排放配额分配过多、"祖父规则"的市场不公平和碳排放配额交易价格波动且过低的问题（Oberndorfer，2009）。

2.2.2　美国碳排放权交易体系

美国以发展中国家和新兴国家没有明确减排目标及气候问题的不确定性为由，至今没有签署《京都议定书》。虽然美国在国际碳排放权交易市场中呈现出消极的态度，但其国内碳排放权交易市场建立得却十分积极。另外，目前美国还没有一部规范碳排放的联邦法案，但已通过《马萨诸塞州诉美国环保署》的经典判例，将二氧化碳列入污染物进而纳入《清洁空气法》的调整范围，由此确立了碳排放权交易的法源基础。目前，碳排放权交易体系在美国国内建设迅速，得益于其排污权方面的探索与发展，各区域在构建碳排放权交易体系时考虑的比较完善。目前，美国一些州已经建立了区域碳排放权交易体系。随着美国碳减排行动的不断进行与改进，这些州已经形成成熟的区域性市场体系，其中较为完善知名的有以下几个。

1. 西部气候行动

西部气候行动(western climate initiative，WCI)是由美国西部五个州共同发起的。州与州之间的合作与交流则是由联络员负责，以促进区域间的相互借鉴与学习。西部气候行动旨在通过州、省之间的联合来推动气候变化政策的制定和实施。配额设置与排放额分配委员会负责为本区域设置排放上限，以及在各成员间分配排放额；各成员州、省委派代表组成委员会和秘书执行其日常工作；西部州长协会则全面负责各项目的管理。

2008 年，独立性区域性碳排放权交易体系方案的提出对西部气候行动的进步与完善起到了促进作用。2010 年西部气候行动又公布了当时最为详尽的温室气体减排战略，该战略将重点放在"总量控制和交易"制度上面，围绕上述原则开展行动，试图通过给予参与者经济利益来促使它们积极参与减排。该体系先从发电厂开始实施，逐步扩大并扩展到交通运输和大型工业生产领域，实现 2020 年在 2005 年基础上减排 15% 的目标。

2. 区域性温室气体倡议

区域性温室气体倡议(regional greenhouse gas initiative，RGGI)是强制性减排体系。区域性温室气体倡议是美国第一个以市场为基础的强制性减排体系。区域性温室气体倡议和西部气候行动一样，也是以州为基础成立的区域性应对气候变化的合作组织，试图推动清洁能源经济创新与创造绿色就业机会，但不同的是它仅将电力行业列为控制排放的部门。

此倡议强制并纳入规制对象的是电力行业，要求各州至少要将拍卖收益的 25% 用于战略性能源建设项目。区域性温室气体倡议季度性进行配额拍卖，并将拍卖中配额数目的 25% 作为每个竞标者每次所能获得的配额上线，以防止不正当竞争行为。区域性温室气体倡议为了随时跟踪碳排放权交易情形，引入了配额追踪系统。企业碳减排情况的监督则是由独立的第三方核证监督机构进行。灵活的减排履约机制确保减排主体能以最低化成本履行减排义务与国际碳减排市场衔接，刺激统一各成员在碳减排行动的积极性。区域性温室气体倡议目前已经成为一个协调、统一的区域性碳排放权交易市场(冯静茹，2013)。

3. 气候储备行动

气候储备行动(the climate action reserve，CAR)于 2009 年正式启动，是一个基于项目的碳排放权交易机制。它不仅制定一个可量化、可开发、可核查的温室气体减排标准，而且发布基于项目而产生的碳排放额，透明地监测全程的碳排放权交易过程。

气候储备行动的目标是能够在未来将现有体系打造成所有参与者在册登记、所有参与者减排结果可连续跟踪的先进平台。在市场方面，气候储备行动排除了那些认为已经被其他标准充分考虑了的部门，如可再生能源发电、绿色建筑等部门，这表明其旨在深入发展而不是激进地向外扩张。气候储备行动建立的二氧化碳减排标准比较细致，减排数据可以进行量化，减排结果易于检验。

4. 芝加哥气候交易所

在美国，率先进行减排行动的是芝加哥气候交易所（Chicago Climate Exchange，CCX）。2003 年美国成立芝加哥气候交易所，其是一个具有法律约束力、由企业自愿组成的温室气体排放交易机构，交易标的包括六种温室气体，参与者主要是来自美国、加拿大及墨西哥的企业和机构，目前有会员 400 多个，包括福特和杜邦等世界 500 强企业，以及新墨西哥州和波特兰市等政府。但是由于芝加哥气候交易所是自愿市场，市场规模偏小，且美国政府气候政策的不确定性限制碳排放权交易市场的发展，2010 年芝加哥气候交易所的母公司被亚特兰大的洲际交易所以 6.22 亿美元的价格收购。

芝加哥气候交易所是全球第一个自愿性参与温室气体减排交易并对减排量承担法律约束力的市场交易平台，也是全球唯一同时开展二氧化碳、CH_4、SF_6、N_2O、氢氟碳化物、全氟化物六种温室气体减排交易的市场，拥有欧洲气候交易所、蒙特利尔气候交易所等子公司，是全球第二大碳汇贸易市场，也是美国唯一认可清洁发展机制项目的交易系统。2006 年，芝加哥气候交易所制定了《芝加哥协定》，详细规定了芝加哥气候交易所的建立目标、覆盖范围、投资回收期、注册和监测程序、交易方案和细则等内容。芝加哥气候交易所也是根据配额和交易机制进行设计的，其减排额的分配是根据成员的排放基准额和减排时间表来确定的。加入芝加哥气候交易所的会员必须做出减排承诺，该承诺出于自愿但具有法律约束力。如果会员减排量超过了本身的减排额，它可以将自己超出的量在芝加哥气候交易所进行交易或存进账户，如果没有达到自己的承诺减排额就需要在市场上购买碳金融工具合约（carbon financial instrument，CFI）（胡蓉和徐岭，2010）。

芝加哥气候交易所具有以下几点值得研究参考。首先，芝加哥气候交易所有可操作性强的制度框架及交易细则；其次，芝加哥气候交易所拥有覆盖范围广泛的会员实体，极大地推动了芝加哥气候交易所的快速有效发展；再次，结算迅速、价格透明公开的交易系统，为会员之间进行交易提供便利的同时保证交易的安全；最后，交易品种相对齐全，丰富了市场投资者的选择，促进了市场价格机制的进一步完善。

美国成熟的市场经济制度使上述碳排放权交易体系自运行以来已经取得了不错的效果，金融行业的接入进一步推进了区域碳排放权交易体系的发展，尤其是区域性温室气体倡议及芝加哥气候交易所贡献巨大，其中不乏部分创新点与成熟点，值得我们借鉴和参考。

2.2.3　日本碳排放权交易体系

第三大经济强国的称号不能掩盖掉日本成为第五大温室气体排放国的事实，国际的压力与国内可持续发展的需要使其碳减排行动的实施刻不容缓。在能源效率方面，日本存在着能源利用效率较高但排放量大的产业与实现减排目标的能源相关的政策措施不协调的矛盾；在能源结构方面，日本使用的核能所占比重占到总能源的 1/3，地震频发与核泄漏又使得日本不得不减小核能使用的比重而转向使用石油等碳含量高的能源，从而增加了碳排放量。近年来，日本政府在减排上做出诸多努力，包括法律的完善与相关细致性法规的出台。

1. 自主参加型国内排出量取引制度

自主参加型国内排出量取引制度（Japanses voluntary emission trading scheme，JVETS）是日本最早开始实行的碳减排体系。JVETS 以自愿参与、总量贸易方式支持企业资源减排行动，参与者做出的减排承诺需低于基准年排放量，经批准后的企业可以申请环境省津贴以减轻减排设备的购买成本，监测部门在企业承诺的履约期末通过第三方对单位进行核查。JVETS 主要覆盖范围为工业企业，以酒店、办公楼等公用设施数量为最多，参与单位分为两类：一类是有减排目标的参与者；另一类是用于融通市场的配额交易不进行实际减排的贸易参与者（Kossoy and Ambrosi，2010）。

2. 日本试验排放交易系统

日本试验排放交易系统（Japanese experimenrtal emission trading system，JEETS）于 2008 年 10 月开始实施。它是经产省的设计产物，政府在后期负责实施。该系统的目标定位明确，规模较大、能耗较高的企业是其纳入的主要对象，因此电力行业、钢铁制造业和石油冶炼行业都是其目标。其目的是以非强制型的方式帮助企业实现减排目标，同时在运行过程中通过审验发现使用碳排放权交易计划可能引发的问题。

3. 区域性地方碳排放权交易体系

区别于上述两种体系，区域性地方碳排放权交易体系是强制性地将企业纳入减排体系中来，其完全独立于国家碳排放权交易体系运行。区域性地方碳排放权交易体系有三个，在这些区域，国家专业部门不对其进行监管，而是由地方政府主导。在日本所有城市中，温室气体排放量最大的是东京，它同时也是能源消耗最大的城市。京都碳排放权交易体系以抑制消费端能源需求为主，覆盖的碳排放源多是大型建筑。例如，琦玉县碳排放权交易体系除去指标上有所变动，其设计过程是完全参照京都碳排放权交易体系的。京都碳排放权交易体系并没有从刺激企业自身减排方面入手，其本质上属于信用抵消市场（徐双庆和刘滨，2012）。

日本碳排放权交易体系在建立过程中遇到了很多困难，但政府一直发挥着主导作用，为法律法规、低碳宣传的制定提供了有力的支持。现有的碳排放权交易市场虽说功能相对有限，但在配套环境、体系设计、机构设置和未来行业发展整体系统性设计上具有科学性和完备性（常炒等，2010）。

2.2.4　澳大利亚碳排放权交易体系

澳大利亚尝试将碳排放权交易制度立法化，其中澳大利亚新南威尔士温室气体削减计划（greenhouse gas abatement scheme，GGAS）最具有代表性，其于 2003 年正式启动，有效期至 2012 年。2003 年，澳大利亚的新南威省对电力行业的温室气体进行规范，建立温室气体减缓计划以达到 2007 年使该省的总体人均排放口标下降到 7.27 吨二氧化碳当量的目标。温室气体减缓计划在 2005 年的交易量是 600 万吨二氧化碳当量，交易额为 5 900 万美元，到 2008 年交易量达到 3 100 万吨二氧化碳当量，交易额为

18 300万美元。另外，温室气体减排计划是基于项目的碳信用交易，先根据省内电力部门的排放量来确定每人年排放量，并逐年递减，参与者再根据历史排放量、趋势照常方式方法或目前产业状况，设定减排目标。一单位由一吨二氧化碳当量为代表。规制对象包括基准参与者和减量权证提供者，基准参与者主要是南威尔斯省内供电企业、发电厂及购电者。

温室气体减排计划是最早具有强制性碳排放权交易的计划，同时也带有地方性、行业性色彩。温室气体减排计划主要针对的是电力行业，将定量的份额分配给该州的电力零售商和其他部门以期减少电力生产和使用所产生的二氧化碳。企业产生额外二氧化碳时可以通过购买由专门机构认证的削减认证来补偿。每年都会有专门机构对全部实体的本年度碳排放配额量和实际减排量进行一次核查，超量排放的企业将受到严惩。温室气体减排计划实施9年以来取得了良好的成绩，新南威尔士州政府宣布将其延长至2020年(章升东等，2007)。

目前澳大利亚政府已经宣布将在全国范围内推行强制碳排放权交易机制，澳大利亚的碳排放权交易分两步走：2012年7月，首先引入碳税机制作为过渡初期的减排机制，正式过渡结束要到2015年。这个阶段，澳大利亚碳排放权交易的企业纳入规则是年排放总量达2.5万吨二氧化碳(部分行业是1万吨)，这些企业每年的排放总量占整个澳大利亚排放总量的60%以上，涉及的行业有能源、矿业、工业和交通等，涉及的温室气体包括甲烷和二氧化碳等。价格的高低初期由政府规定，随后则由市场决定。有研究表明该机制于2015年7月施行，市场的供求将作为主导碳价变动的完全因素。政府实行总量控制，分配初始配额并引入价格补贴以保护本国企业的竞争力(廖振良，2012)。

2.2.5 其他国家碳排放权交易体系

1. 英国碳排放权交易体系

英国于2002年4月启动了全球首个温室气体排放交易制度，即英国排放交易体系(UK emission trading system，UKETS)，并计划运行5年(2002~2006年)，2007年开始与欧盟碳排放交易制度接轨，目的就是加快形成成本有效的温室气体减排机制，为英国企业加入欧盟碳排放权交易体系积累经验，并促使伦敦成为欧洲碳排放权交易中心。英国的碳排放交易制度是一个以排放权交易为主，以气候变化税、气候变化协议及碳基金等为辅的混合治理机制，是一个企业自愿参与的弹性市场，政府可提供相应的资金奖励和财税优惠政策。

2. 印度碳排放权交易体系

印度是最早建立真正场内碳排放权交易市场的发展中国家，从2008年4月份开始进行碳排放权交易。印度借鉴欧洲的经验，积极发展碳排放权交易二级市场，为节能减排和发展清洁能源提供更多资金来源，形成一种自下而上的民间管理模式。印度有220家科研机构进行这方面的研究，包括喜马拉雅山的冰川融化问题及其对气候的影响、检测气体等五项独立的研究。印度是清洁发展机制做得较好的国家之一，是仅次于我国的全世界登记注册项目最多的国家。

2.2.6　我国区域碳排放权交易体系

1. 我国区域碳排放权交易体系规划

IPCC 第四次评估报告在全人类面前揭示了温室气体不断增加的危险性，同时也传递了一个信息，即通过一定的措施，将温室气体排放总量缩减到较低水平是能够实现的，而且越早的展开碳减排行动，国家所付出的成本越低；并指出，在未来，发展中国家将成为二氧化碳排放的主体，同时也将是二氧化碳减排的主体。

环境问题的严重性和减排二氧化碳的重要性已经被我国政府感知和认同。近年来，政府工作日程开始着重于碳减排问题。为实现所承诺的二氧化碳减排目标，我国已经明确二氧化碳减排的步骤。首先，从基础出发明确统计方法与细化核算流程；其次，先区域后统一地建立国内碳排放权交易体系。国内碳排放权交易市场的建立耗时长久、任务量大，因此目前一个尝试性的起步便是碳排放权交易试点。2011 年 11 月，试点工作启动，首批试点城市已经确定，以期为构建全国碳排放权交易市场积累经验。试点城市包括两省五市，两省为广东省和湖北省，五市为北京市、天津市、上海市、重庆市和深圳市。以上省市于 2012 年获得批准，可以尝试开展碳排放权交易试点工作。另外，会议已经拟定 2013 年为总量限制碳排放权交易开展时间。

各试点的基本思路是：政府对纳入试点企业的配额进行计算，然后予以配额发放；每年企业的实际碳排放量都要被核算并与配额进行比较，超排放的将被处罚。其概括起来为实施范围确定、监测报告核查、配额管理实施、交易规则确定。

2. 我国各区域碳排放权交易体系实施现状

目前，上述两省五市已经开展了碳排放权交易试点活动，虽然试点启动时间不一致，但各地都积极开展相关准备活动，几个省市的试点工作实施方案与交易规则和流程等草案已经发布，各项工作都在稳步推进。

2013 年 11 月 26 日，上海试点工作完成，试点启动。借鉴国际二氧化碳总量配置经验，上海采用"历史排放法"和"基准线法"来测算企业碳排放总量。纳入企业主要为化工、钢铁和能源等行业。试点免费对 191 家企业的额度进行配给，对于超出部分，企业需要通过购买来补足。为了达到宣传效果，鉴定减排决心，上海通过政府令发布碳排放权交易管理办法并且明确了详细的规则，这是上海试点的鲜明之处。2013 年 11 月 28 日，北京环境交易所正式开市。交易参与方通过交易协议进行交易，协议生效后，参与企业需要办理碳排放配额交割与资金结算。交易试点活动中，北京对交易方式进行深入研究，考虑到交易的可行性与灵活性，设计了三种交易方式供企业选择。配额的计算已经完成并下发，总体配额呈现年度递减趋势。

广东省是全国首个进行有偿配额拍卖碳排放权的试点省份，碳排放一级市场启动以后，广东省组织了有偿配额的首次竞价发放。虽然广东省是响应国家号召最先启动碳排放权交易试点的，但广东省地级市众多且经济发展不平衡、区域面积广等问题给碳排放权交易试点的工作带来了一定的难度。深圳市是国内第一个实行碳排放权交易试点的城市。带着对碳排放权交易试点慎重开展的态度，深圳市在正式进行碳排放权交易之前，进行了反复的研究、论证和测试，历时半年之久。深圳以"现货交易"方式为主进行配额交易，虽然历时最久，但其试点运行以来的碳价一直大幅度波动。此外，重庆市碳排放权交易计划工作于 2013 年年底基本完成。截至 2013 年年底，作为国家中部唯一试点地区，湖北省已经完成企业核查，分配方案也在完善中。天津碳排放权交易所于 2013 年 12 月 26 日正式启动。以二氧化碳年排放量为两万吨作为试点企业纳入标准。目前，天津市有 114 家企业符合纳入标准，包括电力热力、钢铁等五个行业，偏向于重工业化行业。

虽然试点已经在运行之中，但距离建设成为系统性的碳排放权交易市场还有很长的路要走，如前面所提到的法律缺失、系统平台的低效等问题阻碍了碳排放权交易的进一步发展，碳排放权交易体系亟待建立健全。研究碳排放权交易制度在各国的发展历程与演进的内在规律，总结出科学、高效交易制度存在的借鉴点，对低成本地构建高效碳排放权交易制度具有参考意义。

2.3 国际碳排放权交易体系有效性评价

结合前面介绍的各国的碳减排情况，本节运用 DEA 模型选取三个投入指标和两个产出指标对美国、欧盟、日本、澳大利亚和中国的碳减排效率进行测算，期望通过测量这五个主体碳排放权交易体系的有效性，进一步得出一些有益结论。

2.3.1 模型介绍

DEA 是一种常用的效率评价方法，对于基本知识本节不予赘述。本节采用 DEA-VRS 模型进行效率分析。其中，Malmquist 生产力指数（简称 Malmquist 指数）模型是用于考察全要素生产率（Tfpch）。

$$M_i^t(\boldsymbol{x}_i^{t+1},\ \boldsymbol{y}_i^{t+1};\ \boldsymbol{x}_i^t,\ \boldsymbol{y}_i^t) = \frac{D_i^t(\boldsymbol{x}_i^{t+1},\ \boldsymbol{y}_i^{t+1})}{D_i^t(\boldsymbol{x}_i^t,\ \boldsymbol{y}_i^t)} \tag{2-1}$$

$$M_i^{t+1}(\boldsymbol{x}_i^{t+1},\ \boldsymbol{y}_i^{t+1};\ \boldsymbol{x}_i^t,\ \boldsymbol{y}_i^t) = \frac{D_i^{t+1}(\boldsymbol{x}_i^{t+1},\ \boldsymbol{y}_i^{t+1})}{D_i^{t+1}(\boldsymbol{x}_i^t,\ \boldsymbol{y}_i^t)} \tag{2-2}$$

式(2-1)和式(2-2)表示以最小投入与实际投入之比测算在投入组合下的技术效率。其中，$\boldsymbol{x}_i^t = (K_{it},\ L_{it})^t$ 为第 i 个国家在 t 时的投入向量；产出 Y 为 $\boldsymbol{y}_i^t = (Y_{it})$；$D_i^t(\boldsymbol{x}_i^{t+1},\ \boldsymbol{y}_i^{t+1})$ 为 $t+1$ 时刻的效率，以 t 时刻的技术值来替代，其他三个距离函数的意义同理可推；M_i^t 表示 t 时全要素生产率值。

M_i^t、M_i^{t+1} 的几何平均值为 Malmquist 指数，将其分解为技术效率变化和技术进步变化两部分。

$$\begin{aligned}
M_i(\boldsymbol{x}_i^{t+1},\ \boldsymbol{y}_i^{t+1};\ \boldsymbol{x}_i^t,\ \boldsymbol{y}_i^t) &= \left[\frac{D_i^t(\boldsymbol{x}_i^{t+1},\ \boldsymbol{y}_i^{t+1})}{D_i^t(\boldsymbol{x}_i^t,\ \boldsymbol{y}_i^t)}\frac{D_i^{t+1}(\boldsymbol{x}_i^{t+1},\ \boldsymbol{y}_i^{t+1})}{D_i^{t+1}(\boldsymbol{x}_i^t,\ \boldsymbol{y}_i^t)}\right]^{1/2} \\
&= \frac{D_i^{t+1}(\boldsymbol{x}_i^{t+1},\ \boldsymbol{y}_i^{t+1})}{D_i^t(\boldsymbol{x}_i^t,\ \boldsymbol{y}_i^t)}\left[\frac{D_i^t(\boldsymbol{x}_i^{t+1},\ \boldsymbol{y}_i^{t+1})}{D_i^{t+1}(\boldsymbol{x}_i^{t+1},\ \boldsymbol{y}_i^{t+1})}\frac{D_i^t(\boldsymbol{x}_i^t,\ \boldsymbol{y}_i^t)}{D_i^{t+1}(\boldsymbol{x}_i^t,\ \boldsymbol{y}_i^t)}\right]^{1/2}
\end{aligned}$$

$$\tag{2-3}$$

其中，$\dfrac{D_i^{t+1}(\boldsymbol{x}_i^{t+1}，\boldsymbol{y}_i^{t+1})}{D_i^{t}(\boldsymbol{x}_i^{t}，\boldsymbol{y}_i^{t})}$ 为技术进步指数，该值大于 1，说明技术进步的存在。本节中，通过二氧化碳减排技术创新或者引进先进二氧化碳减排技术而促成技术的进步。$\left[\dfrac{D_i^{t}(\boldsymbol{x}_i^{t+1}，\boldsymbol{y}_i^{t+1})}{D_i^{t+1}(\boldsymbol{x}_i^{t}，\boldsymbol{y}_i^{t})}\dfrac{D_i^{t}(\boldsymbol{x}_i^{t}，\boldsymbol{y}_i^{t})}{D_i^{t+1}(\boldsymbol{x}_i^{t}，\boldsymbol{y}_i^{t})}\right]^{1/2}$ 表示技术效率指数，该值大于 1，表明同前一期对比，国家通过碳排放权交易体系或进行减排系统制度改革促使减排技术效率有所提高。这样有

$$M(\boldsymbol{x}^{t+1}，\boldsymbol{y}^{t+1}，\boldsymbol{x}^{t}，\boldsymbol{y}^{t})=\text{TECH}\times\text{EFFCH} \tag{2-4}$$

其中，TECH 表示技术进步指数；EFFCH 表示技术效率指数。

这些指标如果同时出现数值大于 1 的情况，则表明无论从技术进步还是从技术效率上，一国当期减排效率均大于前一期，则说明技术进步和技术效率有提高。本节运用 DEAP 2.1 软件，选用 DEA-VRS 模型来计算 Malmquist 指数。

2.3.2　指标选取与描述

1. 指标选取

参阅关于环境效率影响和效率评价方面的文章，本节将劳动投入、能源投入和资本投入作为投入指标，将 GDP 和二氧化碳排放量作为产出指标，其中二氧化碳排放量为非期望产出指标。考虑到数据的完备性与可得性，本书选取 1995～2011 年的数据。

1）GDP

减排最理想的情况是在不影响甚至 GDP 增长的同时使二氧化碳排放的减少，这里我们把 GDP 作为期望产出，GDP 数据均来自《世界银行》数据库。为了保持数据的一致性和可比性，本书采用 2005 年不变价 GDP，单位为亿美元。

2）二氧化碳排放量

二氧化碳排放量包括固液气形态燃料和天然气燃烧时产生的温室气体的排放量，其数据来自《世界银行》，作为非期望产出指标，本书对二氧化碳排放量进行转换处理，首先，将各个数据转换成绝对值相同的负数；其次，加上一个较大的正数以保证所有数都能转换成正数，最后，结果即为正向指标，单位为亿吨。

3）劳动投入

国外研究中劳动力由全国就业人员的有效劳动时间衡量，但由于该数据难以统一，以及我国缺乏平均工作时间的统计数据，本书用劳动力总数作为替代，单位为百万人。

4）能源投入

把初级能源的使用量作为能源投入，能源投入此时等于在国内产量的基础上加上进口量和存量变化，同时减去出口量和供给从事国际运输燃料用量后的净值，单位为百万吨石油当量。

5）资本投入

"永续盘存法"是可以按照可比价格进行计算的。计算时需注意几个问题，即当期投资指标的选择、基期资本数量的计算、折旧率的选择和投资平减指数等。本节选取 2005 年不变价的固定资本形成总额作为初始数据，根据张军等（2008），我们将其作为

初始投资指标，按照王兵等(2010)的方法得到 1972 年的资本存量，采用发达国家 7%、发展中国家 4% 的年折旧率进行 1995～2011 年资本存量的估算，这里欧盟采用 5% 的年折旧率计算，单位为亿美元。

2. 指标的描述性统计分析

本节从描述性统计角度分析几个国家投入产出数据。以资本投入和二氧化碳排放量为例，对其 1995～2011 年的数据进行描述性统计分析，结果如图 2-1 和图 2-2 所示。

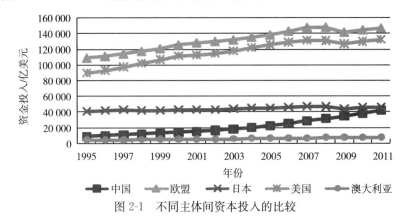

图 2-1　不同主体间资本投入的比较

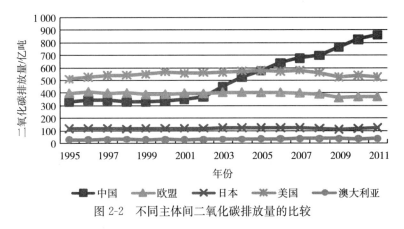

图 2-2　不同主体间二氧化碳排放量的比较

从图 2-1 可以看出，各国资本投入都是在不断增加的，其中日本与澳大利亚的资本投入增速比较缓慢，这与其国土面积小和人口数量少是分不开的；美国、欧盟与中国的资本投入增长较快。作为发展中国家的中国，近年来处于经济快速发展时期，高投入的发展模式势必导致高的资本投入；美国作为世界经济强国，其较高的资本投入是必然的。

从图 2-2 可以看出，自 20 世纪 90 年代以来，欧盟、日本和美国的二氧化碳排放量均处于平稳态势，并无明显增长趋势。2009 年，美国爆发金融危机，汽车、钢铁等工业化程度比较高的产业不景气，不能连续开工，甚至难以维持最低开工率，而建筑业、汽车和钢铁等二氧化碳排放量比较大行业的低迷，导致美国二氧化碳排放量出现轻微下降。同样，欧洲债务危机让欧元区经济陷入危机，经济下滑也导致该地区二氧化碳排放量的下降。

从图 2-2 中也可以看出，中国的二氧化碳排放量趋势可以分为基本平稳与快速增长阶段。1995～2002 年，中国的二氧化碳排放量一直处在一个相对平稳的阶段。但从 2002 年起，中国的二氧化碳排放量年均增幅达到 9.9%。此外，发达国家高耗能行业面临"走出去"的问题，也加速了相关产业向中国转移的速度和力度。受此影响，中国的二氧化碳排放量增长速度较快。

2.3.3 实证分析

1. DEA 综合效率分析

本书采用非期望产出 DEA 模型，即对二氧化碳排放量取负然后加上一个足够大的正数，以保证转换之后的数据均非负。利用软件 DEAP 2.1 分别对 1995～2011 年欧盟、中国、日本、美国和澳大利亚五个主体的碳减排效率进行比较，碳减排效率值如表 2-1 和图 2-3 所示。

表 2-1　碳减排效率值

主体	1996 年	1997 年	1998 年	1999 年	2000 年	2001 年	2002 年	2003 年
中国	0.73	0.70	0.67	0.65	0.63	0.61	0.59	0.58
欧盟	0.88	0.90	0.91	0.92	0.93	0.93	0.92	0.91
日本	0.94	0.94	0.92	0.91	0.92	0.92	0.92	0.94
美国	1.00	1.00	1.00	1.00	1.00	0.99	0.98	0.99
澳大利亚	0.99	0.99	0.99	1.00	1.00	1.00	1.00	1.00
主体	2004 年	2005 年	2006 年	2007 年	2008 年	2009 年	2010 年	2011 年
中国	0.56	0.55	0.55	0.56	0.55	0.52	0.51	0.50
欧盟	0.92	0.92	0.94	0.96	0.95	0.92	0.92	0.94
日本	0.95	0.97	0.98	1.00	1.00	0.96	0.99	1.00
美国	1.00	1.00	1.00	1.00	0.99	0.97	0.99	1.00
澳大利亚	1.00	1.00	1.00	1.00	1.00	1.00	1.00	1.00

需要指出，表 2-1 中数值 1.00 并不表示其减排效率达到最佳状态，不需要再采取减排措施，而是指与其他主体相比较，其减排效率处于最优水平。根据图 2-3 中可知，澳大利亚碳减排平均效率值达到 0.997，是效果最好的地区，其碳减排效率值从 1999 年开始慢慢上升并一直处于最高效率值状态。澳大利亚是工业化国家，其人口稀少、自然资源丰富及地域广博，生态环境保护力度一直很高。2003 年后，澳大利亚碳减排效率值保持上升态势，但在 2009 年受金融危机影响出现轻微的下降。

美国是碳减排效率值仅次于澳大利亚的国家，其年均碳减排效率值约为 0.994，居于第二位。美国的碳减排效率值处于轻微的波动状态。作为世界经济第一大强国，美国早从工业革命高投入高排放发展模式中解脱出来，其国内几个区域碳排放权交易体系在一定程度上也起到了减排的作用。自 2003 年开始施行碳排放权交易体系以来，美国碳减排效率呈缓慢上升状态，2009 年短暂地下降后又迅速上升。这表明其碳排放权交易

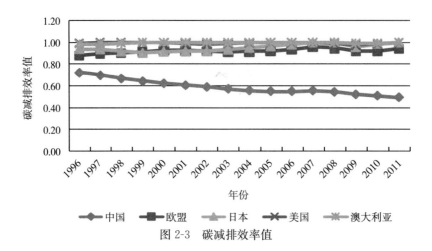

图 2-3　碳减排效率值

体系对碳排放的缩减存在积极的作用。

日本国内资源相对匮乏，能源自给率比较低，这些因素加大了日本在能源技术的投入与提高了能源利用率。受自然资源匮乏的影响，日本能源利用效率相对较高。图 2-4 表明，自 1996 年以来，日本的碳排放效率值缓慢下降至 1999 年的 0.906，然后逐步上升至平稳状态。

欧盟的碳减排效率排名第四，其在 1996～2000 年呈现缓慢地上升态势，然后经过轻微波动至 2007 年又开始缓慢上升，2008 年后受欧债危机影响，出现暂时的下降，2009 年又开始缓慢上升。总体而言，欧盟 2005 年之前碳减排效率值是较低的。欧盟碳排放权交易体系自 2005 年开始实施，对欧盟碳减排效率值的提升有促进作用。

从图 2-3 中不难看出，中国的碳减排效率值与其他四个主体存在很大的差距，平均碳减排效率值为 0.646，并且处于一直下降的状态。

2. 综合效率分解

针对我国碳减排效率值低下的问题，我们从纯技术效率和规模效率两个角度分析其原因，如图 2-4 所示。

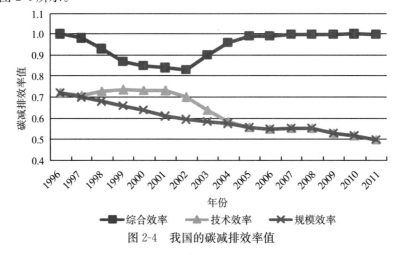

图 2-4　我国的碳减排效率值

根据图 2-4 在分解分析中，我们发现规模效率大体上高于技术效率。1997 年金融危机爆发后，我国经济遭受了负面冲击，在"软着陆"和"金融危机"的背景下，我国开始实施扩张性财政政策，大规模地调整产业结构，规模效率开始下滑，技术效率值开始上升。2000 年以后，以重工业为主的"两高一低"发展模式开始实施，我国碳减排的规模效率不断下降。

从数据上来看，我国碳减排技术效率与规模效率处于相反方向变动，表明二者不能同时兼顾。这体现我国在减排道路上的低效性，经济发展是以环境牺牲为代价，减排有效也是以增加经济发展规模为前提。受技术效率低下的影响，我国碳减排综合效率长期处于较低水平。这从某种程度表明，先进节能减排技术的缺乏可能是我国碳减排效率不高的主要原因。作为一个发展中国家，我国政府已经意识到碳减排的重要性，并积极通过清洁发展机制参与国际碳减排合作。但是，随着清洁发展机制注册项目的快速增加，欧盟已经缩减甚至取消来自中国的核证减排量，我国的清洁发展机制注册成功概率和签发概率变得越来越小。这些因素均会阻碍我国碳减排技术效率的提升，我国在碳减排路上任重道远。

3. Malmquist 指数方法模型分析

1）澳大利亚碳减排效率值的动态分解分析

根据 Malmquist 指数计算，澳大利亚年均碳减排效率值为 0.994，并且澳大利亚的碳减排效率相对于其他主体而言是下降的。从图 2-5 可以看出，受 1997 年和 2008 年两次金融危机的影响，澳大利亚碳减排效率急速下跌，但其余年份则是轻微的涨跌。从碳减排效率分解来看，澳大利亚碳减排效率降低的根本原因是技术进步（tech）指数值的降低，而技术效率（effch）起到的作用有限。澳大利亚碳减排效率在 2003 年存在着轻微的变化，2003 年以后表现为轻微上升。由于澳大利亚碳减排效率值相对较高，进步空间有限，因而难以出现大幅增长情况。Malmquist 指数计算的结果表明，澳大利亚的碳排放权交易体系对澳大利亚碳减排效率的提升有轻微促进作用。

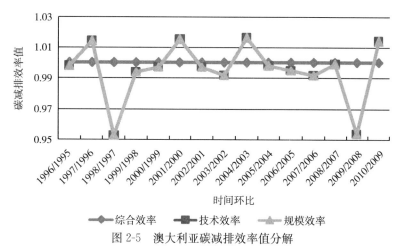

图 2-5　澳大利亚碳减排效率值分解

2）欧盟碳减排效率值的动态分解分析

欧盟年均碳减排效率值为 1.004，并且欧盟的碳减排效率相对于其他几个主体而言是上升的。从图 2-6 可以看出，欧盟的碳减排效率值大多是大于 1 的。1998 年，受技术进步增速较弱的影响，欧盟的碳减排效率开始下降。而在此之后，欧盟碳减排规模效率与技术效率同升同降。但受 2009 年美国经济危机的影响，欧盟的技术进步指数与技术效率指数出现两极化变动，碳减排效率倾向于跟从技术进步指数变动。由此可见，欧盟碳减排效率的提高得益于技术进步。总体上看，欧盟建立碳排放权交易体系以后，碳减排效率是上升的。可见，碳排放权交易体系提高了欧盟的碳减排效率，技术进步指数的有所提高，说明欧盟存在技术的进步与创新。

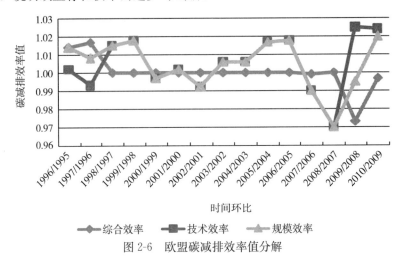

图 2-6　欧盟碳减排效率值分解

3）美国碳减排效率值的动态分解分析

从图 2-7 可以看出，美国碳减排效率的下降归因于技术效率的降低。美国碳排放权交易体系最早是从 2003 年开始实施的，结合图 2-7 中碳减排效率值可知，碳排放权交易体系并没有对美国的碳减排效率产生明显的影响。

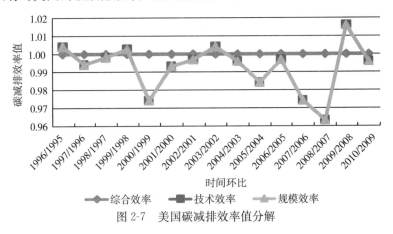

图 2-7　美国碳减排效率值分解

4）日本碳减排效率值的动态分解分析

日本的碳减排效率值最高为 1.009，并且日本碳减排效率是不断上升且增幅是几个主体中最高的。从图 2-8 中可以看出，日本的碳减排效率比较平稳。1998 年前后与

2009年前后，两次金融危机致使日本的碳减排效率值大于1，其他年份的碳减排效率值均大于1。日本碳减排效率的提高主要是因为技术进步的不断提高。2005年以后，日本碳减排效率的整体相对平稳，可见日本在节能减排方面取得了明显的进展。

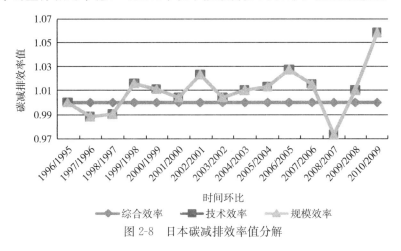

图2-8　日本碳减排效率值分解

5)中国碳减排效率的动态分解分析

根据Malmquist指数，本节得出1995～2011年中国碳减排效率值及其分解因素，见表2-2。

表2-2　中国碳减排效率值及其分解因素

时间环比	技术效率	技术进步	纯技术效率	规模效率	全要素生产率
1997/1996	1.00	0.95	1.00	1.00	0.95
1998/1997	1.00	0.90	1.00	1.00	0.90
1999/1998	1.00	0.94	1.00	1.00	0.94
2000/1999	1.00	0.95	1.00	1.00	0.95
2001/2000	1.00	0.96	1.00	1.00	0.96
2002/2001	1.00	0.98	1.00	1.00	0.98
2003/2002	1.00	1.10	1.00	1.00	1.10
2004/2003	1.00	1.06	1.00	1.00	1.06
2005/2004	1.00	1.02	1.00	1.00	1.02
2006/2005	1.00	1.03	1.00	1.00	1.03
2007/2006	1.00	0.98	1.00	1.00	0.98
2008/2007	1.00	0.97	1.00	1.00	0.97
2009/2008	1.00	1.01	1.00	1.00	1.01
2010/2009	1.00	1.00	1.00	1.00	1.00
2011/2010	1.00	0.97	1.00	1.00	0.97

根据表2-2可以计算出，1996～2011年，中国年均碳减排效率值为0.986。由

表 2-2可知，碳排放技术落后是碳减排效率低下的主要原因，这表明提升技术进步率是中国改善碳减排效率的一个重要途径。在现阶段，规模效应一直很高，利用规模的扩大来提高碳减排效率的效果有限。粗放型的发展方式主要是以二氧化碳的大量排放、损害环境为代价换取经济的发展，这种经济规模的扩张不利于碳减排效率的提升。从表 2-2可以看出，纯技术效率和规模效率两个分解因素同为 1.00，表明 1995～2011 年中国的碳减排规模效率与技术效率不变，碳减排效率的下降与这两个因素无关。技术效率没有变动，说明中国低碳技术处于无效状态。近年来，中国虽然大力提倡二氧化碳减排并积极开发低碳技术，低碳技术有所创新，但是由于低碳技术成本巨大和公众环保意识微弱，低碳技术的发展并没有取得突破进展，对碳减排效率提升的效果有限。由图 2-9 可以看出，中国碳减排全要素生产率变动幅度很大。1999 年，产业结构调整带来了生产率短暂的快速上升，而重工业的快速发展使得碳减排效率又快速回落并保持在较低水平。

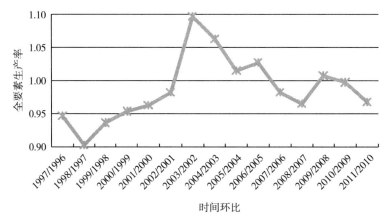

图 2-9　我国碳减排全要素生产率变化趋势

通过对美国、日本、欧盟及澳大利亚碳减排效率的动态分解分析可以看出，碳排放权交易体系在总体上是有益的，它能促进碳减排效率的提高。各国碳排放权交易体系的发展历程和减排效率证明了碳排放权交易体系的有效性，为中国的减排之路指明了方向。总体上说，中国处在低碳发展的最低层，缺乏先进节能减排技术使得这种局面仍然会持续相当长时间，这势必会影响中国经济的发展。构建全国范围内的碳排放权交易体系，通过利用市场机制倒逼企业淘汰落后技术、加强自主创新能力、引进先进技术是中国可以采取的行之有效的政策措施。

2.3.4　小结

中国是发展中国家，发展仍是第一要务，若不能摒弃"先污染，后治理"的传统理念，未来中国经济转型将更为困难，节能减排资金的投入将会更大。面对国际低碳经济发展潮流和不断增长的碳排放量，中国作为发展中大国面临越来越重的减排压力，促进经济转型、加速产业结构调整、争抢低碳经济世界新一轮经济增长点，日益成为政策制定者的决策依据。美国、日本、欧盟和澳大利亚先行开始减排行动，构建并运行碳排放权交易体系，在节能减排方面积累了宝贵的经验和教训。虽然，碳排放权交易体系历时较短，尚处于摸索阶段，先行国家也处于"摸着石头过河"的阶段，但部分地区碳排放权交易体系的成功运行，证明了这种减排机制的可行性与有效性，它为中国的碳减排道路提供了一个较好的学习参考。碳排放权交易体系的构建对中国经济发展意义明显。柔韧透明的碳排放权交易体系，有利于减轻政府的财政负担、调动企业的积极性，最终推进减排技术发展，遏制二氧化碳排放的迅速增加。此外，从其他国家的先期经验中不难看出，随着碳排放权交易体系的实施，其衍生品碳金融等业务也在不断发展，这些都将有利于促进技术的革新与经济的发展。

2.4　碳排放权交易对实现我国"十二五"期间碳减排目标的促进作用

2.4.1　问题提出

2012 年 1 月，国务院印发《"十二五"控制温室气体排放工作方案》(以下简称《方案》)，提出到 2015 年，全国单位 GDP 二氧化碳排放比 2010 年下降 17％的减排目标。为确保减排目标顺利完成，《方案》将减排任务分解到了我国 31 个省(自治区、直辖市，港澳台地区除外)，要求各地区将控制温室气体排放纳入本地区的发展规划中，并积极探索适合本地区的低碳发展模式。但是，由于我国地域辽阔，地区经济发展水平相差很大，因此各地区减排成本存在显著差异。如何通过区域间的合作降低减排成本是一个必须考虑的重要问题。

本节基于"十二五"节能减排的现实背景，构建了省际碳排放权交易市场模型，设置了无碳排放权交易市场(no emission trading scheme，NETS)、仅包含北京等六个交易试点参与的碳排放权交易市场(partial emission trading scheme，PETS)和全国范围内实施碳排放权交易市场(China unified emission trading scheme，CETS)三种政策情景，并分析了各省市在完成各自减排目标的过程中，碳排放权交易市场所能发挥的成本节约效应。

2.4.2　省际碳排放权交易市场模型

本节基于各省的边际减排成本曲线构建省际碳排放权交易模型。二氧化碳的边际减排成本(marginal abatement cost，MAC)是指额外减少一单位二氧化碳排放所需要付出的成本，随着减排比例的增加，减排的难度也会增加，因此边际减排成本具有递增的特点(Klepper and Peterson，2006；范英等，2010；Kesicki and Strachan，2011；崔连标等，2013；崔连标等，2014)。

1. 全国边际减排成本曲线

目前主要有两种估算边际减排成本的方法：一种是自顶向下的建模方法，主要利用宏观经济模型通过施加碳税或能源税的方法控制二氧化碳排放，进而得到二氧化碳的边际减排成本曲线(Ellerman and Decaux 1998；Criqui et al.，1999；Chen，2005；Morris et al. ，2008；陈诗一，2011；Cui et al. ，2014）。另一种为自底向上的建模方法，这类方法大都以详细的技术信息为基础，通过描述各种能源技术的技术经济指标及可获得性，构建动态优化模型计算二氧化碳边际减排成本（Manne and Richels，1992；Zhang，1996；Enkvist et al. ，2007）。本书将采用前一种方法，运用澳大利亚莫纳什大学开发的中国可计算一般均衡模型 CHINAGEM 得到我国边际减排成本曲线。CHINAGEM模型是由澳大利亚莫纳什大学政策研究中心（the Centre of Policy Studies，COPS）中心研发的、以我国经济为背景的动态可计算一般均衡模型，建模基础来源于瓦尔拉斯一般均衡理论。CHINAGEM 模型首先基于 2002 年的社会核算矩阵（social accounting matrix，SAM）表构建了我国经济运行状态的初始均衡；其次对 2002～2020 年我国宏观经济动态演化进行详细的刻画，从而形成我国宏观经济动态基准情景。基于问题的分析需要，本章对 CHINAGEM 做了一些必要的改动，假设历史模拟期为 2002～2010年，政策考察期仅为"十二五"期间（2011～2015 年），由此构造了 2002～2015 年我国宏观经济的动态基准情景。

2. 基准情景设置

在历史模拟期（或模型校准期），我们利用最新的信息对一些参数重新进行了校准，校准的变量包含两类：一类是实际 GDP、投资、消费、进出口、碳排放和人口等宏观变量的增长率；另一类是煤炭、原油、天然气、成品油和电力等能源行业的产出和进出口增长率。数据来源为《中国统计年鉴 2011》、《中国能源统计年鉴 2011》和国际能源署的《2011 全球化石能源燃烧导致的 CO_2 排放》（IEA，2011）。

在政策考察期（或预测模拟期），假设"十二五"期间我国 GDP 年均增长率外生为8.5％，政策考察期的碳排放数据由模型内生核算，本节考虑的碳排放仅是化石能源燃烧导致的碳排放。"十二五"期间 GDP 增长率设置主要参考了国务院发展研究中心"中等收入陷阱问题研究"课题组的《调查研究报告》、我国社会科学院经济蓝皮书《2012 年中国经济形势分析与预测》及英国《经济学人》的预测。

3. 基准情景模拟结果

图 2-10 是基准情景下 2002～2015 年我国 GDP、碳排放和碳排放强度的变化情况。由图 2-10 可知，"十二五"期间，我国 GDP 由 2010 年的 29.19 万亿元（2002 年不变价，下同）增长到 2015 年的 43.89 万亿元，二氧化碳排放总量则由 2010 年的 72.22 亿吨增长到 2015 年的 96.11 亿吨，碳排放强度由 2010 年的 2.47 吨/万元降低至 2015 年的2.19 吨/万元，降幅为 11.50％，年均碳排放强度降幅约为 2.41％。而在"十一五"期间，我国碳排放强度由 2005 年的 3.00 吨/万元降低至 2010 年的 2.47 吨/万元，降幅为17.46％。我们认为关于"十二五"期间碳排放强度自然下降率的估计是比较合理的，因为"十一五"期间我国碳排放强度下降 17.46％，但该结果是在国家采取减排措施的约束下实现的，今后随着减排比例的增加，减排将会越来越困难，因此"十二五"期间的碳排放强度自然降幅要小于"十一五"期间碳排放强度降幅；同时，该值也与 IEA（2011）估计的 1995～2005 年（此段时间国家没有实施碳减排措施，故可作为碳排放强度自然下降率的一个参考）我国年均碳排放强度下降约 2.82％比较接近。

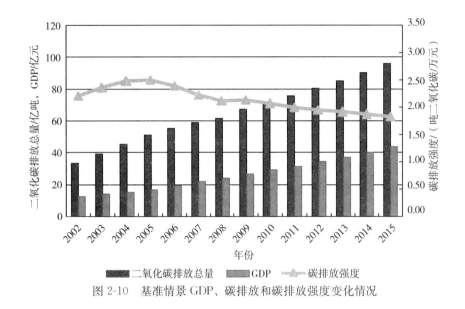

图 2-10　基准情景 GDP、碳排放和碳排放强度变化情况

4. 2015 年我国边际减排成本曲线

对于边际减排成本函数的刻画，我们采用了 Nordhaus（1991）提出的对数函数形式，即

$$MAC(R)=\alpha+\beta\ln(1-R) \tag{2-5}$$

其中，MAC 为边际减排成本；R 为碳排放减少比例。在模拟中，我们将 2015 年全国总的碳排放变量设为外生变量，碳税变量设为内生变量，每次模拟在给定碳减排水平的外生冲击下，CHINAGEM 模型会内生求解相应碳税税率。表 2-3 是 2005 年我国边际减排成本模拟数据。避免关于常数项 α 的争论，我们设其为 0，拟合可得

$$MAC(R)=-589.43\times\ln(1-R) \tag{2-6}$$

其中，MAC 为 2015 年我国的边际减排成本，单位为元（2002 年不变价）/吨二氧化碳。本书将基于该边际减排成本曲线通过坐标平移的办法估算 2015 年各省市边际减排成本曲线。

表 2-3　2015 年我国的边际减排成本模拟数据

减排比例/%	边际减排成本/[元（2002 年不变价）/吨二氧化碳]
1	6.04
5	30.74
10	62.93
20	132.49
30	210.83
40	301.10

5. 各省市边际减排成本曲线

由于估算我国各省市边际减排成本曲线较为困难，我们采用一种分解方法。有研究认为由于个体（各省或各州）边际减排成本曲线是总体（一国）边际减排成本曲线的一部分，因此，省市边际减排成本曲线可由全国边际减排成本曲线生成。Bohm 和 Larsen

(1994)在欧盟总的边际减排成本曲线的基础上，通过坐标平移的方法估算了欧盟各国的边际减排成本曲线，其坐标平移程度与碳排放强度的大小相关。基于相同的处理技术，Okada(2007)研究了《京都议定书》框架下国际减排博弈的纳什均衡。李陶等(2010)探讨了为完成 2020 年碳排放强度比 2005 年下降 40%～45% 的减排目标，我国 30 个省（自治区、直辖市，西藏及港澳台地区除外）在成本有效原则下应该承担的减排任务。本书也将采用坐标平移这一方法。

为了便于建模，我们对研究问题做了以下简化：①假设"十二五"期间各省市减排任务均在 2015 年（"十二五"结束之年）完成，这样设置误差不大，同时避免了减排任务在各年间分配的讨论；②假设基准情景下，"十二五"期间各省市碳排放强度相对于全国平均产值碳排放强度空间分布保持不变，这种假设在短期内是有效的，因为省市间技术水平差异在短期内变化不大；③假设碳排放权交易市场完全竞争，参与交易主体信息完全，不考虑交易费用。

与李陶等(2010)的推理相同，我们假设的省市边际减排成本函数与全国边际减排成本函数关系如图 2-11 所示，横坐标为减排比例，纵坐标为边际减排成本。假设全国的平均碳强度为 $\bar{e}=E/\text{GDP}$。其中，E 为二氧化碳排放总量，GDP 为国内生产总值。全国平均碳排放强度可视为各省市碳排放强度加权平均，即

$$
\begin{aligned}
\bar{e}=\frac{E}{\text{GDP}}&=\frac{\displaystyle\sum_{i=1}^{N} E_i}{\displaystyle\sum_{i=1}^{N}\text{GDP}_i}\\
&=\frac{\text{GDP}_1}{\displaystyle\sum_{i=1}^{N}\text{GDP}_i}\frac{E_1}{\text{GDP}_1}+\frac{\text{GDP}_2}{\displaystyle\sum_{i=1}^{N}\text{GDP}_i}\frac{E_2}{\text{GDP}_2}+\cdots+\frac{\text{GDP}_N}{\displaystyle\sum_{i=1}^{N}\text{GDP}_i}\frac{E_N}{\text{GDP}_N}\\
&=\alpha_1 e_1+\alpha_2 e_2+\cdots+\alpha_N e_N
\end{aligned}
\tag{2-7}
$$

其中，E_i 和 GDP_i 分别为 i 省的二氧化碳排放总量和生产总值；α_i 为 i 省的生产总值占 GDP 的比重；e_i 为 i 省的碳排放强度。

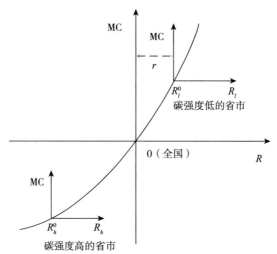

图 2-11　省市边际减排成本函数与全国边际减排成本函数关系

类比于 Okada(2007)和李陶等(2010)的研究思路，对于碳排放强度低于(或高于)全国平均水平的 l 省，设 R_l^0 的横坐标为 $r_l(r_l > 0$ 或 $r_l < 0)$，满足 $\bar{e}(1-r_l)=e_l$，由此可得

$$r_l = 1 - \frac{e_l}{\bar{e}} \tag{2-8}$$

可以证明，无论边际减排成本函数的起点位于哪个象限，i 省减排比例为 R_i 的边际减排成本 MC_i 满足：

$$\mathrm{MC}_i(R_i) = \mathrm{MAC}(R_i + r_i) - \mathrm{MAC}(r_i) = \beta \ln\left(1 - \frac{R_i}{1-r_i}\right) \tag{2-9}$$

式(2-9)中 MAC 对应全国边际减排成本。式(2-9)自变量写成碳减排量形式可得

$$\mathrm{MC}_i(A_i) = \beta \ln\left(1 - \frac{A_i}{E_i(1-r_i)}\right) \tag{2-10}$$

其中，A_i 为 i 省的碳减排量。对碳减排量积分，可得 i 省减排成本 C_i 满足：

$$
\begin{aligned}
C_i(A_i) &= \int_0^{A_i} \left[\beta \ln\left(1 - \frac{x}{E_i(1-r_i)}\right)\right] \mathrm{d}x \\
&= -\beta\left[E_i(1-r_i) - A_i\right]\ln\left(1 - \frac{A_i}{E_i(1-r_i)}\right) - \beta A_i
\end{aligned} \tag{2-11}
$$

由此我们得到每个省的边际减排成本曲线。

6. 省际碳排放权交易模型

如果存在碳排放权交易市场，各参与主体将会根据自身的边际减排成本曲线和市场碳价格决定各自的碳减排量，市场均衡时 i 省的成本包含两部分：一部分是实现碳减排量 A_i 所需付出的成本；另一部分是为了完成减排目标，通过排放权交易市场购买(或出售)的成本(收益)。

$$\pi_i = C_i(A_i) + t \times (q_i - A_i) \tag{2-12}$$

其中，π_i 为 i 省付出的总成本；q_i 为 i 省分配的初始减排配额；t 为碳排放权交易市场的碳价格。因此，各省的决策问题可以表达为以下优化问题，即

$$\min_{A_i} \pi_i \tag{2-13}$$

$$\mathrm{s.\,t.} \sum_{i=1}^{31} A_i = \sum_{i=1}^{31} q_i$$

由一阶条件 $\frac{\partial \pi_i}{\partial A_i} = 0$ 可知，i 省的碳减排量 A_i 满足：

$$A_i = E_i(1-r_i)[1 - \exp(t/\beta)] \tag{2-14}$$

碳均衡价格 t^* 满足：

$$t^* = \beta \ln\left(1 - \frac{\sum\limits_{i=1}^{31} q_i}{\sum\limits_{i=1}^{31} E_i(1-r_i)}\right) \tag{2-15}$$

将式(2-15)带入式(2-14)可得 i 省的碳减排量 A_i，将式(2-14)和式(2-15)带入式(2-12)可得 i 省的总成本 π_i，即

$$
\begin{cases}
A_i^* = E_i(1-r_i)\dfrac{\displaystyle\sum_{k=1}^{31}q_k}{\displaystyle\sum_{k=1}^{31}E_k(1-r_k)} \\[4ex]
\pi_i = -\beta E_i(1-r_i)\dfrac{\displaystyle\sum_{k=1}^{31}q_k}{\displaystyle\sum_{k=1}^{31}E_k(1-r_k)} - \beta E_i(1-r_i)\ln\left[1-\dfrac{\displaystyle\sum_{k=1}^{31}q_k}{\displaystyle\sum_{k=1}^{31}E_k(1-r_k)}\right] \\[4ex]
\qquad + \beta q_i\ln\left[1-\dfrac{\displaystyle\sum_{k=1}^{31}q_k}{\displaystyle\sum_{k=1}^{31}E_k(1-r_k)}\right]
\end{cases}
$$

$$(2\text{-}16)$$

由式(2-16)可知，在总的减排配额给定的情形下，碳排放权交易市场达到均衡时，碳均衡价格 t^*、各交易主体实际减排量 A_i^* 均与初始配额分配机制无关，但是初始减排配额 q_i 会影响 i 省的总成本 π_i，即初始配额分配机制不会影响碳排放权交易市场均衡结果，但会影响各省市的收入分配效应，这一结论与 Coase(1960) 和 Dales(1968) 的研究结论一致。

2.4.3 数据处理

1. 省市坐标平移距离的计算

在全国边际减排成本曲线的基础上，通过坐标平移估算各省市边际减排成本曲线的计算流程如下：①核算基准情景下 2015 年全国总的产值碳排放强度，相关数据中全国总的碳排放和 GDP 由 CHINAGEM 模型估算而得；②估算基准情景下 2015 年省市碳排放和生产总值，其中 2015 年各省市碳排放数据由 2015 年全国总的碳排放乘以 2010 年省市碳排放所占比重而得，2015 年各省市生产总值数据为 2015 年 GDP 乘以 2010 年各省市生产总值所占比重；③计算基准情景下各省市的碳排放强度，并根据式(2-8)计算得到的相应平移距离。

2. 省市减排配额的计算

本节假设 i 省参与碳排放权交易市场的初始减排配额等于其完成"十二五"期间减排目标所需采取的减排量。附表 2.6 是我国 31 个省(自治区、直辖市，港澳台地区除外)"十二五"期间所需承担的减排任务，由于各省市承担的减排任务均是碳排放强度下降指标，为了便于分析，我们先将碳排放强度下降指标转化为碳排放量下降指标，相关计算流程如下：首先，根据 2010 年各省市碳排放强度和"十二五"期间省市碳排放强度下降指标，可以估算 2015 年各省市的目标碳排放强度；其次，根据 2015 年各省市在基准情景下的碳排放强度，核算各省市为了完成减排目标还需减少的碳排放强度；最后，各省市所需采取的碳减排量等于 2015 年各省市的生产总值乘以其还需减弱的碳排放强度。

3. 数据来源

2010 年各省市生产总值的数据来自于《中国统计年鉴 2011》，为了保证各省市生产总值加总等于 GDP，各省市生产总值在份额不变的原则下进行了相应处理；2009 年各省市的分品种能源消耗量来自《中国能源统计年鉴 2011》；2009 年各种一次能源的排放因子来源于 2006 年 IPCC 报告。2009 年各省市的碳排放量根据 IPCC 计算方法自行计算得到，2010 年各省市碳排放量由 2010 年全国碳排放总量乘以 2009 年各省市碳排放所占份额得到。2010 年各省市碳排放强度等于 2010 年该省碳排放量除以该省生产总值而得。此外，由于能源平衡表的缺失，2010 年西藏地区碳排放量由甘肃地区（甘肃与西藏经济发展水平较为接近，2010 年两地的人均生产总值分别为 16 113 和 17 319 元）的碳排放量估算而得，假设这两个地区人均碳排放量相等。

2.4.4　实证结果与分析

1. 情景设置

本节考虑三种政策情景，如表 2-4 所示。第一种情景是无碳排放权交易市场，主要用于政策分析参照组。第二种情景是六个交易试点参与的碳排放权交易市场（本书将深圳碳排放权交易试点并入广东省一并考虑）。第三种情景是存在排放权交易市场，参与主体推广至全国范围。

表 2-4　政策情景设置

情景代码	详细描述	备注
NETS	无碳排放权交易市场	政策分析的参照组；各省市减排量满足其"十二五"期间碳减排目标
PETS	六个交易试点参与的碳排放权交易市场	碳排放权交易主体包括北京、天津、上海、湖北、广东和重庆；初始减排配额为"十二五"期间碳减排目标
CETS	全国范围内实施碳排放权交易市场	海南、西藏、甘肃和新疆初始碳减排配额为 0；其他省市碳减排配额为"十二五"期间碳减排目标

2. 结果分析

1）总体概况

经过模拟计算，三种情景下的总体指标变化情况如表 2-5 所示。三种情景下全国二氧化碳总减排量相等，均为 6.39 亿吨，占 2015 年基准碳排放量 96.11 亿吨的 6.65%。在无碳排放权交易市场情景下，为了完成"十二五"期间各省市的减排目标，我国需要付出 157.62 亿元的减排成本，占当年 GDP 的 0.04%。在六个交易试点参与的碳排放权交易市场情景下，全国总的减排成本约为 150.66 亿元，相比于无碳排放权交易市场情景下节约 4.42% 的成本；碳排放权交易量（或碳排放权购买量）为 0.22 亿吨，占总减排量的 3.39%；此时碳均衡价格为 70.55 元/吨二氧化碳。在全国范围内实施碳排放权交易市场情景下，全国总的减排成本为 120.68 亿元，相比于无碳排放权交易市场情景下节约 23.44% 的成本；碳排放权交易量为 1.21 亿吨，占总减排量的 18.98%；碳排放权交易市场达到均衡时，碳价格为38.17元/吨二氧化碳。

表2-5 三种情景下的总体指标变化情况

指标	无碳排放权交易市场	六个交易试点参与的碳排放权交易市场	全国范围内实施碳排放权交易市场
二氧化碳总减排量/亿吨	6.39	6.39	6.39
减排成本/亿元	157.62	150.66	120.68
碳价格/(元/吨二氧化碳)	—	70.55	38.17
二氧化碳交易量/亿吨	—	0.22	1.21

2）碳排放权交易实施对各省市减排成本的影响

表2-6是不同碳排放权交易市场对各省市减排行为的影响。

表2-6 不同碳排放权交易市场对各省市减排行为的影响

省市	无碳排放权交易市场		六个交易试点参与的碳排放权交易市场					全国范围内实施碳排放权交易市场				
	二氧化碳减排量/亿吨	总成本/亿元	二氧化碳减排量/亿吨	减排成本/亿元	二氧化碳交易量/亿吨	总成本/亿元	成本节约/亿元	二氧化碳减排量/亿吨	减排成本/亿元	二氧化碳交易量/亿吨	总成本/亿元	成本节约/亿元
北京	0.10	5.24	0.07	2.25	2.34	4.59	0.65	0.04	0.68	2.37	3.05	2.19
天津	0.14	4.45	0.15	5.21	−0.79	4.42	0.03	0.08	1.58	2.13	3.71	0.74
上海	0.22	8.34	0.20	6.82	1.44	8.26	0.08	0.11	2.07	4.13	6.22	2.14
湖北	0.21	4.09	0.35	12.17	−10.32	1.85	2.24	0.20	3.69	0.38	4.08	0.01
广东	0.49	25.87	0.33	11.24	11.50	22.74	3.13	0.18	3.41	11.73	15.15	10.72
重庆	0.10	2.03	0.16	5.38	−4.17	1.20	0.83	0.09	1.63	0.38	2.01	0.02
河北	0.53	8.45	0.53	8.45	0.00	8.45	0.00	0.62	11.69	−3.52	8.18	0.27
山西	0.30	3.51	0.30	3.51	0.00	3.51	0.00	0.48	8.97	−6.75	2.22	1.29
内蒙古	0.30	2.92	0.30	2.92	0.00	2.92	0.00	0.58	11.01	−10.74	0.27	2.65
辽宁	0.42	7.21	0.42	7.21	0.00	7.21	0.00	0.47	8.85	−1.72	7.12	0.09
吉林	0.15	2.30	0.15	2.30	0.00	2.30	0.00	0.18	3.38	−1.19	2.19	0.11
黑龙江	0.13	1.77	0.13	1.77	0.00	1.77	0.00	0.17	3.12	−1.54	1.58	0.19
江苏	0.55	20.09	0.55	20.09	0.00	20.09	0.00	0.57	5.57	9.92	15.48	4.61
浙江	0.33	13.52	0.33	13.52	0.00	13.52	0.00	0.15	2.88	6.63	9.52	4.03
安徽	0.18	3.16	0.18	3.16	0.00	3.16	0.00	0.18	3.47	−0.32	3.15	0.01
福建	0.15	4.54	0.15	4.54	0.00	4.54	0.00	0.11	1.85	2.08	3.94	0.60
江西	0.12	2.42	0.12	2.42	0.00	2.42	0.00	0.11	2.04	0.36	2.41	0.01
山东	0.64	14.04	0.64	14.04	0.00	14.04	0.00	0.55	10.44	3.33	13.77	0.27
河南	0.36	5.97	0.36	5.97	0.00	5.97	0.00	0.41	7.61	−1.74	5.87	0.11
湖南	0.19	4.11	0.19	4.11	0.00	4.11	0.00	0.17	3.18	0.87	4.05	0.06
广西	0.09	1.64	0.09	1.64	0.00	1.64	0.00	0.10	1.88	−0.25	1.63	0.01

续表

省市	无碳排放权交易市场		六个交易试点参与的碳排放权交易市场					全国范围内实施碳排放权交易市场				
	二氧化碳减排量/亿吨	总成本/亿元	二氧化碳减排量/亿吨	减排成本/亿元	二氧化碳交易量/亿吨	总成本/亿元	成本节约/亿元	二氧化碳减排量/亿吨	减排成本/亿元	二氧化碳交易量/亿吨	总成本/亿元	成本节约/亿元
海南	0.00	0.00	0.00	0.00	0.00	0.00	0.00	0.01	0.23	−0.46	−0.23	0.23
四川	0.21	5.27	0.21	5.27	0.00	5.27	0.00	0.15	2.91	2.01	4.91	0.36
贵州	0.12	1.15	0.12	1.15	0.00	1.15	0.00	0.23	4.33	−4.23	0.11	1.04
云南	0.13	1.71	0.13	1.71	0.00	1.71	0.00	0.22	3.77	−2.47	1.29	0.42
西藏	0.00	0.00	0.00	0.00	0.00	0.00	0.00	0.01	0.24	−0.48	−0.24	0.24
陕西	0.14	2.59	0.14	2.59	0.00	2.59	0.00	0.14	2.64	−0.06	2.59	0.00
甘肃	0.06	0.76	0.06	0.76	0.00	0.76	0.00	0.13	1.92	−1.43	0.49	0.27
青海	0.00	0.00	0.00	0.00	0.00	0.00	0.00	0.03	0.64	−1.29	−0.65	0.65
宁夏	0.05	0.47	0.05	0.47	0.00	0.47	0.00	0.10	1.92	−1.95	−0.03	0.51
新疆	0.00	0.00	0.00	0.00	0.00	0.00	0.00	0.16	3.06	−6.19	−3.13	3.13
总计	6.39	157.6	6.39	150.66	0.00	150.66	6.96	6.39	120.68	0.00	120.7	36.93

（1）对于无碳排放权交易市场的情景，不同省市承担的减排量与其付出的减排成本各不相同，见图 2-12。二氧化碳减排量较大的五个省份依次为山东省（0.64 亿吨）、江苏省（0.55 亿吨）、河北省（0.53 亿吨）、广东省（0.49 亿吨）和辽宁省（0.42 亿吨）；而减排成本较大的五个省份依次为广东省（25.87 亿元）、江苏省（20.09 亿元）、山东省（14.04 亿元）、浙江省（13.52 亿元）和河北省（8.45 亿元）。各省市完成减排目标的难易程度也不尽相同。例如，对于经济发展水平较高的北京和广东，其边际减排成本分别为110.32 元/吨二氧化碳和 109.60 元/吨二氧化碳；而对于经济发展水平较低的青海和西藏，由于无需承担减排任务，其边际减排成本均为 0。省市之间边际减排成本的巨大差异表明无碳排放权交易市场减排政策的成本有效性不强，这也突出建立碳排放权交易市场的必要性。

（2）对于六个交易试点参与的碳排放权交易情景。由于碳排放权交易市场仅包含北京、天津、上海、湖北、广东和重庆六个交易试点，故六个省市以外地区的减排量和减排成本均与无碳排放权交易市场情景相同。由表 2-7 可知，通过加入碳排放权交易市场，六个交易试点都有不同程度的成本节约，且从大到小依次为广东（3.13 亿元）、湖北（2.24 亿元）、重庆（0.83 亿元）、北京（0.65 亿元）、上海（0.08 亿元）和天津（0.03 亿元）。六个交易试点参与的碳排放权交易对应的碳排放贸易详情见图 2-13，由图 2-13 可知，广东、北京和上海是碳排放权的购买方，其中广东占据 75% 的买方市场；天津、重庆和湖北是碳排放权的出售方，其中湖北占据 68% 的卖方市场。总的来看，六个交易试点参与的碳排放权交易市场情景下碳排放权交易量为 0.22 亿吨二氧化碳，占试点总减排量的 17.39%，占全国总减排量的 3.39%；六个交易试点参与的碳排放权交易市场情景下成本节约 6.96 亿元，占试点地区总减排成本（无碳排放权交易市场情景）的

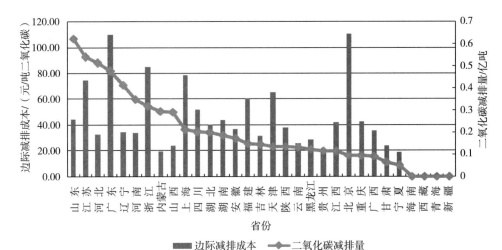

图 2-12 无碳排放权交易市场情景下省市二氧化碳减排量与边际减排成本

13.91%，占全国总减排成本（无碳排放权交易市场情景）的 4.42%。

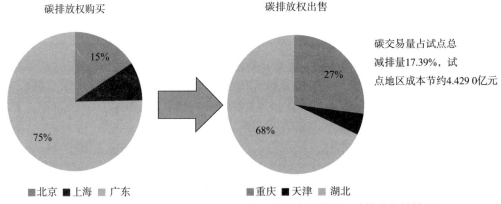

图 2-13 六个交易试点参与的碳排放权交易市场情景下碳排放贸易情况

（3）对于全国范围内实施碳排放权交易市场的情形。通过全国范围内实施碳排放权交易市场，各省市总成本均有不同程度的下降，如图 2-14 所示。总的看来，东部地区和西部地区成本节约效应明显，中部地区在碳排放权交易市场实施后成本改变不大（东部、中部和西部区域划分来源于国家统计局）。东部地区中广东、江苏、浙江和上海成本节约依次为 10.72 亿元、4.61 亿元、4.03 亿元和 2.14 亿元，西部地区中新疆、内蒙古、贵州和青海成本节约依次为 3.13 亿元、2.65 亿元、1.04 亿元和 0.65 亿元。值得注意的是，一些不发达的西部地区在全国范围内实施碳排放权交易市场情景下的总成本为负值，如新疆、青海和西藏等总成本相对基准情景分别下降 3.13 亿元、0.65 亿元和 0.24 亿元，这表明在全国范围内实施碳排放权交易市场的情景下，这些地区不仅能够完成"十二五"期间的减排目标，还能获取部分正收益。图 2-14 表明在全国范围内实施碳排放权交易市场情景下，东部沿海地区是碳排放权最主要的购买方，西部不发达地区是碳排放权最大的卖方，东部地区通过购买西部地区的碳排放权降低总的减排成本，而西部地区通过出售碳排放权换取资金上的收益。在碳排放权买方市场中，占据主导地位的分别为广东(0.31 亿吨二氧化碳)、江苏(0.26 亿吨二氧化碳)和浙江(0.17 亿吨二氧化碳)，三者共占据 61.12% 的市场份额；而在碳排放权卖方市场中，占据主要地位的分别为内蒙古(0.28 亿吨二氧化碳)、山西(0.18 亿吨二氧化碳)和新疆(0.16 亿吨二氧化碳)，三者共占据 51.24% 的市场份额。

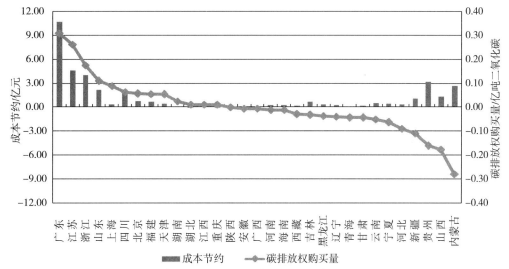

图 2-14　全国范围内实施碳排放权交易市场情景下碳排放贸易及成本节约情况

3)敏感性分析

上述研究均是基于我国"十二五"期间年均 GDP 增长率为 8.5% 的假设展开的，本节将变动该增长率以便讨论该参数对结果的敏感性。我们设置了 7.5%、8.5%、9.5% 和 10.5% 四种年均 GDP 增长率情景。表 2-7 是不同 GDP 增长率假设下我国"十二五"期间碳排放强度自然下降率的变化趋势。由表 2-7 可知，当年均 GDP 增长率为 7.5% 时，我国"十二五"期间碳排放强度自然下降 11.54%；当年均 GDP 增长率为 10.5% 时，我国"十二五"期间碳排放强度自然下降 11.44%。模拟结果表明，碳排放强度自然下降率对年均 GDP 增长率这一参数并不敏感。

表 2-7　不同 GDP 率增长假设下我国"十二五"期间碳排放强度自然下降率的变化趋势

年均 GDP 增长率/%	7.5	8.5	9.5	10.5
碳排放强度自然下降率/%	11.54	11.50	11.47	11.44

年均 GDP 增长率对碳排放权交易市场的成本节约效应的敏感性见图 2-15。由图 2-15 可见，无碳排放权交易市场时我国总的减排成本总是最高，全国范围内实施碳排放权交易市场时我国总的减排成本总量最低，这一结论并不会随着 GDP 增长假设的变化而发生方向性改变。图 2-16 是六个交易试点参与的碳排放权交易情景下和全国范围内实施碳排放权交易市场情景下碳均衡价格随着年均 GDP 增长率的波动情况，由图 2-16 可知，全国范围内实施碳排放权交易市场情景下碳均衡价格始终小于六个交易

试点参与的碳排放权交易市场情景下碳均衡价格，六个交易试点参与的碳排放权交易市场情景下碳均衡价格在 70 元/吨二氧化碳附近小幅波动，全国范围内实施碳排放权交易市场情景下碳均衡价格在 38 元/吨二氧化碳上下小幅变化，这表明碳均衡价格对年均 GDP 增长率也不敏感。

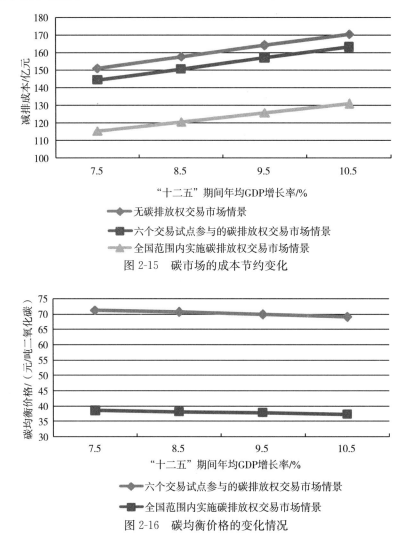

图 2-15　碳市场的成本节约变化

图 2-16　碳均衡价格的变化情况

2.4.5　主要结论与政策建议

碳排放权交易市场被认为是一种成本有效的市场化减排手段。本节针对实现"十二五"期间减排目标的现实问题，构建了一个省际的碳排放权交易机制模型，重点探讨了各省为实现节能减排目标过程中，碳排放权交易市场所能发挥的成本节约效应。我们设置了无碳排放权交易市场、六个交易试点参与的碳排放权交易市场和全国范围内实施碳排放权交易市场三种政策情景，通过模拟分析得到以下结论：①为实现"十二五"期间碳排放强度减排目标，扣除自然下降率，全国二氧化碳排放需要减少约 6.39 亿吨，占当年碳排放总量的 6.65%。无碳排放权交易市场时全国需要付出约 157.62 亿元的减排成本，占当年 GDP 的 0.04%；在六个交易试点参与的碳排放权交易市场情景下，全国总的减排成本约为 150.66 亿元，节约减排成本 4.42%，碳排放权交易量为 0.22 亿吨二氧化碳，占总碳减排量的 3.39%，市场碳均衡价格约为 70.55 元/吨二氧化碳；全国范围内实施碳排放权交易市场情景下，全国总的减排成本约为 120.68 亿元，相比于六个交易试点参与的碳排放权交易市场情景节约减排成本 23.44%，碳排放权交易量为 1.21 亿吨，占碳减排总量的 18.98%，市场碳均衡价格约为 38.17 元/吨二氧化碳。②碳排放权交易市场对各省份的成本节约效应各不相同，总的来看，东西部地区成本节约较为明显，部分西部地区能够在完成自身减排目标的前提下，通过加入碳排放权交易市场而获取正的收益。

碳排放强度自然下降率是一个重要的参数，它与各省"十二五"期间年均减排任务的承担密切相关。碳排放强度自然下降率越大，各省为完成减排目标所需采取的减排量就会越小；反之越大。本节采取较新的宏观经济数据对模型进行了校准，对"十二五"期间年均 GDP 增长率做了相对合理性的外生假设，由此构造了基准情景。通过模拟表明，碳排放强度年均自然下降率与 1995~2005 年碳排放强度年均自然下降率较为接近。不仅如此，本节的模拟结果也显示碳排放强度年均自然下降率对 GDP 增长率并不敏感。

本章的研究存在以下局限。首先，只讨论了省际开展碳排放权交易的成本节约效应，而对于省内和行业间的碳排放权交易潜力没有涉及，但是本节的研究结论可以为未来建立统一碳排放权交易市场提供有益的参考。其次，本书假设碳排放权交易市场不存在交易费用，这是一种理想情况。实际上，碳排放权交易市场广泛存在的交易费用会降低其成本有效性。最后，本节借鉴了前人的研究成果，在全国边际减排成本的基础上，采用碳排放强度坐标平移法估计各省的边际减排成本曲线，这种处理方式比较简单。实际上通过其他方法得到更加准确的省市边际减排成本的数据，无疑会提高结果的精度。

本节尝试针对碳排放权交易市场的成本节约效应给出一个定量化分析框架和初步的结果，初步验证碳排放权交易机制将在我国减排实践中发挥重要的作用。事实上，"十二五"是我们开始自主设定量化减排目标的第一步，也是碳排放权交易机制局部试点的阶段，未来的减排目标会进一步增加，由于边际减排成本具有递增的特点，交易量将成倍扩大。因此，碳排放权交易机制在降低全局减排成本、协调区域经济发展方面将发挥越来越大的作用。

2.5 结论与政策建议

2.5.1 本节结论及分析

作为一种成本有效的碳减排手段，碳排放权交易体系受到国际社会的广泛关注。虽然，碳排放权交易体系历时较短且还处于摸索阶段，先行国家也是"摸着石头过河"，但欧盟碳排放权交易体系的成功运行，给世界其他国家带来了信心。我国已经认识到碳排放权交易体系构建的重要性和可行性。

为了实现减排目标，不断提高碳减排效率，我国开设了碳排放权交易的试点，希望通过不断的尝试与经验累积，早日促进全国统一的碳排放权交易体系的建立。然而，国内碳排放权交易制度才刚刚起步，碳排放权交易试点开设时间还比较短，概括起来存在的问题主要包括以下几点。

(1)配额发放过松。碳排放计算困难是碳排放权交易体系设计过程中的一大难题，不同行业可能存在着不同的计算方法，许多企业没有数据支撑碳排放的核算，目前也缺乏统一的方法。碳排放权交易试点开展初期，为了调动企业的积极性和推动交易试点的顺利进行，有必要采取保守的计算方法。同时，直接排放和间接排放的存在，造成了碳排放重复计算的问题。上述两种情况都将导致配额过松，企业实际减排的成本无法真正估算。

(2)法律约束与监管不足。立法的进程是不断发现漏洞不断完善，区域碳排放权交易尚在试点阶段，虽然有欧盟等的碳排放权交易体系可以学习借鉴，但基于国情与地区实际情况的不同，仍需完善法律的出台以维护交易各方的权利，保证交易稳定。目前，虽然各地区也出台了一些《试行办法》与《管理办法》等，但法律监管的深度与力度仍然不足，对于交易中出现的问题并不是完全有法可依。

(3)部门和政策协调困难。碳排放权交易体系的实施迫切需要能源、统计、监察机构等相关部门的沟通与协调。试点开展初期，不可避免地会出现各部门人员对减排认识及态度的不同、沟通时滞性和利益牵扯，试点工作缺少统筹协调和指导，部门协调机制不健全，以及试点地区的产业、财税、投资、金融、技术、消费等方面配套政策不清等问题。

(4)专业人才匮乏。碳资产管理人才、碳排放权交易人才和审计人才为碳排放权交易提供强大的技术支持，确保碳排放权交易的顺利进行。试点各地区虽然不断地进行人才的培训与教育，但是仍然满足不了碳排放权交易市场对高端技术人才的需求。

(5)碳价不稳定。价格在正常波动范围内体现出市场的良好运行。国内尚处在分区域交易试点阶段，处于碳排放权交易发展的低层级，所以市场运行不稳定，价格体现不出调节的作用并大幅波动。深圳市碳排放权交易市场是允许个人和非减排企业参与的，这样的情况为市场投机提供了便利，而有正常交易需求的企业反被渐渐逐出市场，碳排放权交易市场发展的可持续性受到威胁。

(6)企业积极性不高。尽管我国碳排放权交易试点已经进入实施阶段，许多企业仍对此持观望态度。造成这种情况的原因有两个：一个是碳排放权交易市场价格的大幅度波动造成企业对碳价预期不明确；另一个是碳减排项目需要先进的技术支持和前期巨大的资本投入，规模较小的企业根本承受不了如此巨大的投入，加之项目实施历时较长，资金回收慢，企业更加不敢贸然加入。

(7)缺乏统一规范。我国以区域交易试点为实验，一边发展一边积累经验，以期在未来能够统一碳排放权交易市场。然而，我国各个区域实施碳排放权交易试点初期都相对独立，在许多方面存在重复投资和重复建设现象，资源在一定程度被浪费，前期成本加大。此外，分散的碳排放权交易市场很难发挥规模效应来实现碳排放权交易的价格发现和资源配置功能，碳排放权交易的广度、深度和活跃度不足。各地碳排放权交易市场在交易制度制定方面不一致，规则的设计侧重点也不同，企业参与交易所具备的条件不足。再有碳排放权交易市场之间的交流和对接层层受阻，未来统一过程难度加大。

2.5.2 政策建议

综上，应当从以下几个方面来建立和完善我国的碳排放权交易市场。

1. 提高部门协调性和区域协调性

碳排放权交易过程中涉及多个部门、多个学科与多个领域，具有涉及面广、复杂和专业性强等特点。实行过程中，保持执行部门的协调性也有利于避免程序和流程的反复，并降低沟通、协调成本，相应配套财政预算协调跟进，相应企业碳核查、历史排放统计等工作就可以顺利进行。法律部门与监管部门协调工作可以保证减排企业的权利得到保障，对违约企业有具体明确的惩罚措施。地方性法规较为复杂，监管不力导致对不遵约企业的处罚力度不够，交易体系有效性大打折扣。

我国碳排放权交易市场相对独立，由于各个省市对该问题的重视程度、推进力度及财政投入程度等不同，各地碳排放权交易市场在交易制度制定方面不一致，规则的设计侧重点也不同，企业参与交易所具备的条件不足，碳排放权交易的广度与深度也有区别，整个市场呈现出无协调性的分散。分散有差别的碳排放权交易市场不仅致使许多方面存在重复投资和重复建设现象，造成了一定程度的资源浪费，而且很难发挥规模效应来实现碳排放权交易的价格发现和资源配置功能。为了保证未来区域碳排放权交易市场的顺利对接，各地在建立碳排放权交易市场的同时，应考虑到未来的统一目标，以建立全国统一的碳排放权交易市场为目的，积极与其他地区之间进行沟通和交流，在制度与规则制定、交易门槛和准入条件设置方面争取协调与统一，为未来建立统一的国内碳排放权交易市场做好基本工作，简化未来工作的复杂性。

2. 加强统计工作，完善报告流程，强化信息披露

任何一个新兴市场的出现，必然伴随着相应的制度设计漏洞，制度或者市场本身缺陷必须通过监管和配置制度辅助的方式来弥补。我国目前除了碳监测技术不足需要花大投入提高之外，还需要建立适当的配套支持制度提高监测的效率。例如，建立碳排放信息披露制度；积极、主动地推动碳排放信息公开；按先自愿逐渐到法律强制化的过程逐步建立碳排放信息公开制度；等等。市场的公平和高效一定程度上建立在信息的充分公开性和已获取程度上，只有获得了足够并且准确的市场信息，市场参与者才能据此做出风险和收益的评价，并做出市场决策。

确保运行过程中数据的真实性和可靠性，是保证碳排放权交易市场顺利运行的基础。统计工作是碳排放权交易试点过程中的基础工作，它通过搜集试点过程中产生的各种数据，为国家未来统一碳排放权交易市场提供重要的基础信息。碳排放统计工作虽基础但存在很大的难度，它的跨部门、跨学科和跨领域特征，使得统计工作具有涉及面广、指标复杂和专业性强等特点。统计工作的上述属性决定了实施并加强统计工作的难度。排放总量的测算、碳减排的履约程度的监察都需要各方面的努力。各部门应积极发挥各自优势，齐心协力做好统计工作；应成立专门小组，明确责任，确保统计工作有专人负责，相关问题有专人解决；同时应严把核查关口，建立第三方核查机制，强化数据质量，确保数据的真实性、可靠性。

统计工作是碳排放权交易试点报告工作的前提，试点报告工作是统计工作的继续。为全面掌握重点单位二氧化碳排放情况，尽快建立起全国范围内的统一"数据库"，我国应提高碳排放报告制度的普及性，建立国家全面型、地方深入型、企业细致型的碳排放统计与核算体系，加强碳排放的管理与控制，保证统计工作在试点地区的明确落实。

保证统计工作的落实、统计信息的真实之后，就要强化碳信息的披露。碳信息的公开披露，让碳排放权交易试点公开在公众面前，从而提高碳排放权交易的透明性，加强民众与企业参与碳排放权交易的积极性。在碳排放权交易过程中，不仅要公布即时行情信息，还要及时公布企业违约履约信息、各种报表及第三方监管信息，做到企业在碳排放权交易过程中的行为公开化与透明化，简化统计工作与报告工作的难度。

3. 落实激励政策，加快推进节能低碳技术的推广应用

我国目前减排最有效的手段是提高技术效率。减排技术通过提高能源资源开发利用效率和效益，来减少能源使用过程中二氧化碳的排放。政府应积极落实对自愿减排企业的资金支持、金融支持和技术支持，促使企业创新与发展能源节约使用技术、引进与开发能源高效率利用技术和体系型减排技术。政府还可以帮助企业对生产工艺、使用材料和管理方式进行改造，包括对生产工艺进行技术改造，提高设备用能高效性；对使用材料进行创新，合成节能新材料；对现有管理方式改造，发展节约型管理技术。目前，节能低碳技术的应用范围广泛，发展空间很大，特别是能源消耗巨大的电力行业，投入资金开发清洁能源发电技术是解决电力企业二氧化碳高排放问题的有效手段，节能低碳技术无疑将大大减少在经济发展中的碳排放，实现能源的节约化利用与二氧化碳的低排放。

碳排放权交易纳入企业应采取先自愿后强制、最终实行总量控制的策略；同时在配额发放上，先免费后有偿，循序渐进，逐步推进。由于我国尚不用承担强制性的国际减排任务，加之企业的减排意识较弱，所以，目前我国参与温室气体减排的企业均采取自愿的原则。芝加哥气候交易所的失败表明，要建立碳排放权交易市场，仅靠自愿是不够的，也是不可持续的。

4. 教育与培训实时跟进，致力尖端技术人才培养

碳排放权交易市场是全新的市场，企业不知道应该如何去做，而政府的激励政策正是为了吸引企业加入到碳排放权交易体系中来。然而，只采用金融、资金等激励政策是片面的、短暂的，碳排放权交易市场发展迅速，日新月异，如何帮助企业全面认识碳排放权交易市场、保持对碳排放权交易市场获利的信心才是重要的。这就需要政府对企业进行实时的教育与培训，教育与培训的有效手段便是技术人才的培养。一方面政府应加大力度培养与碳排放权交易相关的技术型、管理型人才，保证政府与企业在碳排放权交易市场中的执行与管理能力；另一方面培养碳排放第三方核查机构人才和相应的投资、咨询等行业人才，保证碳排放权交易市场服务机构的能力，促进碳排放权交易市场的良好发展，刺激碳排放权交易市场金融产品创新。人才的充足为政府与企业提供完善的技术支持，可使企业更清晰地了解所处政策与经营环境，帮助企业做好减排准备工作，把

据碳减排过程中的获益点，提升企业的综合实力，维持企业的长久发展；同时可帮助政府分析国际环境，及时改变策略，抓住机遇，促进全国统一的碳排放权交易市场的形成。多层次市场体系建设的前提是碳排放权交易技术的推广及素质人才的培养。碳排放权交易品种的不断增加，使企业对碳期货等相关衍生产品的需求呈现快速上升趋势，同时也提高了对交易风险控制的要求。

5. 积极开发创新先进减排技术

在我国碳排放技术相对落后的情况下，企业应积极借鉴和引进国外先进的节能减排技术，加强与国际间清洁发展机制项目的合作，减少二氧化碳的排放量，在提高生产力的条件下，在市场出售多余碳排放权，激励生产落后的企业积极引进技术，减少碳排放，降低成本，增加经济效益。另外，应加快发展我国的新能源产业，开发太阳能、风能等可再生能源，研究应用新能源汽车等技术，从而促进碳排放权交易市场的发展。大力推进碳排放权交易试点城市的试点工作，做到试点先行，由点到面。而在这其中如何准确地对碳排放权进行有效监测和计算、如何科学地确定企业碳排放额基数、如何完善碳排放权交易所的电子交易平台等，都是建立一个健全的碳排放权交易市场需要优先解决的基础问题。但我国目前在这些方面的技术、设备和人才准备均显不足，所以，通过设立碳排放权交易试点来积累经验是很必要的。

6. 时刻关注国际碳排放政策变化，避免政策风险

《京都议定书》为发达国家设定了具有法律约束力的温室气体减排目标，但随着美国、日本和加拿大的相继退出，其未来碳减排形式面临较大的不确定性。2012 年《京都议定书》第一承诺期结束之后，政策的不确定性必将对碳排放权交易市场产生影响。清洁发展机制项目会继续以某种形式呈现，但将有较大的差别。一些其他的方法将成为清洁发展机制的改革或补充手段。实际上，哥本哈根会议之后，清洁发展机制的前景就已经受到了普遍的担忧。因此，我国需要密切关注国际碳排放政策变化，避免可能的政策风险。

7. 建立市场化的碳金融机制

目前，我国碳排放权交易市场有效需求不足，仓促建立过多的环境交易所只会带来不必要的财政负担和资源浪费，比较经济合理的做法是在充分搜集整理丰富的试点经验的基础上，逐步整合已有的环境交易所，在借鉴国外交易所成功经验和总结国内试点经验的基础上，制定统一的碳排放权交易规则，实现碳排放权交易的程序化、规范化。

碳排放权交易市场正在逐渐由商品市场演变为金融市场。我国作为一个发展中的大国，需要利用金融市场来发展、调节低碳产业。因此，我国必须建立多样化的碳金融市场，包括银行、证券、保险等金融机构，期货、期权、信托等金融产品及金融产品交易平台等。当前，国内由于碳排放权交易平台过于分散而造成了不利于管理、平台职能重叠、浪费资源等现象。笔者认为，可以建立有地区代表的区域性交易平台和统一的国家性交易平台。统一的碳排放权交易市场，一方面可以保证市场效率；另一方面也有利于监管机构对交易所进行监督管理。只有在统一的市场中，环境交易机制才能不断完善和实现创新，才能通过整合资源，发挥市场交易机制最大的作用。

第 3 章

我国城镇化进程与环境保护

城镇化进程标志着一个国家和地区的社会发展水平。在我国发展新型城镇化的过程中，城镇化带来的环境问题日益凸显。中共十八大报告指出，我们必须改变传统粗放式的发展模式，把生态建设和环境保护纳入新型城镇化发展体系中，提高我国新型城镇化发展效率。

本章在国内外有关城镇化效率研究的基础上，根据实际情况选取合适的模型，以及按照指标选取原则选取相应的指标，建立相关评价体系，并对我国新型城镇化效率进行实证分析。国内学者的研究显示，我国新型城镇化发展的总体效率不高，并且存在严重的区域不平衡问题。其中，东部地区的新型城镇化效率最高，远远高于全国的平均水平，但是东部地区的内部差异最大。西部个别省份在 2002～2011 年新型城镇化效率排名相对在前，但总体而言西部地区大都排名靠后。中部地区未能与东部地区形成良好的联动机制，其新型城镇化效率不高。就整体而言，我国新型城镇化效率在近 10 年内有缓慢下降的趋势。

3.1 研究背景

3.1.1 城镇化

改革开放以来，我国在完善社会主义市场经济体制的过程中，不断进行改革，经济上取得了长足的进步，已经跃升为仅次于美国的世界第二大经济体。在经济快速发展的背景下，我国的城镇化进程也在不断推进，2011 年，我国城镇人口超过农村人口，且城镇化率超过 50％，这标志着我国城镇化进程迈入快速发展的崭新阶段。但是，在逐步进入改革深水期的同时，应重视民生，提高人民生活水平，建设符合我国实际情况的新型城镇化发展格局，坚持发展绿色经济和循环经济，注重以人为本的发展方式；同时逐步改变传统的城乡结构，缩小差距，统筹小城镇发展和大城市发展的协调性，促进新型城镇工业化、现代化、信息化的发展，合理规划城镇发展格局。总之，不断完善和推进新型城镇化有助于我国经济社会持续、快速、协调和稳定地发展。

近几年我国城镇化发展已渐入佳境，逐渐加入快速发展的行列，但在快速发展的同时我们也应该更加清醒地认识到我国城镇化发展中存在的重要问题。严重的外部不经济导致经济社会发展面临着来自生态环境等多方面的严重制约，这要求我国在步入更高层次的社会主义现代化国家道路中需要解决外部不经济问题，克服经济发展中负面效应对经济发展的阻碍作用，推行新型城镇化发展战略，对传统的城镇化进行策略上的调整和结构布局上的优化。在改革发展逐渐进入深水期这一关键时期，加快城镇化发展必须既要注重效率，又要重视质量，同时要考虑经济、社会、生态各个方面的协调，这样才能符合新型城镇化的客观发展要求，才能为我国新型城镇化政策的制定找到合理的科学依据，才能探寻出可以实现社会、经济、生态、环保等各个方面协调与可持续发展的新型城镇化道路。

3.1.2　研究意义

1. 理论意义

"城市化"这一概念是由国外学者首先提出的，我国由于人口总量较大，且对城镇和城市的划分有所差异，故国内研究均采用的是"城镇化"。随着我国城镇化的发展，相应的研究逐渐深入，国内外的研究产生了很多关于测算城镇化发展水平的指标，如城镇化效率、城镇化水平等，这些指标能较容易地测度城镇化发展水平，然而这些指标仅是对总体城镇化结果进行静态的描述，无法对其发展效率进行动态评价。因此，近些年对城镇化效率的动态研究逐年增多，但是对考虑环境等因素的新型城镇化效率的研究却不是很多。本章改善了以往在测算城镇化效率时只考虑经济产出的缺陷，将非期望产出纳入测算城镇化效率的模型中，这一考虑更符合新型城镇化战略中可持续发展的要求。

2. 现实意义

国内外对城镇化效率或者城市化效率问题方面的研究相对较少。在发展新型城镇化的政策背景下，研究新型城镇化效率有利于正确评估城镇化发展状况，有利于正确认清当前发展形势和以后发展方向，有利于制定出有效的、有针对性的政策方针，从而推进新型城镇化的可持续发展，提高发展的效率和质量。对于我国这样一个正处于新型城镇化起步阶段的国家来说，在强调发展效率、经济效益和生态效益统一的要求下，政府制定城镇化发展策略、对城镇化发展状况进行评估，以及对以后的发展做出准确把握并及时调整，所依据的基础和核心就是新型城镇化效率，这就决定了在发展过程中对城镇化效率测度的重要性和必要性。通过分析测算新型城镇化效率，政策制定者能够深入了解我国整体的发展效率状况，这有利于系统地掌握我国城镇化效率的地理区域分布差异和时间动态变化特征。在此基础上，深入研究影响新型城镇化效率的内在原因，为制定提高城镇化效率的相关政策提供更具有针对性的参考依据。

3.1.3　研究目的

在对 1991～2009 年科学引文索引和社会科学引文索引中关于城镇化文献的梳理发现，我国的城镇化研究起步较晚，但发展很快，研究文献数量增加得也很快。越来越多的人关注城镇化的发展，对城镇化效率问题的研究也逐渐成为新的重点和方向。而在这其中，关于效率问题的研究能够发现并解决城镇化问题中多投入多产出系统中的资源配置问题，具有重要的理论意义和现实意义。

本章首先从发展的质量、效益和区域均衡性等方面对城镇化问题进行效率探究；其次对城镇化过程中出现的环境问题进行分析，并利用环境熵对城镇化过程中的环境损害程度进行分析；最后测算考虑非期望产出时的新型城镇化效率，更精确地描述出区域的投入产出情况，并从时间和空间两个角度对我国现行新型城镇化发展进行对比分析，在差异中寻找可以借鉴的经验。本章的研究发现我国新型城镇化应该缩小区域差距，提高整体效率，从而达到整体意义上的城镇化。在研究方法上，本章使用了一种新的方法对新型城镇化效率进行测算和评价，该方法考虑了新型城镇化推进过程中的非期望产出问题，丰富了城镇化效率测度体系。并且本章在选择投入产出指标时综合考虑了各个方面的因素，对全国的省际数据进行实证分析，通过区域间的比较，使得结论更加丰富、政策更有针对性。

3.2 城镇化研究的相关理论

城镇化在推动我国经济发展过程中具有十分重要的地位。在近来的 20 多年里，我国城镇化理论研究得到了空前的发展，为促进城镇化的发展及提出新型城镇化的理念做出较大的贡献。

3.2.1 城镇化理论

1. 产业结构演进理论——配第-克拉克定理

配第-克拉克定理强调产业结构的全面转换，指出经济的高增长会导致生产结构的变换。英国经济学家威廉·配第在其著作《政治算术》中将三次产业劳动者生产收入的差异进行对比分析，发现制造业比农业、商业比制造业能够获得更多的收入。由于劳动力有着向收益高的部门流动的趋势，因此收入差异的存在就促进了追求更高利益的劳动力在部门间的移动。1940 年克拉克在《经济进步的条件》一书中阐述到，随着劳动者收入水平的逐渐提高，劳动力转移的情况也会随之产生，逐渐由第一产业向第二产业、第三产业转移，即经济的进步首先带动劳动力由第一产业向第二产业转移；其次当劳动者的收入水平进一步提高并达到一定水平时，劳动力会进一步由第二产业向第三产业转移。产业结构在城镇化不断推进的过程中由第一产业逐渐向第二产业、第三产业升级演进，逐渐由劳动密集型产业转型升级为技术密集型和资本密集型产业。与此同时，劳动力的分布也随着产业结构的演进发生变化。因此，城镇化的本质是产业结构的转型升级，与此同时，劳动力在第二产业、第三产业所占比重逐年增加，城镇化水平也会越来越高。

2. 中心城市发展理论

1）区域经济增长极理论

区域经济增长极理论是由法国经济学家弗朗索瓦·佩鲁在 1950 年发表的《经济会计

理论和应用》一文中首先提出的。经济增长极又称经济增长点，是指在一个经济系统中具有潜在或现实较高经济增长率并对整个经济增长起举足轻重作用的经济支撑点。该理论的核心内涵是区域经济增长总是在某些子区域呈现极快的增长速度。经济增长的契机只能出现在个别部门、个别地区，造成经济增长点实力膨胀，形成中心地。政府通过培育带头性产业和支柱性产业，并以此作为经济增长极核，同周围地区形成一种势差，最终带动整个区域经济发展。

改革开放以来，我国东南沿海地区在经济社会等多个方面发展迅速，这些地区地理位置优越、交通便利、生产要素密集，小城镇的迅速发展带来了产业聚集效应、生产要素聚集效应及规模经济效应。投资和工业企业大量集中在这些区域，使得这部分地区出现了经济带头趋势，城镇迅速扩大、增长、发展和繁荣，然后通过增长极辐射周边地区，以点带面，推动城镇化进程和经济增长。

2）中心地理论

德国地理学家克里斯塔勒于 1933 年在他的著作《德国南部中心地原理》一书中，系统地提出并建立起对聚落地理学具有重要影响的理论——中心地理论。该理论认为经济活动是城市形成和发展的重要因素，其不仅关心城市具体位置、形成条件，而且更注重城市总体数量、区位、规划布局和空间结构。这是一种综合的、宏观的、静态的、以市场为中心的区位理论，为具体解决有关计划、规划问题的动态平衡打下了基础。

这两个理论都主要研究的是中心城市的辐射效应，集中物力和财力发展部分资源、区位有优势的地区，然后以该地区为中心，形成辐射效应，带动周围地区的发展。中心地理论主要是从产业结构演进升级方面来界定，以促进新型城镇化的不断发展。

3. 三元结构理论

1954 年，美国著名经济学家阿瑟·刘易斯发表的《劳动无限供给条件下的经济发展》中第一次指明了二元结构矛盾给城镇化发展带来的困境，把发展中国家经济的"二元性"明确地描述出来了。他认为发展中国家的经济结构可以概括为是落后的农业部门和先进的现代化工业部门共存的二元结构。二元结构理论是指旧有的城乡二元结构已逐步向城乡之间、城市内部和农村内部的双重二元结构转变，因此使得城乡之间的双重二元矛盾趋于复杂。而"三元结构"比"二元结构"多出来的一元是以中间技术为主导、以乡镇工商企业为主的农村非农业部门及其载体的小城镇。该理论主要改善了"二元"城乡结构，加入了中间过渡的一元，缓解了城乡发展矛盾，这有利于小城镇的发展。

4. 聚集-扩散理论

该理论是对城乡动态关系，特别是对小城镇形成机制的描述，包括聚集效应和扩散效应。其中，聚集效应是指由社会活动的空间集中所形成的聚集经济和聚集不经济综合作用的结果，聚集经济为社会活动的空间聚集提供了吸引力和推动力，聚集不经济则构成了空间聚集的排斥力和约束力。扩散效应是指当经济达到一定程度以后，发展的速度将放慢，原来已经积聚的资金和技术开始寻求更好的发展机会，出现经济增长点并不断向四周扩散，带动周边经济发展。该理论产生的地域结构变化推动了城镇化的发展进程。该理论是对经济发展产生的效应进行描述，在劳动要素聚集的情况下，不断推动经济发展，在经济发展到一定的程度以后，随着与周围地区的交流，不断改善四周地区的投入产出环境，推动周边的联动发展，最终实现整体的城镇化发展。

5. 城镇化内涵

从不同的角度和不同的标准来衡量，有关城镇化的理论有不同的流派。各学科对城镇化的认识都有不同的角度，因此对城镇化的理解也各不相同，综合可以概括为三种具有代表性的观点，即"人口城镇化"观点、"空间城镇化"观点和"乡村城镇化"观点，可以看出，在城镇化概念界定的方面，可以根据城镇化的本质特征来定义。城镇化的本质特征有：农村人口变为城镇人口；第一产业向第二产业、第三产业聚集；第一产业劳动力向第二产业、第三产业非农业劳动力转移，以及由传统的农业社会向现代化城市社会发展的历史进程。

本章将城镇化的内涵归纳为：一是人口的转移，农村人口向城镇转移，融入城镇逐渐演变为城镇人口；第一产业劳动人口向第二产业和第三产业部门的转移，使得第二产业、第三产业的劳动力所占总人口比重增加的过程。二是不断促进产业的聚集和发展，不断推进第二产业、第三产业的繁荣并快速向城镇聚集扩大发展的过程。三是农村自然田园风光向城市景观发展的过程。四是包括城市文明、城市意识在内的城市生活方式在城乡之间互动，城市文明不断向乡村渗透的过程。城镇化的发展进程是一种历史演变过程，其不仅是物质文明极大丰富、人民生活水平不断提高的体现，也是精神文明不断建设和快速发展的驱动力。

3.2.2　新型城镇化

1. 新型城镇化的内涵

中共十八大报告明确指出推进新型城镇化的战略任务，以科学发展观为引领，在推进新型城镇化道路的过程中必须坚持可持续发展。新型城镇化是在传统产业基础上进行产业结构转型升级的过程，也是人口、资源、资金高度聚集的过程，并且是密切保持各个系统相互协调、相互促进的发展过程。因此，我国在新型城镇化发展进程中不仅要注重资源在数量规模上的扩展，还要考虑自然环境和经济的和谐发展，不断提升城镇的发展水平。

在城镇化进程中，要特别关注其所引发的社会各方面问题，如城镇居民贫富差距加大、低收入群体生存保障问题严重、拆迁户的安置问题及失地农民的权益保障问题等。统筹兼顾是可持续发展的根本方法，在新型城镇化的发展道路中更要将其牢牢把握住并且在此基础上不断发展创新，把经济建设和资源环境可持续发展统筹起来，把城市发展与城镇建设统筹起来，把物质文明建设和精神文明建设统筹起来，把国内改革与对外开放相互协调统筹起来，缩小城乡差距，实现共同发展、共同进步，实现可持续发展的循环经济，实现以统筹兼顾为方法的科学发展观指引新型城镇化的发展。我国现在处于新的历史发展时期，为了更好地顺应目前经济社会发展状况而提出新型城镇化重要战略。新型城镇化是发展我国特色社会主义道路上的重大发展战略，在吸取传统城镇化的经验时，取其精华，弃其糟粕，并实现城镇化的新型转变，实现城镇化理论与实践的创新。

　　新型城镇化之所以"新"，在于新型城镇化是以高技术含量产业为支撑的城镇化，是产城一体的城镇化，是城乡统筹的城镇化，是人民思想文化素质极大提高的城镇化，是生态文明的城镇化，是基础设施完善的城镇化，是公共服务公平充足的城镇化。总之，"新型城镇化"不仅强调物质的丰富，还注重提高全民的科学文化、知识技能、身体素质等精神文明方面的建设，从而推动我国社会各个层面都能够向发达国家接轨的发展；同时在新型城镇化发展道路上还要注重效率的提高，从而实现经济社会、人民生活又好又快的发展，为城镇化进程增光添彩。

　　2. 新型城镇化的发展动力机制

　　研究新型城镇化发展动力机制的主要目的在于深入分析城镇化发展的主要动力，从而为探讨新型城镇化效率评价提供理论基础。新型城镇化发展的动力机制是指在推动城镇化发展过程中所必须具有的动力产生机理，并且能够维持和改善这种作用机理的各种经济关系、制度结构等所构成的整体综合系统的总和。各类研究表明城镇化发展的主要动力来自以下几个方面。

　　第一，政府宏观调控对新型城镇化的推动作用。首先，政府制定的政策和制度对城镇化的发展有一定的引导作用，政府通过制定城镇化发展战略来引导城镇化发展。其次，政府对城镇化具有推动和支持作用，通过制定的政策推动城镇化向前发展并提供相关的政策支持，给城镇化的发展提供宏观的发展环境。

　　第二，经济环境对新型城镇化的推动作用。国民经济按行业可以划分为第一产业、第二产业、第三产业。一方面，这三大产业的繁荣发展为经济快速发展带来长期的、持续的发展动力，促进城镇化的发展；另一方面，城镇化发展又能为产业发展提供丰富的劳动力，支持产业发展。这种相互促进的效应使得城镇化和产业发展之间形成"产城融合"的形式。另外，服务业的发展在一定程度上可以解决劳动力相对剩余问题。随着服务业的发展，城镇对劳动力的需求不断增大，这就吸引了大量的剩余劳动力，使剩余劳动力不断向城镇聚集，从而推进城镇的建设。

　　第三，生产要素的流动对新型城镇化具有推动作用。在新型城镇化的发展过程中，劳动力、资本、资源、技术等作为投入要素的各种资源在经济运行过程中必不可少，其为城镇的建设和发展提供了必备的条件。这些要素只有在被充分利用并且充足的情况下，才能在相互作用机制下不断推动新型城镇化的发展。

　　第四，技术进步对新型城镇化的推动作用。技术进步对社会生产力发展的影响深厚而久远，是城镇化发展的原动力。新型城镇化是在不断追求科技进步条件下的城镇化发展模式。因此，在推进新型城镇化发展的过程中，只有加快推进科技进步、技术创新及劳动者技能的加强，才能快速稳健地推动现代化的发展，为新型城镇化的发展提供持续不断的技术支持。

　　通过以上的分析可以看出，在新型城镇化进程中，政府、经济、人口、制度和技术各个方面的因素，相互渗透、相互联系、相互促进，对新型城镇化的发展有重要的推动作用，并且共同构成了推动新型城镇化发展的动力机制。

3.3　新型城镇化效率评价研究

3.3.1　效率评价理论

1. 效率评价理论的发展

在经济学中，效率（efficiency）是指在生产过程中投入与产出的相对关系，是考察经济单位整个系统经营绩效的重要指标，涵盖了评价对象各个方面的综合能力，主要包括对市场竞争力、资源配置效率、投入产出情况及循环经济可持续发展能力的考查。作为经济学研究的核心问题之一，国内外学者对效率问题的研究有很多，成果也很多，但至今尚未给出具体统一的定义。而效率理论的发展大致经历了由古典经济学的效率理论、边际学派的效用理论、福利经济学、新福利经济学的效率理论、萨谬尔森的效率理论到法约尔的前沿效率理论的过程。

第一，古典经济学的效率理论。亚当·斯密在《国富论》中描述了价格在市场中有效地进行配置资源的作用，调动资源向边际收益较高的地方流动，他认为"看不见的手"能够提升经济运行的效率。在市场的自主调控下，资源能够自由地向效益最高的地区流动，从而提高投资的收益率，使整体的效率提高。但是亚当·斯密的局限性在于未考虑社会资源的有限性。

第二，边际学派的效用理论是在均等利益原理的基础上提出的资源配置的效率标准，资源流出的部门因资源投入量减少而增加配置效率，而资源流入的部门则因资源投入量的增加而降低配置效率。通过资源边际效用的变化来对效率进行研究。

第三，福利经济学通过对资源配置效率和社会福利效率评价确立标准来进行研究，分别为：一是效率标准，其是指如果能够将所利用的资源进行最有效的分配，就能够充分发挥资源的经济效益，提高资源的投资收益率，从而实现最大化的社会福利经济；反之，会出现市场失灵的现象。二是公平标准，这是从居民收入角度来分析的，如果收入分配使得所有人的收入都均等，则能使整个社会达到福利经济最大化。

第四，新福利经济学的效率理论是通过帕累托最优来进行效率分析的。帕累托最优是指一个社会或者一个系统的资源配置达到一般均衡状态，在这种状态下没有一种方法可以使部分人的利益增加而不减少其他人的利益。该理论认为达到帕累托最优状态，则效率能够达到最优。遗憾的是，由于帕累托有一定的假设条件，在现实中无法达到这种状态。

第五，萨谬尔森的效率理论指出有效率是不存在浪费的，当经济在不减少任何一种物品生产的情况下，无法增加另一种物品的生产，经济的运行就是有效率的；并且在有效配置问题上充分考虑公平，指出相对有效率的经济系统总是能够使其各方面的资源配置位于其生产可能性的边界上，即效率最大化。

第六，法约尔的前沿效率理论中引入前沿生产函数这一概念，在一定的假设前提条件下，求得以实际投入所能达到最大的生产可能性边界，即生产前沿面。生产前沿面函数定义了系统可能达到的最大产出，并定义了生产经营的最大效率，距离前沿面越近则效率越高；反之，效率越低。

2. 效率的测量

对于效率的测量，不同的学者曾经尝试过不同的方法，但是近几年对效率的测量主要采用 DEA 方法。美国著名运筹学家 Charnes 等(1978)提出一种非参数"相对效率"评价方法——DEA，以解决多投入多产出系统的效率评价的问题。DEA 方法主要是通过线性规划的方式来判断决策单元(decision making unit，DMU)是否有效，并借助评价以期能够得到更多有效的管理信息。DEA 相对效率评价的根本目的是根据求解来不断追求投资收益最大化，其基本的相对评价思想是在尽可能少的投入下，获得尽可能多的产出，即满足以最小的生产要素投入追求尽可能多的产出，这是经典 DEA 模型所依赖的一个基本假设。基于投入导向和产出导向，DEA 模型包括 Input-DEA 模型和 Output-DEA 模型，分别代表以投入为导向的模型和以产出为导向的模型。

DEA 方法有两个基本模型，即规模报酬不变模型和规模报酬可变模型。

规模报酬不变模型如式(3-1)所示。

$$\max \frac{u^T y_0}{v^T x_0}$$

$$\text{s. t.} \begin{cases} \dfrac{u^T y_0}{v^T x_0} \leqslant 1 \\ u \geqslant 0, \ v \geqslant 0 \end{cases} \tag{3-1}$$

假设有 n 个 DMU，分别标记为 DMU_1，DMU_2，$\cdots$，DMU_n，每个 DMU 有 m 种输入和 s 种输出。x_{ij} 为第 j 个 DMU 对第 i 种输入的投入量，$x_{ij} > 0$；y_{rj} 为第 j 个 DMU 对第 r 种输入的产出量，$y_{rj} > 0$；v_i 为第 i 种输入的权重；u_r 为第 r 种输出的权重。

规模报酬可变模型如式(3-2)所示。

$$\min \theta = V_p$$

$$\text{s. t.} \begin{cases} \sum\limits_{j=1}^{n} \boldsymbol{x}_j \lambda_j + S^- = \theta x_0 \\ \sum\limits_{j=1}^{n} \boldsymbol{y}_j - S^+ = y_0 \\ \sum\limits_{j=1}^{n} \lambda_j = 1, \ \lambda_j \geqslant 0, \ j = 1, \ 2, \ \cdots, \ n \end{cases} \tag{3-2}$$

当 $\theta^* = 1$ 且 $S^{-*} = 0$、$S^{+*} = 0$ 时，DMU_{j0} 为 DEA 有效；当 $\theta^* = 1$ 且 $S^{-*} \neq 0$、$S^{+*} \neq 0$ 时，DMU_{j0} 为弱 DEA 有效。

对于规模报酬不变模型和规模报酬可变模型，两者求得的 DEA 有效具有不同的意义，前者是在规模报酬不变的前提下，求得的是技术效率；后者是在规模报酬可变的假设下，求得的是纯技术效率。但规模报酬不变模型和规模报酬可变模型在对实际问题的效率求解分析时存在一定的局限性：一是所衡量的生产函数必须是确定的；二是在偏离前沿面情况下的分析，忽略了外部环境、客观因素等对测量结果的影响。因此，使用传统的 DEA 方法求解所得到的效率值与实际情况是存在一定偏差的。

而且传统 DEA 方法的基本思想依赖一个假设(所生产出的都是我们所需要的)，而在实际的生产过程中可能存在着一些废弃物等非期望产出。只有在非期望产出尽可能减少而期望产出尽可能增多的情况下，经济系统才能达到最优的运行效率，而以往的 DEA 模型在计算过程中只能使非期望产出增加，显然这就不适合对存在非期望产出的城镇化效率进行评价。为此，国外的学者提出很多关于存在非期望产出问题的效率测量方法，对比如下。

（1）HaiLu 和 Veeman（2001）提出非期望问题的处理方法。他们将非期望产出看成投入变量进行求解，认为提高效率就是减少非期望产出，但与实际的生产过程有一定的偏差，不符合实际情况。

（2）Seiford 和 Zhu（2002）进一步提出非期望产出经过函数转换，即将非期望产出视为普通的产出后，主要有三种形式，即负产出、线性转化、非线性转化。采用这些处理方式能够较好地解决存在非期望产出的经济系统的效率评价问题，但是基于强凸性的约束，该方法只能在可变规模报酬条件下进行求解，这就使该种方法的使用有了一定的约束。

（3）Tone（2001）提出非角度、非径向的 SBM 模型，对非期望产出进行了非角度和非径向处理，这大大提高了评价的准确性，但是对于多个 DMU 同时有效时效率值均为 1 的情况，难以解决对 DMU 进行区分和排序的问题。

（4）Färe 等（2007）提出运用距离函数方法求解非期望问题，能够将非期望产出纳入效率评价中，却没有充分考虑投入和产出变量的松弛性问题，使得计算出的效率值结果不够准确。

DEA 模型从度量的方向和角度出发，能分成四种类型：①径向和角度的；②非径向和角度的；③径向和非角度的；④非径向和非角度的。所谓径向是指产出或者投入可按同比例增加或减少从而达到有效；所谓角度是指产出或投入的角度。传统 DEA 模型基本上都是从径向和角度出发的，没有充分考虑到投入和产出的松弛性，因而结算得到的结果是有偏的。基于这种现象，Tone（2001）分别提出考虑松弛测度 SBM 模型和 Super-SBM 模型，这两种模型都是非径向和非角度的。在 SBM 模型的基础上，构建 Super-SBM 模型，不仅有效地解决了非期望产出问题、投入和产出变量的松弛性问题，而且能够很好地解决 DMU 效率值计算的问题。

3.3.2　新型城镇化效率评价研究现状

关于城镇化经济运行效率的研究最早源于国外，一些国外学者对我国的城镇化效率也进行了评价，Charnes 等（1989）以 1983 年和 1984 年我国的 28 个重要城市为对象，对这些地区的经济效率进行分析，并论证了将城市作为一个生产体系来研究其运行效率的可行性。随着我国经济的快速发展和城镇化的快速推进，我国城市运行效率逐渐引起国内学者的关注：一是集中在对城市系统的经济效率与全要素生产率的测定与评价。郭庆旺和贾俊雪（2005）与王志刚等（2006）将推动我国经济和城镇化快速增长的全要素生产率增长归因于技术进步而非生产效率的改进。二是主要从城镇化过程中某些单个投入要素的效率进行内部的作用机制分析，大部分研究是集中在对土地利用效率的研究（钟太洋等，2001；吴郁玲和曲福田，2007；程楠，2008）。三是集中在城镇化效率与城镇化水平之间的关系上，即对它们之间存在的关系进行分析(张麟和刘光中，2001)。在城镇化效率研究方面，刘建徽和王克勤(2005)采用 DEA 方法对城镇化效率进行了简单的实证检验。后有学者通过采用随机前沿模型对城市经济系统的运行效率进行实证分析，并对城镇化效率进行了评价。

在国内学者的研究中，曾有多个学者提到"效率"一词，由此可以看到，在城镇化发展进程中，更准确地说是在新型城镇化发展道路中，要注重效率。在城镇化过程当中，随着人口、资金、资源等生产要素向城镇集聚，为城市生产和发展提供投入要素，在经济系统中进行生产及与其他系统的交流，从而推动整个城镇化系统的发展，推动全国的经济增长，不断促使城镇系统在空间区域结构上更加完善，各项公共服务设施逐渐齐全和公平分配，并且不断推动城镇的产业、产品、技术等经济结构的转型升级，从而改善城镇居民的生活方式、居住环境以及提高城镇居民的生活水平。在不同国家或地区中，由于城镇化与工业化发展所面临的资源条件、政策环境、文化形态有所区别，以及各个区域的城镇化系统中"投入"要素的稀缺程度也有所差异，得到的"产出"差别也不相同，因此不同国家或地区所处的发展阶段不同，对于城镇化的认识和观念，以及城镇化效率内涵和外延的关注重点也就有所差别，研究的角度不同，不同学者的测度指标选择也就会有一定差别。

本章所述的新型城镇化效率，就是指在城镇系统中，整个经济系统所需的生产要素与运行生产的产出之间的权衡对比关系，但同时考虑到新型城镇化的内涵，将可持续发展纳入城镇化效率测度系统中。因此，在衡量产出时，不仅仅考虑经济产出所追求的经济效益，还要考虑生态产出和社会产出的各层面。通过对经济发展速度、水平及质量进行测算评价，从而得出新型城镇化进程中的运行效率。我国城镇化效率的高低，就取决于能否以资金、土地、劳动力的最少投入取得最大化经济效益、社会效益和生态效益，并且赢得三种效益的统一。为了促进城乡协调发展，不断缩小城乡差距，促进人与自然和谐相处，有效地进行资源配置和布局，注重提高经济效率、社会效率、生态效率于一体的新型城镇化效率具有重要的战略意义。

3.3.3　我国新型城镇化效率影响因素研究

1. 新型城镇化的效率影响因素

在推进新型城镇化发展过程中，有很多因素影响着城镇化发展效率。李郇等(2005)和戴永安(2010)指出影响城镇化发展效率的因素有很多，主要包括城市的区位、产业结构、人口、政府等。周冲和吴玲(2013)利用计量分析方法以安徽省为研究对象，对该省城镇化发展中的影响因素进行研究，并对它们之间的相关性进行分析，指出几种具有显著影响的因素，分别为第二产业产值、工业增加值、农业机械总动力，还有一些影响因素对城镇化的影响不是很显著。梁超(2013)在研究中指出城镇化效率的影响因素有人口密度、产业结构、政府作用、市区规模、工业规模、外商投资。本章根据前人的研究，对新型城镇化发展的影响因素进行了总结，主要有经济因素、人口因素、制度因素、技术因素和区位因素。

第一，经济因素。随着经济的高速发展和科学技术的不断提高，先进技术在农业生产方面的应用，大幅度地提高了农业生产率，导致农村的劳动力出现相对剩余，如果经济不能快速发展，就不能够吸收这些劳动力，必然会产生劳动力冗余。因此，应在合理的制度环境下，使这部分劳动人口慢慢向城镇转移，以寻求更高的经济利益。首先，随着这部分劳动力向城镇地区的转移，在城镇中从事非农产业的生产，城镇中的非农就业人口数量的显著增加，推动产业结构加快转型升级，同时也为第二产业和第三产业的繁荣发展和产业结构规模的扩大提供了充足的劳动力资源，并且吸引了更多的人口向城镇转移。其次，随着城镇人口数量的增加，城镇建设规模不断扩大，对人口的吸引力及容纳能力越来越强，这必然会促使消费需求增加，进而促使城镇商品需求的扩大，对经济增长有极大的刺激并不断推动经济生产的发展，从而推动着城镇化的进一步发展。再次，随着经济的增长，对城镇提供的服务和基础设施的需求增加，这进一步增加了城镇的吸引力，为推动城镇发展提供了动力，并且现代化、工业化的推进能够促使产业分工更加明确。此外，在不同的区域交流中产生了知识和技术的外溢，这在一定程度上也推动了整体的城镇化发展。最后，城镇的发展为第三产业提供了足够的劳动力，同时能够解决农村劳动力剩余的问题。各种服务业对劳动力的需求巨大，产业的快速发展能够扩大城镇的影响力，能够吸收城镇化过程中产生的相对剩余的劳动力，从而促进了各个区域之间的交流及转移，促进了城镇化的发展。

第二，人口因素。劳动力在区域间的流动也是影响城镇化发展的一个重要因素。从发达国家的发展中可以看出，在城镇化的过程中，由于第一产业发展趋向于机械化，因此提高了整个产业的社会平均劳动生产率，促使相对剩余劳动力逐渐向第二产业、第三产业加速流动。随着人均收入的提高、第三产业的迅速繁荣发展，对劳动力的需求逐渐增大，这快速地推动着劳动力的流动，最终使得整体劳动力的分布在结构上和数量上发生了巨大的变化，从而影响着城镇化的进程。一方面，劳动力数量上的转移直接影响着城镇化的进程。转移后的劳动力从事非农产业的劳动，对非农经济的发展有极大的推动作用，进而对第二产业、第三产业的发展有重要的促进和激励作用，劳动力是非农产业发展必不可少的投入要素。另一方面，劳动者的素质、技能和价值观念等也影响城镇化的发展。新型城镇化的发展并不是简单的人口向城镇聚集的过程，还包括人口素质、知识、技能的提高。因此，劳动力的素质、技能的提高使得整个社会的劳动生产率提高、整个系统的运行效率加快，从而促进城镇化的快速发展，这样新型城镇化发展才能更好地向正确的方向进行。

第三，制度因素。在新型城镇化推进进程中，政府的制度政策具有重要作用。在一定的制度下，土地、劳动力、资金才能充分发挥其本身所具有的功能。制度因素对城镇化发展有双重影响：一是直接影响，在相应的政策体制环境中制度直接对城镇化产生作用，很多直接关系到劳动者在城镇化进程中切身利益的制度，能够直接影响劳动人口在城镇中生存发展的政策制度，对人口的流动有重要的影响，并且直接关系到对劳动人口的吸引力；二是间接影响，即通过制度对企业、社会的作用间接影响城镇化的发展。根据制度经济学的观点，制度的有效性对经济发展有重要的影响，有效的制度安排可以积极促进经济的发展和繁荣，而无效的制度安排则不仅不会促进经济的发展，甚至对经济增长有一定的阻碍作用。在新型城镇化发展过程中可以看出，有效的制度可以促进新型城镇化的积极向前发展，即是有效率的，必然能够促进新型城镇化发展效率的提升。反之，如果没有合适的制度安排，无法正向驱动新型城镇化发展，必然阻碍新型城镇化发展效率的提升。

第四，技术因素。"科学技术是第一生产力"，可见技术对社会的发展有着重要的影响，进而可以推出其对城镇化的发展有重要影响。科技的进步会使各行业对劳动力的需求发生改变，从而促使劳动力的分布结构发生变化，进而会带动产业结构的转型升级，促进经济的发展，更进一步驱动新型城镇化的发展。同时，随着信息时代的来临，经济社会的发展迫切要求劳动者提高知识水平和技术素养，不断促进新型城镇化的发展进程。

第五，区位因素。由于我国地域广阔，在发展的过程中不可避免地会出现因地理位置不同而产生的一定差异。我国东部地区区位优势明显，技术、劳动力、资金等生产要素的聚集便利，为新型城镇化的发展提供了优越的条件；同时，临海的地理位置给对外开放也提供了条件，促进经济、技术、资金等与外界的交流，更加推动了劳动生产力的提高，为城镇化的发展奠定了有利的基础。

2. 新型城镇化效率低下的原因

我国地域广阔，人口众多，但由于区位差异，因而地区差异明显。在我国城镇化进程中，致使区域分布差异及发展不均衡、资源配置不合理及城镇化发展进程不统一现状存在的原因有很多，我们应该清楚地认识到这些影响因素，在以后的新型城镇化发展中寻求更优的发展方式。

第一，发展观的偏差。在长期以来的城镇化发展过程中，我国在经济社会发展观上存在一定的偏差，表现为注重经济增长速度而忽视经济增长质量。对经济效益的追求导致对城镇化的发展没有进行正确的引导，城镇化过程中存在极端的思想，要么大力投资建设，到处"圈地造城"，强调建设小城镇；要么就是过分强调建设大城市，大力投入资金、资源发展一些主要的大城市，而忽略了一些中小城镇的发展。地方政府错误的政绩观导致在发展中以经济效益为唯一的考虑因素，而忽视了生态环境，且对那些污染重的企业予以包容，导致城镇环境急速恶劣。为了能够在经济产值上大有成就，照搬照抄其他地区的建设形势、产业结构，不注重本地特色，导致整体运行效率低下，城镇缺乏特色和主导产业支持而失去竞争活力。这些现象之所以存在都是因为在发展过程中，没有正确的认识和正确的发展观，导致在城镇化进程中经济发展出现畸形，从而严重影响了城镇化发展的效率和质量。

第二，体制制约。我国长期以来实行的计划经济，使得整个经济市场的运行一直处于低效率的状态，城镇发展的要求并不明确，一直制约着城镇化的发展。虽然改革开放以来，我国建立了市场经济体制，但在逐步完善的过程中，部分体制依然存在着一些缺陷，这些缺陷仍制约着我国城镇化的发展。其中土地制度是我国城镇化发展进程中最重要的制度因素。新中国成立以来，我国进行过一系列的土地改革，以期慢慢适应我国经济的发展，但现有的土地制度依然未能完全适应我国城镇化发展的新形势。户籍制度的限制及相关的社会保障制度对人口的流动有很大的制约，对劳动力的交流有很大的影响，在一定程度上阻碍着农村人口向城镇迁徙，使得劳动人口由乡村向城镇转移所需要的成本大幅提高，转移难度加大阻碍了人口城镇化的发展。

第三，人口制约。我国是人口大国，人口基数大，尤其是农村人口较多，导致城镇化的难度很大，进程也很缓慢；而在实行计划生育基本国策以后，我国的城镇化速度明显加快，第二产业、第三产业的就业人口明显增加。另外，由于劳动者素质普遍不高，知识技能不能够适应社会发展的要求。因此，人口总数巨大及劳动者素质不高严重制约了我国城镇化进程。

第四，环境制约。我国目前的城镇化发展忽略了生态环境，在盲目追求经济粗放型发展的同时造成了严重的环境污染，资源消耗巨大。只重视经济增长的后果是，经济飞速增长的同时环境不断被污染，资源大量被浪费，经济效率呈现出效率低下的状态。因此，在新型城镇化发展过程中要更加注重生态环境的制约，更好更快地促进新型城镇化的发展。

3.3.4 Super-SBM 模型

1. Super-SBM 模型的介绍

2002 年 Tone 提出以 SBM 为基础的 DEA 效率分析法，即在构建 DEA 模型时，考虑其松弛变量，再研究角度和径向选取对投入产出松弛度的影响。将所有的 DMU 可以划分为有效率的 DMU 和无效率的 DMU，形成帕累托边界。作为非径向、非角度的 DEA 方法，它遵循 DEA 的基本思想，用相对最有效的技术前沿面包络投入产出数据集。与以往的处理方法不同，Super-SBM 模型把松弛变量直接放入目标函数中进行求解，以此解决了投入和产出松弛性的问题。Super-SBM 模型可以直接通过软件求解，不用事先设定生产函数，也不用考虑指标量纲等问题，这些优点有效地解决了 DMU 存在投入冗余和产出不足的问题。在式（3-3）中 λ 为权重向量，δ 为目标函数，x_{ij} 为第 j 个 DMU 的 i 项投入，y_{rj} 为第 j 个 DMU 的 r 项产出。在效率评价过程中，可能出现多个 DMU 都是相对有效的情况，从而计算得到的效率值会出现同时为 1 的情况，为了解决这个问题，Tone（2004）提出以修正松弛变量为基础的超效率模型，即 Super-SBM 模型。利用该模型的求解效率评价问题，计算结果可以允许有的 DMU 相对效率均有效的效率值得到具体值。这些效率值允许大于 1，因而可对多个 SBM 均是相对有效的 DMU 继续进行评价，获得不同的效率值并进行排序。

对于 m 种投入和 s 种产出的 DMU(x_0，y_0)，建立规模报酬不变的 Super-SBM 模型，如式（3-3）所示。

$$\rho^* = \min \frac{1 - \frac{1}{m} \sum_{k=1}^{m} \frac{S_k^-}{x_{i0}}}{1 + \frac{1}{s} \sum_{r=1}^{s} \frac{S_r^+}{y_{r0}}} \tag{3-3}$$

$$\text{s. t.} \begin{cases} x_0 = X\lambda + s^- \\ y_0 = Y\lambda + s^+ \\ \lambda \geqslant 0, \ s^- \geqslant 0, \ s^+ \geqslant 0 \end{cases}$$

其中，X 为投入列向量；Y 为产出列向量；ρ^* 表示 DMU(x_0，y_0)的效率值；S_k^- 表示

第 k 种投入的冗余；S_r^+ 表示第 r 种产出的不足。并且由于该模型求解的是超效率，所以在求解过程中，该模型中 X 不能取 x_0，Y 不能取 y_0，这样使得求解得到的效率可以大于 1，结果不会出现同时为 1 的情况，从而有效地避免了存在效率值相同而无法排序的问题的产生。

2. 基于 Super-SBM 模型的新型城镇化效率评价分析

与典型的 DEA 模型相比，Super-SBM 模型有很多优点，能更好地进行效率评价。以往的一些效率评价模型存在所求效率值同时为 1 的情况，无法进行排名，不能更好地进行分析和比较效率的次序。而 Super-SBM 模型则不存在无法排序的情况，其相比以往的 DEA 模型具有以下几个方面的优点：第一，能够充分考虑并能够较好解决非期望产出问题；第二，提供了有效解决投入产出松弛性问题的方法；第三，很好地解决了效率值均为相对有效的 DMU 的排序问题；第四，由于 Super-SBM 模型是非径向和非角度的，避免了传统 DEA 方法求解中角度选择和非径向选择的缺陷。

首先，新型城镇化效率评价模型的对象是新型城镇化系统，这是一个具有多种要素投入和多项产出的系统，包括经济、社会、环境等多个因素影响，而 Super-SBM 模型正好是一个多投入、多产出的评价模型，能有效地进行相对效率的评价。其次，由于评价相对效率的各种指标的量纲不一致，其他评价方法无法适用然而在 DEA 过程中，不需要统一量纲就可以进行求解评价。再次，本章在对新型城镇化效率进行测算时考虑了非期望产出，对于非期望产出问题，Super-SBM 模型能够很好地对其进行分析求解。最后，在新型城镇化进程中，最优效率是不存在的，只能对相对效率进行求解。但是如果利用经典的 DEA 进行评价，得出的结果可能出现同时为 1 的情况，不能给不同的地区排出不同的名次，不能清楚地看到每个地区相对效率排名的先后。

利用 Super-SBM 模型则可以解决这些问题，能更好地解决新型城镇化效率评价问题。Super-SBM 模型提供的是一种能够有效解决松弛问题的方法，充分考虑非期望产出问题，避免了因径向和角度的选择而造成的偏差和影响，因此，其是一种非径向非角度的 DEA 方法，并且可以允许均为相对效率而出现大于 1 的情况，更能体现出新型城镇化效率评价的本质并且对效率求解出明确的结果。根据 Super-SBM 模型的求解结果能够对投入冗余和产出不足进行分析，以得出更具体的研究结果；并且 Super-SBM 模型解决了效率值同时为 1 的排序问题，能够更清楚地看到各个地区效率值的大小及排名情况，根据所求解的结果进行更好更清楚的对比分析。

3. 指标的选取

1)指标选取原则

在选取数据时要进行综合考虑，选取合适的数据。因此，指标选择需遵循一定的原则。

第一，科学性原则。新型城镇化本身就是科学发展观的体现，在对新型城镇化效率进行研究时必须有科学的依据。因此，在构建评价指标体系时必须要有科学依据，只有这样才能对我国新型城镇化发展状况进行正确评价。整个指标体系要能够综合反映新型城镇化运行的发展要求。由此得来的结果才具有科学性，也使得结果的政策参考性具有更强的科学性。

第二，可操作性。选取数据时，指标数量要适当，不宜过多，要选取具有代表性的指标，在实证分析过程中才能便于分析、评价。在建立指标体系时，要充分考虑现实情况，有的数据缺失很多，可能会导致结果差距很大，因此必须注意选取能够获得的数据，确保结果的真实性。

第三，真实性原则。建立的指标体系要能真实反映出所要研究的问题，在实证分析过程中对选取的指标还应保持客观的态度。选取真实的数据，消除主观性，建立一个客观公正的指标体系。

2）指标选取说明

本章借鉴前人的研究成果，基于上述原则，并综合考虑城镇化效率的经济效益、社会效益和生态环境效益，选取投入指标和产出指标，并考虑非期望产出的影响，具体指标如表 3-1 所示。

表 3-1 投入产出指标体系

一级指标	二级指标	具体指标
投入指标	劳动力	城镇就业人口数量（万人）
	土地	建成区面积（平方千米）
	资金	城镇固定资产投资额（万元）
期望产出指标	经济产出	非农产业增加值——第二产业、第三产业产业增加值（亿元）
	社会产出	城镇化效率——城镇常住人口所占比重（%）
	生态产出	建成区绿化覆盖率（%）
非期望产出指标	环境产出	工业固体废物排放量（万吨）

（1）投入指标。根据现代西方经济学的观点，劳动力投入、土地投入和资金投入是最重要的、也是最基本的投入要素。

第一，劳动力投入。劳动力投入是指在生产中劳动的实际投入量，主要包括劳动时间、劳动质量、劳动强度和就业人数等。随着社会的进步和发展、科技和劳动者教育水平的提高，劳动质量不断增加，而劳动强度和时间不断减少，可以认为劳动质量的增加抵消了劳动强度和时间。因此，本节选取历年城镇就业人口数量作为劳动力的衡量指标。劳动力投入中的城镇就业人口数量单位为万人。

第二，土地投入。土地投入是指城镇化建设过程中建设工厂、居住用房等所需要的土地面积。因此，在城镇化效率测算中通过建成区的面积来测算所利用的土地，即土地投入。本节选取历年的建成区面积来衡量土地的投入。土地投入中的建成区面积单位为平方千米。

第三，资金投入。资金投入主要包括在城镇化过程中的政府资金的投入及外界资金的投入，在城镇化中最终都主要表现为固定资产投资。因此，通过城镇固定资产投资额来衡量资金指标。资金投入中的城镇固定资产投资额单位为万元。

（2）产出指标。在深入分析新型城镇化科学内涵的基础上，产出指标包括期望产出指标和非期望产出指标。期望产出指标考虑了经济、社会和生态三个方面，非期望产出指标考虑了城镇化过程中以工业固体废物为代表的污染产出。

第一，经济产出。经济效益方面采用地区生产总值中的非农产业增加值部分，来对整体的经济增长进行衡量。产出指标选用第二产业、第三产业增加值，本节为方便表示，用非农产业增加值表示。非农产业增加值的单位为亿元。

第二，社会产出。社会产出是表明社会进步、转型发展水平的指标。利用城镇常住人口所占比重来表示城镇化的水平，即城镇化效率。城镇化效率单位为%。

第三，生态产出。生态产出是为了表明城镇化的发展质量，以体现新型城镇化的发展目的，以及人与自然和谐相处，用建成区绿化覆盖率表示。建成区绿化覆盖率单位为%。

第四，非期望产出。在新型城镇化建设中必然会出现一定的"有害"产出，这些有害产出影响甚至阻碍新型城镇化的发展。本书主要利用工业固体废物排放量来表示"非期望产出"。通过此指标来体现新型城镇化战略节能降耗的目标，以满足可持续发展的要求。工业固体废物排放量的单位为万吨。

3）样本数据及来源

本章的研究对象是我国30个省（自治区、直辖市，除台湾、香港特别行政区和澳门特别行政区外，并且由于西藏数据不全，将其剔除，以确保更好地进行实证分析）。同时为了研究需要，按照传统的划分方法将全国划分为东中西三个部分，进行对比分析。其中东部地区包括北京、天津等11个省市，中部包括安徽、江西等9个省，西部包括广西、贵州等10个省市。为了达到研究目的，选取了2002～2011年这30个省（自治区、直辖市）在城镇化进程中的投入产出数据，所有数据全部来源于历年的《中国统计年鉴》，以及历年各省市的统计年鉴和统计公报。对于部分缺失的数据，利用前后两年的平均值进行预测，以更好地进行求解。

3.4 我国城镇化的发展状况

1975年，美国城市地理学家诺瑟姆在研究世界各国城市发展进程的过程中，描绘了一条城镇发展随时间推移的S形曲线，称为城市生成理论曲线，后来被学者们广泛应用，该曲线又简称诺瑟姆曲线，如图3-1所示。该曲线将城市化进程的各个阶段明确具体地划分为初期、快速、后期三个阶段，将人口城市化率在30%以下的阶段称为初期阶段，将人口城市化率在30%～70%的阶段称为快速阶段，将人口城市化率在70%～90%的阶段称为后期阶段，而且该曲线不能达到100%。诺瑟姆曲线基本符合世界城市化的演变趋势，具有较强的可信性。

新中国成立以来，随着我国政治经济体制的深化改革和政策的不断变动，我国的社会发展进程也经历了非常曲折的探索过程，因此，我国推进城镇化发展的过程也是非常曲折的。从刚建国时，城镇人口仅有5 765万，占总人口的10.6%，到2013年年末我国的城镇化率达到53.73%，表明我国城镇化的快速发展已经彻底转变了以往落后农村社会的面貌，经济社会发展也逐渐进入一个新的阶段。我国的城镇人口从改革开放时的17 245万急剧增加，到2011年首次超过农村人口。可见，我国过去几十年的城镇化发

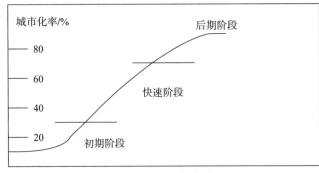

图 3-1　诺瑟姆曲线

展一直处于快速前进的状态，并且将继续加速前进。本章将对我国目前的城镇化效率进行总体分析以得到目前的发展状况。

根据新中国成立以来我国城镇化进程在速度和发展历程上的波动，同时结合国家统计局的划分标准，可以将我国城镇化的发展进程划分为五个阶段：①从 1949 年新中国成立至 1958 年社会主义改造，我国处于恢复阶段，长期的战争使国民经济受到了严重的摧毁，我国处于贫穷落后的状态；新中国成立后，国家开始逐步恢复各项建设，因而城镇化也得到了一定的发展。②1958～1965 年属于波动阶段，在这一时期内，由于受到三年自然灾害和国际政治经济形势的影响，我国城镇化进程没有长足的进步，反而出现了一定的下降趋势，而且波动较大。③1966～1978 年，我国社会处于动荡状态，政治形势有了很大的变化，爆发了长达十年的"文化大革命"，经济发展停滞，社会遭遇了巨大挫折，城镇化发展也受到了较大的打击，在此期间我国城镇化进程也没有明显的发展。④1979～1991 年，我国城镇化进程进入稳定发展阶段。1979 年我国开始实行改革开放政策，极大地促进了经济的快速发展，同时对外开放和交流，也进一步放宽了城镇化发展的政策，对城镇化发展起到了很大的促进作用。⑤1992～2013 年，我国已经进入快速发展阶段，在邓小平同志的南方谈话之后，在改革开放这一国策的推动下，我国不断完善社会主义市场经济体制，经济在自由的市场体制下飞速发展，取得了巨大的进步，为新型城镇化建设奠定了坚实的物质基础。1979～2013 年我国整体的城镇化水平发展状况如图 3-2 所示。

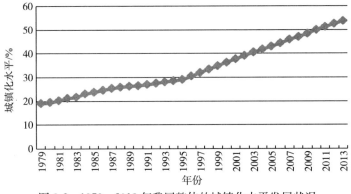

图 3-2　1979～2013 年我国整体的城镇化水平发展状况

综合诺瑟姆曲线及我国城镇化发展的实际情况可以看出,我国的城镇化已经进入快速发展的阶段,但是呈现出区域发展不均衡的状态。在测算我国各省市的城镇化效率之前,先对 2002～2011 年各省市的投入和产出数据进行描述性统计,主要年份的统计结果如表 3-2 所示。

表 3-2 全国各省市主要年份投入产出数据的描述性统计

变量	2002 年				2005 年			
	均值	标准差	最大值	最小值	均值	标准差	最大值	最小值
建成区面积/平方千米	862.24	560.73	2 196.62	59.68	1 080.27	782.31	3 619.10	105.92
城镇就业人员/万人	604.18	387.23	1 948.60	79.20	705.49	530.31	2 276.80	42.64
固定资产投资额/亿元	1 138.10	774.80	3 343.46	183.50	2 467.30	1 727.70	7 275.10	313.00
非农产业增加值/亿元	3 483.66	2 898.17	12 487.34	293.34	5 883.96	5 081.53	21 129.10	480.80
城镇化效率/%	43.37	15.42	87.90	24.68	46.11	82.09	89.09	26.87
绿化覆盖率/%	27.67	5.38	36.59	15.31	30.49	39.85	39.85	20.03
工业固体废物排放量/万吨	73.67	127.99	625.53	0.01	54.96	604.70	604.70	0.00

变量	2008 年				2011 年			
	均值	标准差	最大值	最小值	均值	标准差	最大值	最小值
建成区面积/平方千米	1 247.91	919.82	4 132.63	110.70	1 450.45	1 047.96	4 829.26	122.11
城镇就业人员/万人	813.46	636.51	2 680.10	81.90	961.39	718.15	3 014.40	98.30
固定资产投资额/亿元	483.79	3 020.08	12 529.00	514.10	9 874.24	6 347.86	26 313.46	1 365.91
非农产业增加值/亿元	9 981.04	8 348.97	34 823.66	913.05	15 782.06	12 327.56	50 545.08	1 515.36
城镇化效率/%	49.20	14.33	88.60	29.11	53.15	13.62	89.30	34.96
绿化覆盖率/%	35.17	4.97	42.63	21.55	38.20	3.99	46.81	27.85
工业固体废物排放量/万吨	26.00	49.96	232.40	0.00	15.21	33.78	168.70	0.00

从平均值上来看(图 3-3),我国的城镇化水平已经普遍超过 30%,可知我国已经进入高速发展时期。其中,东部地区的城镇化水平已经接近 70%,逐渐进入城镇化发展的成熟期;中部地区的城镇化水平接近全国的平均水平,在 40%～50%;西部地区的城镇化水平最低,到 2011 年最高才达到 43.44%,与全国平均水平有一定的差距,尤其和东部地区的城镇化水平差距很大,这体现出严重的发展不平衡性。

从 2002～2011 年我国城镇化水平的增长速度来看,东部地区的城镇化水平增长率为 14.92%,中部地区的城镇化水平增长率为 26.51%,西部地区的城镇化水平增长率达到了 32.90%,全国的平均城镇化水平增长率为 23.53%。由此可以看出,我国的东部地区,虽然城镇化水平已经很高了,但是发展的速度却最慢,仅约为西部地区发展速度的一半,与全国城镇化平均水平发展速度也有一定的差距。中部地区的城镇化水平增长速度与全国平均水平的发展速度最为接近。西部地区的发展速度较快,虽然整体的城

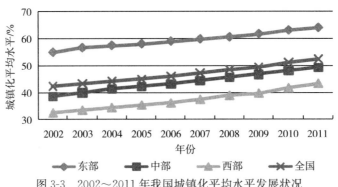

图 3-3 2002～2011 年我国城镇化平均水平发展状况

镇化平均水平不高，但由其发展速度可以看出，我国正不断推进着各地区城镇化发展的均衡，统筹区域发展的均衡。

从非农产业的增加值来看，全国非农产业的增加值由 2002 年的 103 795.70 亿元增加到 2011 年的 425 617.8 亿元，平均非农产业产值由 2002 年的 10 142.09 亿元增加到 2011 年的 46 234.85 亿元，增长率为 355.87%。分区域看，东部地区的平均非农产业产值由 2002 年的 5 852.55 亿元增加到 2011 年的 24 980.8 亿元，增长率为 326.8%；中部地区的平均非农产业产值由 2002 年的 2 663.31 亿元增加到 2011 年的 13 866.89 亿元，增长率为 420.7%；西部地区的平均非农产业产值由 2002 年的 1 526.23 亿元增加到 2011 年的 7 387.89 亿元，增长率为 384.5%。可见，东部地区的非农产业增加值的增长速度低于全国的平均水平，而中部和西部地区都高于全国的平均水平。因此，从我国整体城镇化发展状况的平均值来看，我国东部地区的城镇化水平较高，但发展速度呈现较缓慢的状态，中部地区和西部地区虽然城镇化水平不高，但其发展速度却很快，正逐渐减小地区之间的差距，这体现了我国新型城镇化统筹区域协调发展的要求。

从我国城镇化发展的标准差来看，我国区域发展很不平衡，如图 3-4 所示。一是从整体情况来看，全国的标准差较大，东部地区的标准差最大，西部地区和中部地区的标准差较小。可见，全国各个地区城镇化发展状况的差异比较大，其中，东部地区的区域内部存在较大的差异，西部和中部地区区域内部的差异较小，并且东部与西部和中部的区域间差异较大，在全国整体来看，城镇化发展存在严重的发展不均衡。二是东部地区的组内标准差由 2002 年的 17.01 下降到 2011 年的 14.48，可见组内标准差呈逐渐减小的趋势。中部地区的组内差异具有波动性，从 2002 年的 7.31 到 2004 年的 7.86，有增大的趋势，随后又逐渐减小，直到 2011 年的 5.65。西部地区的标准差变化不大，说明西部地区的组内差异不大。总的来说，全国总体的标准差呈整体下降的趋势，说明全国的地区差异呈逐渐减小的趋势。

综上所述，目前我国的城镇化已经进入高速发展时期。我国城镇化能够快速发展得益于很多有利的发展因素：一是改革开放以来，我国建立和完善了市场经济体制，改变了计划经济的束缚，为经济自由发展提供了一个良好的外部环境，也为城镇化的发展提供了一定的环境基础和经济条件；二是五年计划的实施，给城镇化的发展提供了坚实的政策支持；三是近十几年的政府报告中都曾多次强调建设小康社会目标，并把快速推进

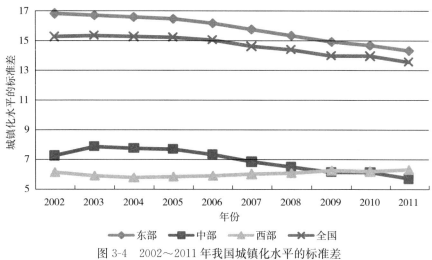

图 3-4　2002～2011 年我国城镇化水平的标准差

城镇化作为其发展目标之一，将城镇化的发展战略要求提高到更高的层次，使城镇化有了强有力的政策支持，并且指明了城镇化发展的道路和方向。

城镇化发展过程呈现如下特点。

1. 城镇化发展有趋同的趋势

我国的城镇化区域发展存在一定的差异，而各地方政府正在着力于缩小并消灭这种差异。攀比心理带来趋同性，更带来一些问题，如城市之间的分工不协调、因为产业结构相似而缺乏合理的职能分工、重复建设。既然存在差异就说明有不同的情况，因此通过区域间的差异性，可以窥探到各地之间的差异和各自的优势，从而在发展中扬长避短。例如，沿海地带可依靠自身的优越地理条件和已有的经济建设，将成功的发展模式推广到辐射的区域；而西南区域的城市则应该发挥自己的优势产业，不求城镇化进程的速度，而要稳步前进，发扬地区的特色。

2. 城镇化发展具明显的计划性和功利性

城镇化的发展在宏观上离不开政府的调控，如通过户口政策来限制人口向大城市的盲目转移，有助于城市、城镇的健康发展。同时，各地方政府也存在强调发展速度的任务计划，这样的计划强调政绩和结果，虽然保障了城镇化的速度，但是缺乏全面性的考虑和协调，忽略城镇化背后的内在动力机制，往往造成面子工程、滋生腐败及浪费纳税人税款和资源等现象。

3. 城镇化发展面临诸多挑战

城市基础建设正在城镇化的推动下加速，2010 年城市市政基础设施投资达到14 305亿元，比 2005 年增加了155%。但是人们的居住环境还有待改善，如城市的绿化、污水处理、垃圾处理、汽车尾气处理问题等。资源和环境也面临着巨大挑战，目前环境矛盾凸显，如一些流域、海域水污染严重，部分区域和城市雾霾影响居民的正常生活，工业区排污不达标等。

我国无论在经济发展上还是在城镇化的道路上都已经进入转折时期，因此应该多方面地审视自身，以明确优势和劣势，调整好步伐，从而促进今后的发展。

3.5 我国环境现状

环境作为人类社会的稀缺资源和人类赖以生存的空间，具有独特的社会价值和经济价值。人类对城镇化快速发展的不断追求，对物质财富增长的过分注重，虽然带来了经济的高速增长，但也付出了资源消耗日益增加和环境压力越来越大的沉重代价。我国作为发展中国家，环境保护与人口、经济的矛盾尤为突出。改革开放以来，我国经济以年均9.5%左右的增长率快速增长，但在增长的同时出现了资源高度消耗、生态急剧恶化、环境质量下降等问题。这主要是源于我国长期以粗放型经济增长方式为主。这种经济增长导致大批高能耗、重污染型企业迅速发展，造成自然资源消耗量和污染物排放量不断增加，从而产生越来越严重的资源环境问题。在生产领域，由于生产者和地方政府对经济效益的片面追求，对森林、矿产等资源过度开采，地表植被和地下土壤结构被严重破坏，水土流失和土壤退化面积不断扩大。在消费领域，由于消费观念的改变和适应快节奏生活方式的需要，人们对大量一次性商品的消费增加，这不仅造成资源的加速消耗和浪费，更带来环境污染的四处蔓延。

就整体而言，我国自20世纪70年代开始实施环境监测以来，环境一直处于恶化的状态，主要表现为：大气污染越来越严重，二氧化硫的排放量高居全球第一，燃煤、化工废气所造成的污染，使全国半数以上的大气环境质量不符合国家标准；大量的工业废水造成全国131条流经城市的河流80%被污染，一半的城市地下水源不合格，约三分之二的城市供水不足。在环境污染日益加重的同时，自然资源也加速遭受过量开采和人为破坏，对地下水的过量开采造成19个省份超50个城市出现不同程度的地面沉降。只重视经济发展的城镇化造成生态的破坏、环境的污染和资源的枯竭，这不仅给我国的经济发展造成了不可挽回的损失，更给我国居民的身体健康和生产生活带来了严重的威胁。表3-3列举了2002~2012年我国重大环境污染事件。

表3-3 2002~2012年我国重大环境污染事件

时间	我国重大环境事件	时间	我国重大环境事件
2002年	贵州都匀矿渣污染事件 云南南盘江水污染事件	2005年	重庆綦江水污染事件 浙江嘉兴遭遇污染性缺水危机 黄河水沦为"农业之害" 松花江重大水污染事件 广东北江镉污染事件
2003年	三门峡水库泄出"一库污水"	2006年	河北白洋淀死鱼事件 吉林牤牛河水污染事件 湖南岳阳砷污染事件 四川泸州电厂重大环境污染事件
2004年	四川沱江特大水污染事件 河南濮阳喝不上"放心水" 四川青衣江水污染事件	2007年	太湖、巢湖、滇池爆发蓝藻危机 江苏沭阳水污染事件

续表

时间	我国重大环境事件	时间	我国重大环境事件
2008 年	广州白水村"毒水"事件 云南阳宗海砷污染事件	2011 年	血铅超标事件频发不止 渤海蓬莱油田溢油事故 哈药集团制药总厂陷"污染门"事件 浙江杭州水源污染事件 云南曲靖铬渣污染事件 苹果公司我国代工厂被指污染环境 甘肃徽县血镉超标事件 江西铜业排污祸及下游
2009 年	江苏盐城水污染事件 山东沂南砷污染事件 陕西汉阴尾矿库塌陷事故 湖南浏阳镉污染事件 多地爆发儿童血铅超标事件 "有色金属之乡"饮水告急	2012 年	广西龙江河镉污染事件 江苏镇江水污染事件 四川什邡抗议金属提炼厂群体事件 江苏启东抗议通向大海的排污水管群体事件 浙江宁波反对 PX 化工厂扩建示威活动
2010 年	紫金矿业铜酸水渗漏事故 大连新港原油泄漏事件 松花江化工桶事件 河南铬废料堆积成城市"毒瘤"	2013 年	PM2.5 等雾霾侵袭我国大部分地区等

在我国城镇化的推进过程中，人们通常更注重直接经济效益，忽视了社会效益和环境效益。同时，伴随着城镇化建设而来的生态环境问题也愈发严重，如环境恶化、资源枯竭、人口膨胀等，尤其是工业化发展带来的"三废"问题，加剧了环境的恶化。不少城镇大气污染和水污染严重，垃圾围城现象普遍存在，生态环境恶化趋势日益加重，影响了城镇化的可持续发展，大大削弱了我国城镇发展的潜力，甚至威胁到城镇自身的生存和发展。

1. 水环境污染

随着我国城镇化和工业化的不断发展，产业规模和人口规模呈现快速增长趋势，城镇发展对水资源的需求强度不断增加，用水量大幅度提高，与此同时，我国城镇污水排放量也相应增加。进入 21 世纪以来，政府已经深刻认识到环境保护的重要性，高度重视城镇污水处理工作，加大了对城镇污水处理设施的投资力度，但污水排放量依然是年年增加，这给人们的日常生活带来极大的不便，并威胁到我国的可持续发展事业。图 3-5 描述了 2000～2010 年我国的工业废水排放情况。其中，工业废水的排放量呈上升趋势，说明我国城镇化进程的加快对工业废水的排放具有负面效应。这表明城镇化进程在带来经济效益的同时，也带来了日益严重的环境问题。因此，政府需要继续加大废水治理费用的投资，更新废水治理的设备与技术，更高效地处理好工业废水污染问题，并且要坚持走新型城镇化道路，实现可持续发展。

2. 大气环境污染

大气环境污染是在工业化、城镇化推进过程中出现的又一生态环境问题，其污染物主要是废气、硫氧化物及氮氧化物。据统计，全国的废气排放量依然处于上升阶段，工

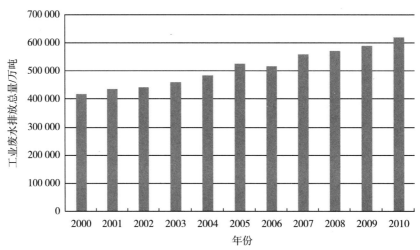

图 3-5　2000～2010 年我国的工业废水排放情况

业化过程及城市化进程中的交通尾气排放对环境造成了严重的影响。图 3-6 显示了
2000～2010 年我国工业废气排放量的变化趋势，工业废气排放量整体上呈上升趋势，
表明城镇化水平的提高与工业废气的排放呈负相关，即城镇化水平越高，工业废气排放
量越大，对环境越不利。大气环境的质量与矿物质原料的燃烧有直接关系，城镇化水平
的提高使城区人口增多、工业集聚、能源使用增加，以及对矿物燃料的使用密度加大。
自 20 世纪 50 年代后，我国工业快速崛起、交通业快速发展，为了满足工业化的进程，
燃料消耗量急剧增加，同时城镇化的发展使得汽车产业的需求迅猛增加，进一步加剧了
工业废气的排放。

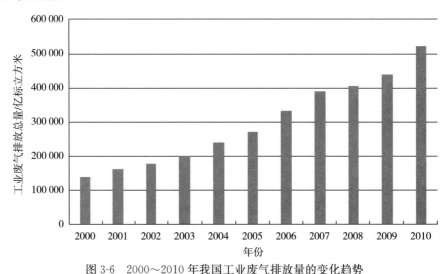

图 3-6　2000～2010 年我国工业废气排放量的变化趋势

3. 工业固体废物污染

图 3-7 表明工业固体废物排放量与工业废水、废气变化趋势相反，呈明显下降趋

势，得出我国新型城镇化对工业固体废物的排放具有正效应，两者成负相关关系。所谓的固体废物是指生产和生活中丢弃的固体物质，包括分离出来的固体颗粒物。固体废物分为工业固体废物和生活固体废物，人类在资源开发和产品制造的过程中，必然会有废物的产生，于是形成了固体废物。固体废物中对环境质量影响最大的是工业固体废物，城镇化是伴随着工业化的发展而发展的，工业化发展需要大量的资源开发和产品制造，从而导致产生的工业固体废物增加。

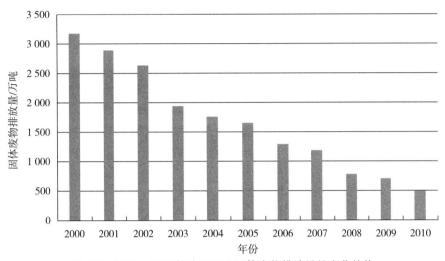

图 3-7　2000～2010 年我国工业固体废物排放量的变化趋势

　　由此看来，我国新型城镇化进程对工业固体废物的排放具有正效应，对工业废水及工业废气的排放具有负效应。我国首份绿色 GDP 核算报告，即《我国绿色国内生产总值核算研究报告(2004)》表明，2004 年因环境污染造成的经济损失为 5 118 亿元，占当年 GDP 的 3.05%。其中，水污染造成的经济损失为 2 862.8 亿元，占总成本的 55.9%；大气污染的造成的经济损失为 2 198 亿元，占总成本的 42.9%；固体废物和污染事故造成的经济损失为 57.4 亿元，占总成本的 1.2%。因此，解决好生态环境问题是人类发展过程中一项艰巨而不可忽视的任务。有效地控制环境污染，协调好工业化、城镇化和生态保护三者之间的关系，实现城镇化建设可持续发展的目标，不仅要求重视我国城镇化建设中的环境问题，还需要在借鉴世界各国小城镇可持续发展理论和实践的基础上，探索解决我国城镇化建设带来的生态环境问题的新途径，采取有效措施解决我国城镇化进程中出现的生态环境问题。

　　Rebane(1995)在研究熵、能量、环境时指出，随着经济的发展，污染物排放得越来越多，熵增加得越来越快，其中熵的值表示体系接近平衡状态的程度。热力学第二定律不可逆过程的本质阐明：一切不可逆过程都是向混乱度增加的方向进行，熵则是体系混乱度的一种量度，即熵越小，越有序；熵越大，越无序。城镇发展对环境是不可逆的反应，在一定时间内，随着城镇化水平的提高，自然环境的混乱度增加。由此看来，城镇化发展对城镇环境的影响与热力学中温度对熵的影响极其类似。因此，我们可以借鉴热力学熵原理来衡量城镇化发展对环境的影响。在只考虑人口城镇化对环境影响的条件下，城镇化对环境的影响研究体系可以近似于热力学开放体系。类似于热力学中体系或环境的温度是决定因素，人口城镇化成为一切变化的主变量，环境则是随城镇化变化的因变量。

城镇环境熵模型建立需两个假设：①城镇化是导致环境变化的主要原因，即城镇环境质量变化是城镇化的直接结果；②人口城镇化是导致城镇环境变化的唯一因素，即分析城镇化对城镇环境影响时不考虑其他因素。基于上述假设，可用城镇环境熵表示城镇环境效应函数，它反映了城镇化水平对城镇环境的边际影响，表示如下：

$$CH = \frac{dH}{dC} \qquad (3-4)$$

其中，H 表示环境水平，由若干环境指标组成；C 为城镇化水平，本节用人口城镇化来表示。式(3-4)的含义为：熵值为正表示城镇化对环境产生负面影响，城镇化水平的提高导致城镇环境质量下降；熵值为负表示城镇化对环境水平产生正面影响；熵值为零表示城镇环境处于平稳状态。城镇环境熵的绝对值越大，城镇化对环境的影响越显著。

公式在计算过程中有很多变形，本节在考虑可行性后，结合工业废水排放量(gfs)、工业废气排放量(gfq)和工业固体废物产生量(gfw)三个环境指标，采取标准化后的城镇化环境指标与人口城镇化的比率来计算城镇环境熵。由于现实意义及数据的可得性，可将城镇环境熵公式变换为如下形式。

$$CH_i^t = \frac{\Delta H_i^t}{\Delta C^t}, \qquad i = gfs、gfq、gfw \qquad (3-5)$$

其中，CH_i^t 表示某地区在 t 时期的第 i 种环境指标的熵值，ΔH_i^t 表示某地区的第 i 种环境指标与间隔 t 时间段该指标的变化量，ΔC^t 表示某地区城镇化水平的变化量。

依据创建的城镇环境熵模型，计算结果如表 3-4 所示。

表 3-4　2002～2010 年我国城镇环境熵统计表

年份	工业废水排放环境熵	工业废气排放环境熵	工业固体废物排放环境熵
2002	0.09	0.10	−0.23
2003	0.22	0.15	−0.54
2004	0.28	0.26	−0.16
2005	0.49	0.20	−0.10
2006	0.19	0.53	−0.42
2007	0.26	0.42	−0.10
2008	0.27	0.15	−0.60
2009	0.25	0.25	−0.06
2010	0.10	0.18	−0.05

根据城镇环境熵模型可知，熵值为正值表示城镇化对环境产生了负面影响，熵值为负值表示城镇化对环境有利。由表 3-4 可知，2002～2010 年的工业废水排放环境熵值为负值，说明这段时间内我国新型城镇化对工业废水的影响呈负效应，即我国新型城镇

化进程的深入，未能使得工业废水的排放得到改善。对于工业废气环境熵，2002～2010 年的熵值均为正值，说明我国新型城镇化进程对工业废气的排放呈负效应，即随着我国新型城镇化水平的提高，工业废气的排放情况不但没有得到改善反而越来越严重。对于工业固体废物，2002～2010 年熵值均为负值，表明在这九年间，城镇化的推进对工业固体废物排放的具有正效应。

从城镇环境熵的绝对值来看，绝对值的大小反映了城镇化对资源环境的影响程度，绝对值越大表示城镇化对环境的影响程度越大。通常以 -1、1 和 0 为衡量标准，城镇环境熵小于 -1 说明城镇化进程使城镇环境得到明显改善，城镇环境熵大于 1 说明城镇化水平的提高使环境明显恶化，城镇环境熵接近 0 说明城镇化水平的提高对环境几乎没有影响。由计算结果可知，我国新型城镇化对工业废水、工业废气的影响不大，它们的熵值均在 0 附近，都呈现微弱的负效应，即随着城镇化的发展，我国的水环境、空气环境有小幅恶化。工业固体废物排放环境熵值也在 0 附近，绝对值均小于 1，说明城镇化进程对工业固体废物的影响也较小。由此可知，我国整体城镇化的发展对工业废水及工业废气的影响较小，但呈负负效应；对工业固体废物的影响也较小，但呈正效应。由于城镇化的发展、工业的聚集和产业结构的调整，工业废水、工业废气的排放不断增加，而对于工业固体废物，由于技术的改进，其处理能力不断提高，因而工业固体废物排放量呈现下降趋势，所以需要在以后城镇化进程中加强对工业废水和工业废气处理机技术的改进。

综上可知，从三个环境指标的环境熵值来看，我国城镇化进程对工业废水和工业废气排放量的影响均为负面的，对工业固体废物排放量大体上是呈现积极影响趋势，且对环境的影响程度与城镇化水平的高低没有线性关系。

对于各个省市，因城镇化推进程度及发展模式存在差异，所以其对环境的影响程度有所不同。由于篇幅所限，本节在东中西部各选择一个省份，加上北京市、上海市计算城镇环境熵，并进行分析。由于某些年份工业固体废物排放量的数据不齐，故选择采用工业固体废物产生量来代替分析（不考虑工业固体废物的处理和重复利用率问题）。

北京是我国的首都，是政治、经济、社会和文化的中心，也是 2008 年奥运会的举办城市。北京市环境状况不仅影响居民的生活质量和社会经济发展，而且还影响其国际形象，因而其在推进城镇化发展经济时，保护生态、关注环境是不容忽视的。

根据前文可知，熵值为正值表示对环境产生了负面效应，熵值为负值表示对环境有正效应。根据城镇环境熵模型计算出的结果（表 3-5）我们发现，2003～2009 年，北京的工业废气排放环境熵值几乎均大于 0，只有 2008 年工业废气排放环境熵值是负值，说明这九年里，北京新型城镇化对工业废气的影响整体上呈负效应，即北京新型城镇化进程的加快，未能使工业废气的排放得到有效的改善。尤其是 2006 年、2007 年及 2009 年这三年，工业废气排放环境熵值均大于 1，表明北京城镇化水平的提高使环境明显恶化。这与实际情况相符，近年来北京市空气质量较为恶劣，PM2.5 浓度居高不下。而北京的工业废水排放环境熵，在 2005 年、2009 年及 2011 年均为正值，说明在这三年北京新型城镇化进程对工业废水的排放均为负效应，即随着北京新型城镇化水平的提高，工业废水的排放并没有得到完全的改善。2003～2011 年这九年里有七年的工业固体废物产生环境熵值的绝对值大于 1，表明在这期间，北京新型城镇化的推进对工业固体废物排放的影响程度相当大。其中，2003 年、2004 年、2006 年、2009 年、2010 年的熵值是大于 0 的，说明城镇化的发展很大程度上影响了工业固体废物的产生。

表 3-5　2003～2011 年北京市城镇环境熵统计表

年份	工业废气排放环境熵	工业废水排放环境熵	工业固体废物产生环境熵
2003	0.14	−2.96	3.87
2004	0.61	−0.30	3.46
2005	0.13	0.01	−0.23
2006	2.19	−1.03	2.22
2007	4.17	−1.69	−6.49
2008	−2.89	−0.52	−3.92
2009	1.31	0.98	11.70
2010	0.48	−0.14	0.36
2011	0.82	0.50	−7.18

从三个环境指标的环境熵值来看，北京城镇化进程对工业"三废"的影响还是比较显著的。其中，城镇化进程对工业废气排放的负面影响最为显著，对工业固体废物产生的负面影响比较显著，而对工业废水排放大体上是呈现积极影响趋势，且对环境的影响程度与城镇化水平的高低没有线性关系。此外，2008 年三个指标的环境熵值均小于 0，说明生态环境得到有效的改善，这与奥运会的举办有很大的关系，自申办奥运会成功以来，为履行"绿色奥运"承诺，北京市采取重点企业限产、停产和减排措施，这为奥运会期间空气质量达标做出积极贡献。

上海是我国最大的经济中心和港口城市，全市面积为 6 100 平方千米，其中市区面积为 141 平方千米。上海市的发展历史虽然不太长，但城镇化的进程却十分迅速。随着城市规模、工业规模和港口规模的日益增加，海滨渔村的沃土、河网、清流、芦荡、鱼虾、海鸟之间自然形成的人和生态环境的和谐平衡状态，逐渐被密集的高楼、厂房、道路、人群所构成的现代城市的人文景观所替代。区域经济的发展导致城镇化的加速进而引起城市生态环境的退化，这几乎是现代都市化地区的通病，上海也不例外。在今后的城市发展和经济建设的规划中，上海市必须把改善城市的生态环境作为决策依据。

从表 3-6 可以看出，整体而言，上海城镇化的进程对工业"三废"的影响相对而言还是比较微弱的。2003～2011 年这九年间，有六年的工业废气排放环境熵为正值，有七年的工业固体废物产生环境熵为正值，表明在 2003～2009 年，上海城镇化的推进对废气、废水的排放整体上均呈现负效应，但是环境熵的绝对值几乎没有大于 1 的，说明负面效应并不是很强；而在这九年间工业废水排放环境熵九年全是负值，所以上海的城镇化进程对工业废水排放的影响是正向的，即在上海城镇化的推进过程中，工业废水的排放得到了有效的控制。综合来看，工业废气排放的环境熵、工业废水排放的环境熵及固体废物产生的环境熵在城镇化的进程中总体呈现出较好的态势，并且在 2009 年、2011 年工业"三废"的环境熵均为负值，这更加说明了上海新型城镇化进程中产业结构的调整、技术的改进，使其处理污染物排放的能力不断提高，从而有效控制污染，使生态环境逐步转好。

表 3-6　2003～2011 年上海市城镇环境熵统计表

年份	工业废气排放环境熵	工业废水排放环境熵	工业固体废物产生环境熵
2003	0.20	−0.41	0.23
2004	0.18	−0.17	0.17
2005	−0.05	−0.19	0.17
2006	0.40	−0.24	0.27
2007	0.09	−0.08	0.35
2008	0.64	−0.90	0.88
2009	−0.19	−0.06	−0.29
2010	2.17	−0.69	0.91
2011	−0.99	−2.15	−0.44

上海的经济发展在全国范围一直处于领先地位，城镇化进程也领先于其他地区。目前，上海城镇化效率已约为 90%，建设用地已近极限，资源环境约束凸显，城市化建设已进入后期阶段，城镇化发展趋于平缓。因此，上海下一轮的城镇化将以关注人们的需求、生活环境改善和公共事业发展为重点，坚持"以人为本"，实现城乡基础设施和公共服务一体化。

安徽省向东紧临长江三角洲地区，西接中原腹地，又是华北与华南的过渡带，地理地貌和气候人文兼有南北特征。其城镇化发展水平及其健康情况，在全国有较强的典型意义。由表 3-7 可知，2003～2011 年，工业废水排放环境熵值近一半年份呈现正值，说明安徽省的新型城镇化对工业废水的影响整体上呈负效应，即安徽省新型城镇化进程的加快，加剧了工业废水的产生。对于工业废气环境熵，只有 2009 年的熵值为负值，说明安徽省的新型城镇化进程对工业废气的排放基本为负效应，也就是说随着安徽省新型城镇化水平的提高，工业废气的排放状况不但没有得到改善反而越来越差。对于工业固体废弃物，2003～2011 年的环境熵值全为正值，故城镇化的推进对于工业固体废物排放的减缓具有缓慢的负效应。从三个环境熵的绝对值来看，工业固体废物产生环境熵的绝对值没有大于 1 的，说明城镇化对环境带来的负面效应并不是很强；工业废气排放环境熵在 2011 年的值为 1.96，已超出 1，说明安徽省的新型城镇化对工业废气排放的负效应有所增强；工业废水排放环境熵的绝对值有四年大于 1，说明安徽省新型城镇化的进程对工业废水排放的影响相对较强。因此在安徽城镇化的推进过程中，工业废气排放环境熵、工业废水排放环境熵及工业固体废物产生环境熵在城镇化的进程总体趋于恶化。

表 3-7　2003～2011 年安徽省城镇环境熵统计表

年份	工业废气排放环境熵	工业废水排放环境熵	工业固体废物产生环境熵
2003	0.17	−0.53	0.19
2004	0.22	0.35	0.26
2005	0.25	−0.12	0.28
2006	0.42	2.77	0.55
2007	0.97	1.30	0.56
2008	0.42	−2.26	0.79
2009	−0.12	2.32	0.45
2010	0.81	−1.60	0.58
2011	1.96	−0.12	0.98

　　由此看来，安徽省在今后的城镇化推进过程中，需要充分考虑城镇化初期工业发展和城镇建设对资源环境所产生的不利影响，根据各地不同的资源环境承载力、工业化水平及其他经济社会发展水平等因素，充分挖掘资源环境潜力，集约使用资源环境，合理投入各类生产要素，获取资源环境利用的最佳综合绩效，努力促使新型工业化与可持续发展的城镇化互动发展。

　　广西壮族自治区具有沿海、沿边、沿江的区位优势，同时处在我国大陆东中西三个地带的交汇点。随着工业化、城镇化进程的加快，城镇对自然资源的开发强度不断加大，造成生态污染加剧。近年来广西壮族自治区环境污染程度日趋严重，严重制约了经济、社会全面协调可持续的发展，因此政府部门必须对其引起高度重视，采取必要的措施防止污染事态扩大，切实改善环境质量，以促进广西壮族自治区经济又好又快的发展。

　　通过环境熵模型计算出的 2003～2011 年广西壮族自治区工业"三废"环境熵值如表 3-8 所示。整体而言，广西壮族自治区城镇化的进程对工业"三废"的影响呈负效应。其中，工业废气排放环境熵有七年出现正值，工业废水排放环境熵有六年出现正值，表明在 2003～2011 年，广西壮族自治区城镇化的推进对工业废气的排放和工业、废水的排放整体上均呈现负效应。工业废气环境熵绝对值大于 1 的有两年，而工业废水排放环境熵绝对值大于 1 的有六年，说明城镇化对工业废水排放的影响效应更强；工业固体废物产生环境熵九年全是正值，说明广西壮族自治区城镇化的进程对工业固体废物产生的影响是负面的，即在广西壮族自治区城镇化的推进过程中，并没有有效地控制固体废物的产生。

表 3-8　2003～2011 年广西壮族自治区工业"三废"环境熵统计表

年份	工业废气排放环境熵	工业废水排放环境熵	工业固体废物产生环境熵
2003	0.59	2.23	1.66
2004	1.77	0.32	0.19
2005	−0.59	1.12	0.28
2006	0.30	−1.28	0.76

续表

年份	工业废气排放环境熵	工业废水排放环境熵	工业固体废物产生环境熵
2007	0.98	2.56	0.72
2008	−0.23	0.71	0.74
2009	0.56	−3.01	0.38
2010	0.60	0.26	1.00
2011	2.96	−2.30	0.94

发展是当今社会的根本目标，但发展绝不是建立在破坏生态环境的基础上，而是要完善城镇规划，重视生态建设，推进机制创新，强化产业支撑，构建紧凑型城镇结构与开放型生态空间相结合的城镇形态，构建行之有效的污染防治体系打造西江经济带舒适宜人的宜居宜业的广西特色城镇体系。

江苏省位于我国华东地区，地处三角洲平原，自古便是富饶之地、鱼米之乡，经济文化一直比较繁荣。2000 年以来，江苏省城镇化水平以年均 1.9 百分点的速度快速增长，是同期我国城镇化水平提升较快的省份。快速的城镇化使江苏的城镇化质量出现了一系列的问题，多次发生水污染等事件，城市环境质量问题一直备受关注。

根据表 3-9 可知，在 2003～2011 年这九年里，工业固体废物产生环境熵值均为正值，说明江苏省新型城镇化对工业固体废物产生量的影响整体上呈负效应，即江苏省新型城镇化进程的加快，一定程度上刺激了工业固体废物产生量的增加。对于工业废气排放环境熵，除去 2007 年外均为正值，说明江苏省的新型城镇化进程对工业废气的排放基本为负效应，即随着江苏省新型城镇化水平的提高，工业废气的排放状况不但没有得到改善反而越来越差。对于工业废水排放，2003～2011 年这九年间，有六年的环境熵为负值，说明城镇化的推进对工业废水排放总体呈正效应。总体来说，在江苏省新型城镇化的进程中工业"三废"的产生与排放情况比较严重，给环境造成了一定的压力。

表 3-9 2003～2011 年江苏省城镇环境熵统计表

年份	工业废气排放环境熵	工业废水排放环境熵	工业固体废物产生环境熵
2003	0.08	−1.03	0.10
2004	0.51	1.62	0.54
2005	0.27	2.24	0.51
2006	0.52	−0.73	0.67
2007	−0.19	−1.81	0.09
2008	0.28	−0.98	0.25
2009	0.30	−0.34	0.16
2010	0.11	0.19	0.13
2011	1.94	−4.29	0.55

江苏省新型城镇化之路取得了巨大的实践成效，但依然存在着不少问题，新型城镇化开拓进程中发展不平衡、不协调，城镇体系建设及其运行机制还存在明显薄弱环节。

在今后的城镇化进程中，江苏省要坚持"以人为本"，要"为人建城"而不是"人为造城"，城镇要成为关怀人、包容人与陶冶人的幸福家园，实现工业化、信息化、城镇化、农业现代化的同步发展，以智慧城市引领发展，走集约、智能、绿色、低碳之路，让农村既有乡土风情又有现代文明，让城镇既有鲜明个性又有田园风光。

3.6 我国城镇化效率评价

本书利用非径向、非角度的 Super-SBM 模型，分别对 1999～2012 年部分年份我国30 个省（自治区、直辖市，西藏及港澳台地区除外）的城镇化投入产出数据建立 Super-SBM 模型，以测算各个地区的新型城镇化效率，利用 DEA-Solver PRO 5.0 软件进行求解，计算所得的结果及排名如表 3-10 所示。

表 3-10 我国 30 个省（自治区、直辖市）的城镇化效率值及排名

地区	2002 年		2005 年		2008 年		2011 年		2002～2011 年综合排名
	城镇化效率值	排名	城镇化效率值	排名	城镇化效率值	排名	城镇化效率值	排名	
北京	0.40	12	0.4	12	1.03	9	0.60	7	7
天津	1.08	6	2.27	1	1.27	3	0.63	6	4
河北	0.33	14	0.24	18	1.1	7	0.37	9	15
辽宁	0.27	21	0.17	25	0.11	29	0.15	28	28
上海	1.23	3	1.14	5	1.25	4	3.64	1	2
江苏	1.09	5	1.21	4	1.13	6	0.20	20	9
浙江	1.01	9	0.35	13	0.39	11	0.21	19	12
福建	1.05	8	1.01	9	0.3	13	0.31	11	8
山东	0.26	22	0.15	28	0.18	24	0.17	25	26
广东	1.01	10	1	10	1.07	8	0.17	26	11
海南	9.27	1	1.64	1	2.08	1	1.83	2	1
安徽	0.31	20	0.28	15	1.59	2	0.32	10	9
江西	0.31	18	0.26	16	0.20	21	0.28	13	18
河南	0.14	30	0.1	30	0.08	30	0.14	29	30
湖北	0.19	28	1.01	8	0.31	12	0.17	24	17
湖南	0.33	15	0.22	21	0.14	27	0.17	27	25
吉林	1.06	7	1.04	6	0.24	16	1.04	4	5
山西	0.24	25	0.20	23	0.21	20	0.22	17	24
黑龙江	0.37	13	1.03	7	0.18	25	0.20	21	14
内蒙古	0.24	23	0.16	27	0.22	19	0.41	8	22
广西	0.33	16	0.19	24	0.16	26	0.19	22	20

续表

地区	2002 年		2005 年		2008 年		2011 年		2002～2011 年综合排名
	城镇化效率值	排名	城镇化效率值	排名	城镇化效率值	排名	城镇化效率值	排名	
重庆	0.22	27	0.17	26	0.20	22	0.22	18	27
四川	0.14	29	0.13	29	0.12	28	0.14	30	29
贵州	0.24	24	0.23	20	0.25	15	0.28	14	21
云南	0.31	19	0.21	22	0.19	23	0.19	23	23
陕西	0.32	17	0.24	17	0.26	14	0.29	12	16
甘肃	1.13	4	0.30	14	0.30	17	0.25	16	13
青海	1.25	2	1.46	3	1.16	5	1.23	3	3
宁夏	1.00	11	0.63	11	0.59	10	0.82	5	6
新疆	0.24	26	0.23	19	0.23	18	0.26	15	19
平均	0.85	—	0.59	—	0.55	—	0.50	—	—

由表 3-10 可知，我国新型城镇化效率总体呈现下降趋势，平均效率值从 2002 年的 0.85 下降至 2011 年的 0.50，这主要源于我国经济发展到一定阶段，产业结构出现失衡，部分行业产能过剩，且未及时注意到环境因素的制约，不少地区出现环境恶化现象，如吉林松花江重大水污染、广东北江镉污染、江苏无锡太湖蓝藻暴发、云南阳宗海砷污染等。这些不断恶化的环境污染对区域经济社会发展和公众生活造成了严重影响，环境问题越来越成为重大社会问题，同时也促使我国环境保护投入迅速增加，环境保护投资占 GDP 比重不断提高。从 2002～2011 年全国发展的效率平均水平来看，效率最高的省份是海南省，10 年间的相对效率平均值达到 2.88，而效率最低的省份是河南省，10 年间的相对效率平均值仅达到了 0.1，基本为无效率发展。

2002～2011 年各地区新型城镇化效率均值如图 3-8 所示。

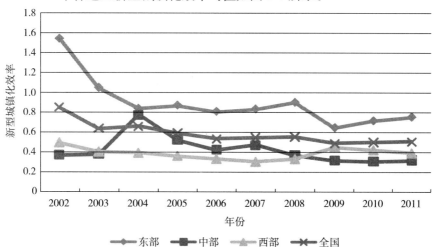

图 3-8　2002～2011 年各地区新型城镇化效率均值

　　城镇化效率一直保持在全国前两名的海南省，2002年的城镇化效率为9.27，2003年的城镇化效率值为4.77，2004～2011年，城镇化效率值也保持在2附近。根据《中国环境发展报告》，2013年，京津冀、长江三角洲、珠江三角洲等重点区域，以及直辖市、省会城市和计划单列市共74个城市中，仅海口等三个城市的空气质量达标。近年来海南整体经济呈现显著增长趋势，截至2012年年底，海南省全年的地区生产总值2855.54为亿元，比2011年增长9.1％。但考虑到人口因素和垦区因素，海南省城镇化水平仍处于诺瑟姆曲线（图3-1）的最初加速阶段。海南省需要结合自身经济发展优势，抓住东盟自由贸易区建立的机遇，坚持以第三产业发展为主，以旅游业作为未来经济发展重要方向，逐步实现产业调整和结构转型，并更好实现经济可持续发展及城镇化水平不断提升的目标。

　　按常住人口计算，2013年上海市城镇化效率已高达89％，位列全国第一。从经济上看，上海市经济总量全国第一，其工业发达，工业总产值占我国的十分之一；金融业经济总量居全国第一，是全球第二大股票市场中心、全球第二大期货市场中心；服务业高度发达，是我国最大的海外游客旅游目的地和最大的豪华邮轮母港及目的地。作为长江三角洲的核心，2002～2011年上海市新型城镇化效率一直大于1，在2005～2008年，效率值有微弱的下滑，却仍保持在全国城镇化效率的前五名，并且在2010年和2011年，城镇化效率迅速提高至3。

　　我国的首都——北京，积极推进城镇化建设，在城镇化的过程中，进行了大胆的创新，城镇化模式具有鲜明特色。自2002年以来，北京市农村乡镇企业离土不离乡的发展模式发生了深刻变化。到2013年，北京市城镇化效率达到了86％，已接近发达国家水平，区域城镇化程度在我国处于领先水平，仅比上海低3.6百分点，居全国第二位。2002～2005年，北京市的新型城镇化效率维持在0.4左右；2006～2008年，北京市的新型城镇化效率不断提高，于2008年突破1，城市发展超效率；2008年以后，北京市城镇化效率虽又回落至0.4附近，但是2011年时，城镇化效率开始再次提升。

　　坐落在我国西南边陲的云南省，其城镇化特点之一是大城市少，城市普遍规模比较小，这使得云南省城镇化效率一直处于我国城镇化效率的中下水平。2013年，云南省城镇化效率为40.48％，远远落后于全国53.7％的平均水平。2002～2011年，云南省新型城镇化效率一直在0.2附近徘徊，长期处于低效率发展的状态。其主要原因是经济发展、人文环境的限制，以及地理环境的限制。云南省的经济发展主要来源于第一产业、第三产业，第二产业的落后使云南的发展缺乏支撑力，多民族文化融合，多变地形的人文因素、环境因素使云南省在城镇化发展过程中受到的约束过多。

　　河南省作为我国第一农业大省和农村人口大省，人均资源少，"三农"问题、环境问题突出，城乡结构总体处于不平衡状态，城乡居民生活质量存在较大差距，亟须通过工业化、城镇化和农业现代化来实现"三化协调"发展。河南省的城镇化效率从2005年的30.7％提高到2010年的39.5％，年均提高1.76百分点。2012年，河南省城镇化平均水平约为42.4％，仍然低于全国52.57％的城镇化水平。从城镇化效率来看，河南省的城镇化效率低于全国效率的平均水平，2002～2011年，均处在无效率发展阶段，这表明河南省在新型城镇化道路上未能走上一条高效率的道路，仍没有效解决人口众多、环境制约、产业结构落后等经济发展问题。

通过比较我们发现，产业结构的升级显著促进了城镇化效率的提高。初期产业结构的提升，代表着城市工业和服务业所占生产总值比重上升，说明城市发展中工业或者物流、交通等服务业的发展速度超过了农业的发展速度。这将带来城市就业、经济、社会消费的增长，增加城市商业用地等资源的需求，但随着工业化的迅速发展，污染物的大量排放也是避免不了的，如辽宁省、河南省、四川省等。

产业结构升级至特定时期后，产业结构便出现高级化趋势，产业结构高级化实际上也是产业结构升级的一种衡量，20 世纪 70 年代之后，信息技术革命对主要工业化国家的产业结构产生了极大的冲击，出现了"经济服务化"的趋势。此时，低能高耗产出的第三产业所占地区生产总值比重不断扩大，对环境会有大量污染的第二产业所占比重开始降低。此时城镇化发展到新的阶段，并会在较高的效率下发展，如上海市、海南省（旅游大省）。

根据表 3-11 及表 3-12 可以对我国东部地区、中部地区和西部地区的相对效率均值进行比较分析，比较分析结果如图 3-8 所示。

表 3-11　我国城镇化进程的发展特点和环境问题

城市化进程阶段	产业结构格局及其特征	环境问题
初期阶段	产业结构格局是"一二三"，该阶段的主要特征为农业是重要的经济部门，农业人口占总人口的比重很高，农业的生产力水平低下，农产品的商品率低；工业主要是一些资源密集型或轻加工型产业，在国民经济中所占比重较低，从业人员也较少；第三产业也很不发达，主要以农产品和其他日用消费品的经营为主，在国民经济中只占很小的部分	由于生产力水平低下，在城市市场形成的驱动下，这一阶段的农用地面积不断扩大，形成"高投入低产出"的局面，造成自然草地、森林系统退化，从而产生水土流失和荒漠化等生态环境问题。这是城市生态环境恶化的缓慢阶段
中期阶段	产业结构格局是"二一三"，或"二三一"，该阶段的主要特征是城市规模不断扩大，工业部门虽然仍然以资源密集型和加工型产业为主，但其技术含量随着科技的发展而逐步提高，经济实力逐渐增强，从业人员数量迅速增加；随着科技的发展，人口死亡率明显下降，农业剩余劳动力不断地徘徊于城镇和农村之间；以服务为特征的第三产业迅速发展，主要表现为耐用消费品市场的建立、发展休闲娱乐产业、保健康复产业的兴起与完善	发展资源密集型的重化工业，导致地表水源污染严重和空气质量下降；城市规模的扩张引起城市人口增加，新的城市生产方式的引进也导致了原有文化和习俗的衰退。这是城市发展最快而环境破坏和污染的加速阶段
后期阶段	产业结构格局是"三二一"，该阶段的主要特征是全社会医疗保健卫生事业发达，人口发展处于低出生率、低死亡率阶段，人口增长缓慢。工业的发展在技术和管理水平大幅提高的同时稳中有升，对就业人员的数量要求下降，与此同时，农业的发展逐渐萎缩。第三产业非常发达，吸纳了大量的农村剩余劳动力，其产值跃居第一	由于城市交通高度密集，城市的空气质量下降，噪音污染较大；城市人口的过度密集和高度城市化的生活方式使城市生活用水的水质水量及水源问题突出；城市规模的扩大和建筑设施的激增使城市绿地进一步减少；玻璃建材的大量使用和无线电通信的飞速发展加剧了光、电磁波的污染等。但由于人类对自身利益和生存环境的再认识，可持续发展观念也深得人心，各种防污治污意识和能力相应提高，城市的发展步入了生态环境的改善阶段

表3-12　东部、中部、西部地区的新型城镇化效率值及排名

地区	2002 年		2005 年		2008 年		2011 年		平均排名
	效率	排名	效率	排名	效率	排名	效率	排名	
东部	1.55	1	0.87	1	0.9	1	0.75	1	1
中部	0.37	3	0.52	2	0.37	2	0.32	3	3
西部	0.49	2	0.36	3	0.33	3	0.39	2	2

由图3-8可以看出，我国新型城镇化效率整体一直在0.5附近略微波动。东部地区的效率在这10年中都处于较高的状态，虽然有下降趋势，但在近几年又有上升的势头。2001～2011年全国城镇化效率均值大于1的地区有海南省、上海市、青海省和天津市，相对效率均在前沿面上，表明这些地区在发展的同时注意到了环境的保护，整体的新型城镇化效率均处于较高的水平。中部地区和西部地区的新型城镇化效率值一直都在0.5附近波动，相对效率不是很高。因此，在我国整体的新型城镇化发展中，从效率值来看东部地区与内陆地区呈现出较大的发展不平衡。2002年的结果可以看出，东部地区的11个省市中只有北京市、河北省、辽宁省、山东省四个地区的相对效率值未达到1，其他地区的效率值均大于1，而且部分地区的效率值很高。在中部地区中却仅有吉林省的新型城镇化效率值大于1，其他地区都表现出相对无效的状态。而西部地区中有3个地区的新型城镇化效率值大于1。分析其后几年的发展同样可以发现，东部地区相对效率值在前沿面上的区域个数始终大于中部地区和西部地区。由此可见，东部地区充分利用了各种资源优势，其发展始终优于中部地区和西部地区。

在东部地区中，辽宁省和山东省的新型城镇化效率值都比较低，使得东部地区的内部差异较大。中部地区也表现出一定的不平衡，吉林省的新型城镇化效率值最高，达到了0.91，而河南省的新型城镇化效率值最低，仅为0.1，全国排名为最后。西部地区的新型城镇化效率值及排名普遍靠后，有个别地区新型城镇化效率值大于1，处于相对有效率的前沿面上。可见，西部与中部新型城镇化效率值同样不高，而且发展也不平衡，内部差异较大，且中部地区普遍表现出相对无效的状态。西部地区的区域优势及资源优势都不如中部地区和东部地区优越，然而该区域的整体效率却和全国平均水平相差不大，可见西部地区在进行新型城镇化发展时，各项投入产出都是相对较有效率的。与之相比，中部地区明显在区域和资源方面有优越性，但是各个年份的平均效率仅达到0.5左右，存在严重的投入冗余和产出不足，说明中部地区没有充分利用资源，资源配置不合理，没有实现帕累托最优，并且整个地区的效率都普遍偏低。东部地区没有很好地形成辐射作用，带动周边地区的新型城镇化发展，导致东部地区范围内的差异较大，从而使得整个地区的总体平均效率偏低。并且，工业的发展大部分都集中在东部地区，而在新型城镇化发展中要考虑环境保护，以工业发展为主的城市的非期望产出较多，因此，整体的新型城镇化效率会呈现出较低的状态。

从东部地区来看，2002～2011年的平均效率均在0.7以上，最高达到1.55，远远超过全国平均效率。但是还应注意到，东部地区新型城镇化效率在2002年达到较高水平后，开始下降，这主要是因为规模效益的减小。在新型城镇化发展过程中，由于经济

规模的增加，存在规模效益递减的趋势，所以效率会有一定的慢慢减小的趋势。在每一年中，效率相对有效的地区，大部分都是属于东部地区，这说明区位优势对新型城镇化效率有重要的影响。另外，东部地区中辽宁省的排名靠后，这主要是因为在测算城镇化效率时考虑了非期望产出，即工业固体废物的排放。由于辽宁省是发展重工业的重要省份，其历年的污染排放量较大，因此在测算新型城镇化发展考虑环境的情况下，呈现出效率较低的状态，与东部地区的平均水平形成明显对比，这说明东部地区内部新型城镇化效率差异很大。总体来说，东部地区的新型城镇化效率相对有效，但是东部地区的内部区域差异明显，不平衡发展情况明显。

从中部地区来看，中部地区 10 年的新型城镇化效率平均水平波动很大，但与东部地区相比，其效率值远远低于东部地区的效率水平，说明中部地区新型城镇化效率低下，存在严重的投入冗余和产出不足问题。中部地区的 9 个省份中，只有吉林省和黑龙江省 10 年的均值排在前十名，其他省份的排名都很靠后。总的来说，中部地区的新型城镇化效率低下，且严重低于东部地区，但是内部差异不大。

从西部地区来看，西部地区 10 年的新型城镇化效率平均水平在 0.4～0.5 波动，和全国的效率平均水平有一定的差距。西部地区的内部差异很大，其中，青海省在 10 年中效率值均大于 1，是相对效率较高的地区。在西部地区中，内部地区发展差异较大。然而，青海省的新型城镇化效率较高，有值得其他地区借鉴的地方。

对于环渤海地区的定义分为狭义和广义，广义上是指北京、天津两大直辖市，以及辽宁、河北、山西、山东和内蒙古中部地区，共五省（区）两直辖市；狭义上是指以京津冀为核心、以辽东半岛和山东半岛为两翼的环渤海经济区域，主要包括北京、天津、河北、山东、辽宁。本章所研究的环渤海地区为狭义定义，包括辽东半岛、山东半岛、京津冀三省二市。环渤海地区以北京和天津两个直辖市为中心，以大连、营口、秦皇岛、唐山、东营、烟台等沿海开放城市为扇面，以沈阳、呼和浩特、太原、石家庄、济南等省会城市为区域支点，构成了我国北方最重要的集政治、经济、文化、国际交往于一体的、外向型、多功能、密集的城市群落。其在全国和区域经济中发挥着集聚、辐射、服务和带动作用，成为我国北方经济发展的引擎。2012 年，环渤海地区的地区生产总值达 13.2 万亿，经济增长率为 10.2%，被经济学家誉为继珠江三角洲、长江三角洲之后我国经济的第三个增长极，在我国对外开放的沿海发展战略中占有极其重要的地位。然而，由表 3-13 及图 3-9 可知，2002～2011 年环渤海地区新型城镇化效率值都小于 1，处于低效率发展阶段，2004～2007 年有过短暂的效率提升，且 2007 年效率值突破 0.8，但从 2008 年以后，其效率值迅速下降，并维持在 0.4 左右。城镇化效率的低下及环境的不断恶化主要因为环渤海地区各省市城镇化发展水平的不平衡，城镇化较弱的市县城乡二元结构明显，阻碍了服务业的发展，经济发展也就过于依赖传统高能耗的增长模式。环渤海地区城镇化的发展不仅面临区域创新能力不足的约束，还有着环境压力日益增大、能源资源约束强化等因素的制约。因此，需加快促进环渤海地区产业结构升级，提升地区生产效率，推进环渤海地区新型城镇化的发展。

表 3-13　三大热点区的效率值及排名

三大热点区	2002 年		2005 年		2008 年		2011 年		综合排名
	新型城镇化效率值	排名	新型城镇化效率值	排名	新型城镇化效率值	排名	新型城镇化效率值	排名	
长江三角洲地区	1.11	2	0.9	1	0.92	1	1.35	1	1
环渤海地区	0.47	3	0.65	2	0.74	2	0.38	3	2
泛珠江三角洲地区	1.44	1	0.54	3	0.5	3	0.4	2	3

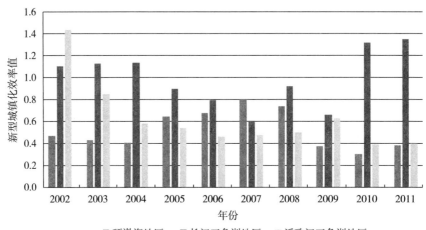

图 3-9　2002～2011 年三大热点的新型城镇化效率值

　　长江三角洲地区是我国最大的经济核心区，在我国经济、技术和社会整体方面都具有举足轻重的地位。以上海为中心、以江苏和浙江为两翼的长江三角洲地区地处亚太核心，内外交通发达，地理位置显要。长江三角洲有一系列的大中小城市和集镇，是我国城镇最密集的地区。据不完全统计，长江三角洲地区有直辖市 1 个、省辖市 15 个、县级市 40 多个、建制镇 1 000 多个，已经初步形成特大城市、大城市、中等城市、小城市、县镇和乡镇六级的城镇化体系，为区域经济一体化和社会整体发展提供了空间依托。2002～2011 年，长江三角洲地区整体效率呈现"U"形，2007 年效率最低，仅为 0.61，除去 2002 年、2007 年，其余年份长江三角洲地区的效率值都高于环渤海地区和泛珠江三角洲地区。尽管自 2002 年起，全国整体城镇化效率呈现下降趋势，但在 2010 年、2011 年长江三角洲地区发展效率迅速提高，突破 1.2，是全国新型城镇化效率的 2 倍有余，处于高效率发展阶段。但是，随着经济结构的不断升级发展，出现了产业水平落后和产业结构不合理的问题，长江三角洲地区内环境压力日益增大，资源能源严重短缺，进一步制约了其健康快速的发展，并且出现了不少环境恶化的公共事件，如无锡蓝藻事件、南通排污群众游行事件等。因此，在接下来的发展过程中，长江三角洲地区必须摒弃资源消耗型和简单加工业同构竞争的旧有模式，按照可持续发展的资源观、效益观和系统观，依靠功能定位来解决同构竞争问题，通过制造业和服务业的双轮驱动，依靠大力发展绿色能源破解发展瓶颈，最终确立绿色的、有效率的发展路径。

在区域经济两极分化日益严重的国内外背景下，加强区域合作，实现区域资源优化配置，是缩小地区间经济差距保持整体经济健康发展的迫切要求。2003 年 7 月由广东省政府发起，由广东、广西、海南、云南、贵州、四川、湖南、江西、福建九个省区，以及香港、澳门两个特别行政区组成简称"9＋2"的泛珠江三角洲合作区，随着 2004 年 6 月《泛珠三角区域合作框架协议》的签订而正式启动，其成为我国最大的区域经济合作组织。考虑到数据易得性，只考虑广东、广西、海南、云南、贵州、四川、湖南、江西、福建九个省，对其新型城镇化效率进行评价。泛珠江三角洲地区新型城镇化效率总体呈现下降趋势，2002 年效率值高达 1.44，但从 2003 年成立泛珠江三角洲合作区后，各省市间巨大的经济差异，以及资金、人才、市场、信息、自然资源、自然条件和历史基础等因素在地域上分布的不均衡、组合有别，使各地区发展的综合水平在地域空间上存在明显差异，这极大地影响了区域经济的合作与协调发展，影响和谐社会的建设，新型城镇化效率值迅速下降，并落入无效率区域。

3.7 结论与政策建议

3.7.1 本章主要结论

根据本章的实证分析，我们主要得出以下结论。

第一，我国城镇化发展效率低下。通过实证可以看出，近几年我国的新型城镇化效率整体不是很高，部分省市在城镇化过程中缺乏新型城镇化效率。由于制度变化的影响，我国城镇化进程阶段性波动较大，直到近几十年才真正意义上开始了新型城镇化的进程，但发展比较缓慢。我国新型城镇化发展起步晚，总体水平不高。同时，因为受地理位置、政策环境等影响，我国各个地区的发展严重不平衡，区域发展差异较大。

第二，我国城镇化发展资源配置不合理。在我国城镇化发展进程中，效率不高是普遍现象，这表明投入与产出之间不对等，资源配置效率未达到最优。从对我国各个省份的效率分析结果能够看出，部分省市投入冗余、产出不足，这导致整个系统的运行效率低下，并造成严重的资源浪费。不能够合理使用资源，严重缩短了资源的使用期限，不利于以后的经济发展。

第三，我国城镇化发展非期望产出较大。在城镇化进程中，非期望产出工业固体废物的排放量相对较大，使得有效产出不足，有效的投入产出比不能实现最大收益，严重影响了整个系统的运行效率，也阻碍了经济的可持续发展。

第四，我国城镇化区域发展不均衡。根据实证分析可以看出，由于东中西部地理位置的差异，我国新型城镇化发展区域间严重不平衡，而且各个地区的内部差异也很大。同时，区域内部发展不平衡，阻碍了区域发展联动机制的作用，因而不能够很好地形成整体的规模经济效益。因此，我国在推进新型城镇化建设时，应该注重缩小差距，紧密联系周边地区，辐射周边城镇并积极带动周边发展，形成有效的联动机制，从而带动整个国家的高效率发展。

第五，我国城镇化进程中工业的发展导致污染增加。由于工业的快速发展是推动经济社会进步的重要动力，因此我国在推进新型城镇化过程中，大力发展工业，但与此同时工业污染日益严重，这使得考虑非期望产出的新型城镇化的发展效率大打折扣。

3.7.2 新型城镇化发展的对策建议

1. 加强区域交流合作

从实证分析可以看出，我国各地区的差异明显，差距很大，这就要求政府在新型城镇化发展进程中注意加强区域交流。东部沿海地区地域优势明显，应加强对外交流，尤其是河北、辽宁、江苏、山东四个省份，新型城镇化发展效率相对较低，应该更加注重与东部地区中其他省市的交流与合作。例如，江苏省与浙江省相临，区位优势差异不大，可加强与浙江省的合作，以此来带动新型城镇化发展。而东部其他沿海地区应加强国际交流和技术合作，吸引外资，引进先进的生产技术，提高社会生产率，转型升级产业结构，推动新型城镇化进程。中部地区和西部地区应结合自身的区域位置特点及资源优势，充分发挥地方特色，提高新型城镇化发展效率。尤其是中部地区，新型城镇化发展效率低下，比西部地区的效率更低，因而迫切需要改善。中部地区应积极引导劳动力资源，合理利用土地、资金资源，不断提高吸收先进技术的能力，提高劳动生产率，借鉴东部地区的发展方式，以科技进步来推动新型城镇化发展，并转变传统的粗放型发展方式。东部地区经济发展活跃，在资金、人才、技术方面具有领先的优势，中部地区和西部地区应积极加强与东部地区的合作与交流，将东部地区的资金、技术逐渐引入中西部地区，利用新的技术提高新型城镇化发展效率。中西部地区也要结合自身实际发展的特点，看清自身的资源优势、劳动力密集优势，充分促进劳动力就业，并合理利用资源，以提高区域的新型城镇化发展效率。

2. 构建合理的城镇发展体系

优化东部地区的发展，以东部地区为主导，带动周边地区新型城镇化发展，通过地区的辐射效应，进一步带动中部地区乃至西部地区的发展。中部地区和西部地区的城镇化规模较小、功能不够全，不能形成很好的联动机制，也不能很好地辐射周边带动区域联合发展，其在城镇化过程中应该在发展本身的同时，同其他地区有机联系起来，寻求适合自身发展的新型城镇化发展体系，建立整体战略布局，合理优化城镇规划，重视城镇企业的开发和扩展。东部地区的一线城市较多，在发展这些城市的同时注意辐射，带动大城市周围地区的发展，加大技术、资源交流，不断推进周边城镇的城镇化进程。通过这种联动机制，带动整体的发展，不断吸引外资和人才的投入，完善公共基础设施，留住人才，留住企业，这样才能更大程度地促进就业，促进人口的城镇化，逐步扩大新型城镇化的范围，提高全国的新型城镇化发展效率。

3. 加速经济转型升级，转变传统发展方式

转变城镇的发展方式，不能一味地追求经济产值的增加，而忽略粗放型生产方式带来的环境恶果。在城镇化进程中，各个地区都应注重转变发展方式，积极改进提升传统产业的发展方式，并且不断加强对落后产业的管理和改进，大力倡导引进高新技术企业，使用清洁能源，不断优化产品设计，降低产品的能耗和废弃物的排放，大力推广生

产高附加值产品，提高各种资源的利用率，开发绿色能源。对于土地等不可再生的资源，应更加注重保护，提高土地的投入产出水平，切实提高使用效率。

在实证分析中，效率相对较低的地区生态产出都表现出绿化率产出不足的情况。效率越低的地区生态产出不足就表现得越明显。生态环境作为人类生存和活动的唯一场所，在城镇化进程中，遭到了一定程度的破坏。因此在新型城镇化过程中，一方面要推进社会文明和谐发展；另一方面还要兼顾生态环境的保护，切实将保护环境纳入新型城镇化的战略体系，实现双重收益下经济社会持续、稳定、快速的发展。挖掘一些能够实现新型城镇化发展并且注重环保的地区，积极探索能够借鉴的发展模式和策略，并且结合本地的实际情况，发展新型城镇化，注重环境效率的提高，改善效率低下的发展状况。将生态环境纳入新型城镇化发展的指标体系中，改善环境，提高新型城镇化发展的效率，更好地促进经济社会的和谐发展。

在新型城镇化进程中，会出现第二产业、第三产业繁荣发展的趋势，在此过程中，要调整产业结构，加大产业间的资源循环利用，必须坚持可持续发展的经济理念，且加快发展高技术含量、高附加值、高收益率却能够实现低污染的产业，积极引导各种资源的优化配置；同时要在社会资源优化配置的正确引导下发展城镇化的建设，实现经济效益最大化、社会效益最大化和生态效益最大化，逐步实现传统产业和新兴产业的和谐发展，增强经济、环境、社会等各方面的可持续发展能力，满足新型城镇化要求中可持续发展经济理念。

4. 优化资源配置

我国新型城镇化发展存在明显的区域差异，在以后的发展过程中要更加注重各种资源在空间上的优化配置。城镇化主要是为了让更多的农村人口进入城镇共享经济发展成果。而要加快推进城镇化，必须有足够劳动力资源的投入。例如，东部地区一些城市的城镇化效率很高，在一定程度上是因为劳动力资源投入充足，能够满足城镇化发展的需要，相反西部地区有的地方人口密度很低，进行城镇化所必需的人力资源供给不足，效率必然低下。促进人口城镇化必然需要政策支持，保障居民的权利；同时需要创新制度安排，减小制度制约对新型城镇化发展效率的影响；还应大力提高劳动者的知识水平和劳动技能，在城镇化过程中，劳动者必须具备一定的知识和技能，才能充分发挥城镇化进程中人力资本投入的效用，提高整体的发展效率。因此，要想提高城镇化的发展效率，必须促进人口的自由流动，让劳动力能够自然流向需要的地方，这样才能弥补区域缺陷，同时提高劳动者素质。

5. 建立健全市场机制，增强新型城镇化发展动力

随着改革开放的深入进行、市场化机制的不断完善，我国新型城镇化的进程不断推进，并且处在高速发展的进程中。但是由于我国现阶段市场机制体制不够成熟完善，经济社会发展动力不足，因此，要不断增强经济发展的后续动力，充分释放市场的发展活力，增强经济发展动力，发挥市场机制进行资源配置的积极作用。在这双"看不见的手"的作用下，充分调动各方市场主体发展的积极性，增强社会发展的活力；同时，政府应该结合地区特色来制定相应的政策，发展本土文化；并且发挥政府在城镇化进程中的宏

观调控作用，建立多元投资机制，在加大政府投入的同时，积极鼓励社会多方面投资的加入，共同努力促进新型城镇化的资金投入，从而适应新型城镇化发展中的巨大资金需求，提高配置效率，增强市场活力、社会活力，推动新型城镇化高质量、高效率地向前发展。

6. 政府提供政策保障，增强新型城镇化活力

城镇化发展离不开政策的支持和保障。新型城镇化过程中出现的种种问题，很多是因为我国的政策制度不健全，这才导致了资金、资源的集聚力度不够，阻碍了新型城镇化的发展。因此要建立健全保障制度，为集聚社会资本提供方便，只有吸收更多方面的资金，才能扩大生产，刺激消费，进一步推进新型城镇化。并且资金的流入能够吸引大量劳动力资源的聚集，为推动工业化、现代化注入活力，给予这些人口户籍制度保障或者其他制度保障，能够留住人才，从而为推进本地的新型城镇化建设注入活力。资金和人才的流入能够促进高科技产业生产和发展，从而带动整个地区新型城镇化的有效进行。

第 4 章

安徽省生态效率评估

作为中部六省之一的安徽省，近年来经济高速发展，环境问题也日益凸显，特别是在承接长江三角洲产业转移的关键时期，可能同时会带来污染的转移。故本章将视角聚焦在安徽省生态效率评价上。本章首先对所选取的指标进行描述统计分析；其次利用考虑非期望产出的 Super-SBM 模型对全省各个地区的生态效率进行测度和排名，通过比较效率值的大小来观察非期望产出对各地区环境的影响。

4.1 安徽省经济社会和自然资源现状

4.1.1 经济发展现状

安徽位于东经 $114°54' \sim 119°37'$ 与北纬 $29°41' \sim 34°38'$ 之间，全省东西宽约 450 千米，南北长约 570 千米，总面积为 13.96 万平方千米，约占全国总面积的 1.45%，居华东地区第三位、全国第 22 位。2013 年年末，全省户籍人口为 6 928.5 万，比 2012 年增加 26.5 万；常住人口为 6 029.8 万，比 2012 年增加 41.8 万；城镇化效率为 47.9%，比 2012 年提高 1.4 百分点。

近年来，安徽省的经济增长势头强劲。2013 年，由于宏观经济环境不稳定因素的增加，安徽省的经济发展有所放缓，但在省政府的政策干预下，安徽省坚持以科学发展观为主线，全力稳物价、调结构转变经济增长方式，全省经济保持了平稳较快的增长。由表 4-1 可以看出，按当年价格计算，经过初步的核算，2013 年安徽省的生产总值为 19 038.9 亿元，居全国第 14 位，排名与 2012 年持平；按可比价计算，比 2012 年增长 10.40%。分产业看，2013 年，第一产业的生产总值为 2 348.10 亿元，同比增长 3.50%；第二产业的生产总值为 10 404.00 亿元，同比增长 12.40%；第三产业的生产总值为 6 286.80 亿元，同比增长 9.50%。三次产业占地区生产总值的比重由 2012 年的 12.7∶54.6∶32.7 调整为 12.3∶54.6∶33.1，其中第三产业比重提高 0.4 百分点，工业增加值占地区生产总值的比重由 2012 年的 46.6% 提高到 46.9%。全社会劳动生产率为 44 889 元/人，比 2012 年增加 3 553 元。人均地区生产总值为 31 684 元（折合 5 116 美元），比 2012 年增加 2 892 元。

表 4-1　2013 年安徽省生产总值构成及其增长速度

指标	绝对数/亿元	比 2012 年增长/%
生产总值	19 038.90	10.40
第一产业	2 348.10	3.50
第二产业	10 404.00	12.40
工业	8 928.00	13.30
建筑业	1 476.00	6.70
第三产业	6 286.80	9.50
交通运输、仓储和邮政业	707.10	7.20
批发和零售业	1 355.50	9.30
住宿和餐饮业	298.00	6.50
金融业	735.50	17.50
房地产业	763.60	12.20
营利性服务业	900.00	10.30
非营利性服务业	1 527.10	6.50

由表 4-2 可以看出，2013 年安徽省全年居民消费价格指数上涨 2.40%。商品零售价格上涨 1.3%，工业产品出厂价格下降 1.8%，工业生产者购进价格指数下降 3.1%。固定资产投资价格上涨 0.2%，农业生产资料价格上涨 0.9%。2013 年年末安徽省从业人员为 4 275.9 万人，比 2012 年增加 69.1 万人。其中，第一产业的就业人员为 1 469.7 万人，减少 61.5 万人；第二产业的就业人员为 1 169.2 万人，增加 61.9 万人；第三产业的就业人员为 1 637 万人，增加 68.7 万人。城乡私营企业从业人员和个体劳动者为 705.1 万人，增加 56.8 万人。全年城镇实名制新增就业 67.5 万人，失业人员再就业 25.9 万人。2013 年年末城镇登记失业率为 3.41%，比 2012 年下降 0.27 百分点。

表 4-2　2013 年安徽省居民消费价格指数较 2012 年涨跌幅度

类别	涨跌幅度/%
居民消费价格指数	2.40
其中：城市	2.40
农村	2.50
其中：食品	4.70
烟酒及用品	−1.30
衣着	2.10
家庭设备用品及维修服务	0.90
医疗保健及个人用品	1.20
交通和通信	−0.10
娱乐教育文化用品及服务	2.70
居住	1.40

4.1.2　安徽省的资源开发和利用现状

矿产资源是自然资源的一个重要组成部分，是人类赖以生存的物质基础，是国家安全与经济发展的重要保证。矿产资源也是国家经济发展的基础，矿产资源实力是国家综合实力的体现。我国95%以上的能源和80%以上的工业原材料均取自矿业，矿业支撑了占我国GDP70%的国民经济的运转。离开了矿产资源，就无从谈发展问题，所以，拥有的矿产资源量是衡量一个国家和地区综合实力的重要指标之一，特别是人均矿产资源消费量，更能反映一个国家或地区的经济和社会发展水平。

安徽省的矿产资源非常丰富，主要矿产是能源矿产、金属矿产、非金属矿产及水气矿产。现在已经发现的各种矿藏多达130种，探明储量的矿产有67种，已经被开发利用的矿产有49种，全省矿产的储量在全国占前10位的有38种。以1990年的不变价格来计算，安徽省矿产储量潜在的总价值在全国排第10位，其中，铁矿和煤等11种矿产的潜在价值和保有量在华东地区排前三。对铁矿、煤矿和铜矿等资源的大规模开采形成的冶炼、能源、有色建筑和化工的四大产业，使安徽省成为华东地区一个重要的能源供应基地，同时也为全国提供了大量工业原材料。安徽省在矿产资源开发利用和管理中存在着一些问题，首先是矿业结构调整步履艰难，目前"五小"矿山数量仍然较大，矿山布局虽然得到一定改善，但布局不尽合理的现象未有根本好转，大矿小采、一矿多开、矿产资源浪费的现象依然存在，采矿权整合还不到位。矿产品的换代和加工技术更新进展不快，节能减排降耗任务依然很重，资源利用效率提高缓慢；矿产资源开发利用引发的地质环境问题依然存在，矿山环境治理任务仍然十分艰巨。其次是矿产的综合利用水平不高，矿产品的深加工程度仍然不足，尤其是小型矿山开发利用方式粗放，设备简陋，技术落后，开采工艺不规范，安全管理不到位，不仅浪费矿产资源，而且使产品也缺乏市场竞争力。最后是矿山地质环境破坏比较严重，治理效率明显偏低。

安徽省的水资源总量约为700.98亿立方米。但是水资源分布并不均衡，且与人口密度和耕地面积的分布不一致，还受地形地貌和建设条件的限制，形成了淮河以北地区以资源型缺水为主、沿淮沿巢湖地区以水质型缺水为主、山区丘陵区和江淮分水岭地区以工程型缺水为主的格局。安徽省全省供水总量为288.56亿立方米。其中地表水为253.66亿立方米，占供水总量的87.9%；地下水为34.01亿立方米，占供水总量的11.8%；污水处理回用为0.89亿立方米，占供水总量的0.3%。在水资源的开发利用及管理上，安徽省主要存在"四个不平衡"：其一是经济结构布局与水资源时空分布不平衡。沿淮淮北地区是安徽省乃至全国重要的农业经济区和粮棉主产区，也是全国重要的能源和煤化工基地。该区域以占安徽省1/5的水资源量，支撑了占安徽省1/2的耕地及人口、4/5的发电和几乎全部煤炭生产的用水需求。从目前水资源利用条件和今后经济社会发展态势看，沿淮淮北地区的水资源紧缺与水环境恶化问题已成为影响全省经济社会可持续发展的重要制约因素。其二是开发利用模式与水资源的承载能力不平衡。一方面水资源短缺；另一方面用水效率不高。近年来，部分地区在注重追求经济加速增长的过程中，忽视了水资源和水环境的承载能力，耗水企业布局与水资源丰缺分布倒置，加剧了沿淮淮北地区水资源的短缺形势。其三是水环境恶化与建设生态安徽的要求不平衡。城镇工业废水和生活污水排放量增长，水污染治理增加的投入被日益增加的污水排放所抵消。其四是水资源管理体制与水资源及水环境状况不平衡。《中华人民共和国水法》明确规定了国家对水资源实行流域管理和区域管理相结合的制度，由水行政主管部门对水资源实行统一管理。但在实际工作中，面对经济利益的矛盾，统一管理难以落到实处，矿泉水、地热水、城市供水的管理权仍然存在争议，水资源的节约、保护和合理利用工作开展得不够顺利。

4.1.3　环境现状及存在的问题

安徽省的水土流失问题比较严重，每年水土流失的面积较大；巢湖和淮河的污染形势严峻，水质较差；城市垃圾和污水处理的基础建设落后；全省的酸雨污染问题日益凸显；农业污染刻不容缓；食品安全问题亟待解决。

生态环境的污染与破坏严重制约了全省的经济和社会的可持续发展。农业基础设施不完善，农业基础依然薄弱，农民的增收依然乏力，城乡之间的收入差距扩大；煤电及汽油的供应仍然较为紧张，资源对经济发展的约束越来越紧；经济结构仍然不够合理，增长仍以粗放的增长方式为主，对外开放程度不高；土地的承载压力较大，人均的耕地面积继续减少，农业生产的增长潜力不大；地下水遭到污染和超量采用的问题严重，水资源供应短缺。

通过对安徽省各地市工业"三废"排放均值的描述性统计对城市环境进行分析。安徽省工业废气的排放总量由 214.4 亿立方米上升到 1 852.9 亿立方米，十四年增长了 7.6 倍，给环境造成了巨大压力。

4.2　安徽省环境污染及影响决定因素分析

改革开放以来，我国的国民经济增长取得了举世瞩目的成就。然而，快速的经济增长也加大了对资源利用和环境保护的压力。世界银行、中国科学院和环保总局的测算显示，我国每年因环境污染造成的损失约占 GDP 的 10%左右，发达国家上百年工业化过程中分阶段出现的环境问题在我国已集中出现。在严重的环境压力下，为了避免重复工业化国家"先污染、后治理"的发展道路，突破经济发展过程中资源环境的"瓶颈"约束，1992 年 8 月我国政府第一次明确提出要转变传统发展模式，走可持续发展的道路。进入 21 世纪后，党的十六大提出"以人为本"的科学发展观，积极探索构建资源节约型和环境友好型社会；2007 年 10 月党的十七大将我国经济发展战略由"又快又好"调整为"又好又快"，进一步强调环境保护和经济发展的可持续性。国务院发布的《"十二五"节能减排综合性工作方案》明确规定，到 2015 年，全国化学需氧量（chemical oxygen demand，COD）和二氧化硫排放总量应分别控制在 2 347.6 万吨和 2 086.4 万吨，分别比 2010 年下降 8%；全国氨氮和氮氧化物排放总量分别控制在 238.0 万吨和 2 046.2 万吨，分别比 2010 年下降 10%。这一切充分表明我国政府建设资源节约型、环境友好型社会的决心。然而，由于我国面临工业化加速发展，城市化快速推进，生态环境先天不足、后天失调等多重压力，控制污染物排放，加强环境保护政策的实施效果并不理想。

面对经济发展与环境约束的两难冲突，越来越多的经济学家开始关注经济—环境系统的相关研究，于是大量的理论与实证研究开始出现，并逐渐成为环境经济学研究的重要组成部分。从已有研究来看，有关环境污染问题的研究，大多见于经济—环境系统的相关研究中。关于我国目前的环境污染状况及各省环境质量状况，现有文献中较为罕见。

　　基于已有研究现状，本节以安徽省 16 个市为研究对象，以环境污染为中心展开研究。第一，基于动态综合评价原理，构建具有"三维"特征的污染物排放动态综合评价模型，该模型可广泛应用于各种综合评价及决策问题的研究之中，具有一定的推广价值。第二，选取能够代表各市整体环境质量的污染物排放指标，将其综合为一个环境污染综合指数，以此评价安徽省环境污染现状，期望能够根据各市实际情况，为完成减排提供经验支持。第三，环境污染的影响因素研究为采取措施减少污染排放提供依据。第四，根据研究结论，提出降低污染物排放、优化环境质量的对策建议。

　　针对综合评价问题的研究，目前国内外研究文献较多，但大多数尚处于理论研究阶段，不够成熟。最新发展起来的动态综合评价法在现实中很有应用价值和实践意义，这一问题虽已引起重视，但目前的研究成果极为少见。郭亚军（2002）论述了基于"纵横向"拉开档次法的动态综合评价原理及方法，并给出具体实例验证。该方法具有原理简单、直观意义明显、评价过程"透明"等特点。蒋本铁和郭亚军（2000）认为，具有"三维"特征的动态综合评价方法具有广泛的应用前景和实用价值。

4.2.1　安徽省环境污染综合评价

1. 综合评价方法

　　在对安徽省各地市环境污染的综合评价过程中，根据已有数据积累及研究目的，我们既要综合比较 n 个地市在某一年 $t_k(k=1，2，\cdots，N)$ 的环境质量状况，又要综合比较某地市 $S_i(i=1，2，\cdots，n)$ 在不同年份 $t_k(k=1，2，\cdots，N)$ 的环境质量状况，将这类含有时序特征的多指标综合评价问题称为动态综合评价。

　　对 n 个被评价对象 $S_1，S_2，\cdots，S_n$，取 m 个评价指标 $X_1，X_2，\cdots，X_m$，且按时间顺序 $t_1，t_2，\cdots，t_T$ 获得的原始资料 $\{X_{ij}(t_k)\}$，构成一个时序立体数据表（表4-3）。

表 4-3　时序立体数据表

评价对象	t_1				$\cdots$	t_T			
	X_1	X_2	$\cdots$	X_m	$\cdots$	X_1	X_2	$\cdots$	X_m
S_1	X_{11}	X_{12}	$\cdots$	X_{1m}		X_{11}	X_{12}	$\cdots$	X_{1m}
S_2	X_{21}	X_{22}	$\cdots$	X_{2m}		X_{21}	X_{22}	$\cdots$	X_{2m}
$\vdots$	$\vdots$	$\vdots$		$\vdots$		$\vdots$	$\vdots$		$\vdots$
S_n	X_{n1}	X_{n2}	$\cdots$	X_{nm}		X_{n1}	X_{n2}	$\cdots$	X_{nm}

　　由立体时序表支持的综合评价问题，即动态综合评价问题，表示为

$$y_i(t_k)=f(\lambda_1(t_k)，\lambda_2(t_k)，\cdots，\lambda_m(t_k)；X_{i1}(t_k)，X_{i2}(t_k)，\cdots，X_{im}(t_k))$$

$$(4\text{-}1)$$

其中，$y_i(t_k)$ 为地市 S_i 在时刻 t_k 处的综合评价值，$k=1,2,\cdots T$，$i=1,2,\cdots,n$。

首先，对原始数据 $X_{ij}(t_k)$ 进行无量纲化处理，以保证数据口径的统一和可比，则有

$$\xi = \frac{X_{ij}(t_k) - \overline{X}_j(t_k)}{\sigma_j t_k} \tag{4-2}$$

其中，ξ 为无量纲化处理后的指标值；$\{X_{ij}(t_k)\}$ 为第 i 个市在时刻 t_k 的第 j 种污染物指标；$\overline{X}_j(t_k)$ 为第 j 种污染物在时刻 t_k 的均值；$\sigma_j t_k$ 为第 j 种污染物在时刻 t_k 的标准差。

其次，对时刻 t_k 取综合评价函数，即

$$y_i(t_k) = \sum_{j=1}^m \lambda_i X_{ij}(t_k), \quad k=1,2,\cdots T; \quad i=1,2,\cdots,n \tag{4-3}$$

其中，λ_i 为权重系数。综合评价的核心与关键就是确定各个指标的权重系数 λ_i。

"纵横向"拉开档次法的权重计算过程如下：

令矩阵：$\boldsymbol{H}_k = \boldsymbol{X}_k^{\mathrm{T}} \boldsymbol{X}_k (k=1,2,\cdots,T)$，$\boldsymbol{H} = \sum_{k=1}^T \boldsymbol{H}_k$ 为 $m \times m$ 阶对称矩阵。

最后，计算实对称矩阵：$\boldsymbol{X}_k = \begin{bmatrix} X_{11}(t_k) & \cdots & X_{1m}(t_k) \\ \vdots & & \vdots \\ X_{n1}(t_k) & \cdots & X_{nm}(t_k) \end{bmatrix}$，$k=1,2,\cdots,T$。

确定权重向量：$\boldsymbol{\lambda} = (\lambda_1, \lambda_2, \cdots, \lambda_m)^{\mathrm{T}}$。

根据权重系数计算式(4-3)中综合评价函数 $y_i(t_k)$，根据 $y_i(t_k)$ 的大小对样本进行排序，记 r_{ik} 为第 i 个地市 S_i 在时间 t_k 的排序，则 S_i 的最大序差为

$$r_{\max i} = \max_k \{r_{ik}\} - \min_k \{r_{ik}\}, \quad k=1,2,\cdots,N \tag{4-4}$$

根据 $r_{\max i}$ 可以综合评价各个样本在各个时间的整体水平。该方法既在"横向"上体现了在时刻 $t_k(k=1,2,\cdots,T)$ 处各系统之间的差异，又在"纵向"上体现了各系统总的分布情况；无论是对于"截面"数据来说，还是对于"时序立体数据"来说，其综合评价的结果都具有可比性，且没有丝毫的主观色彩。但权重向量 $\boldsymbol{\lambda}$ 依赖于矩阵 $\boldsymbol{H}$，因此不具有可继承性。

2. 评价结果及分析

本章主要选取 2005 年以来安徽省各市废水、废气、固体废物三类污染物的排放量作为衡量污染排放的代理变量。由于这三类污染物指标是由主要污染物排放测算得到的，具有优良的代表性。污染物排放量数据来源《安徽统计年鉴》。

利用"纵横向"拉开档次法，对 2005～2012 年安徽省 16 个市的环境污染状况进行综合评价，基于 R 3.03 软件对时序立体矩阵进行处理，得到三种污染物的权重向量 $\boldsymbol{\lambda}$，然后对权重向量进行归一化处理，据此计算各市环境污染综合指数。综合指数越大，表明环境污染越严重。计算结果放大后如表 4-4 所示。

表 4-4   2005～2012 年安徽省各市环境污染综合评价结果

地区	2005 年	2006 年	2007 年	2008 年	2009 年	2010 年	2011 年	2012 年	均值
合肥市	4.47	4.82	4.78	5.80	5.86	5.56	4.04	4.07	4.92
淮北市	4.83	4.70	4.76	5.34	5.23	5.39	5.48	5.30	5.13
亳州市	5.16	5.11	3.56	6.43	6.38	6.22	6.13	6.27	5.66
宿州市	2.49	2.81	3.80	5.91	5.70	5.57	4.36	5.16	4.47
蚌埠市	0.57	0.80	4.90	5.13	5.38	5.39	5.81	5.51	4.19
阜阳市	4.32	4.66	4.25	5.68	5.81	5.89	5.88	5.89	5.26
淮南市	4.23	4.20	7.71	2.02	2.35	2.21	1.75	1.74	3.28
滁州市	5.54	5.47	4.17	5.74	4.84	5.11	4.43	5.17	5.06
六安市	6.44	6.63	4.67	5.19	5.54	5.80	5.81	5.76	5.73
马鞍山市	6.02	6.08	9.38	0.71	1.02	1.33	1.98	1.22	3.47
芜湖市	6.24	6.37	5.27	4.81	4.79	4.86	5.58	5.38	5.41
宣城市	5.53	5.25	4.51	5.25	5.20	5.02	5.20	5.44	5.18
铜陵市	5.34	5.50	5.46	4.53	4.37	4.25	4.49	4.27	4.77
池州市	6.34	6.50	4.02	6.05	5.93	6.02	6.47	6.33	5.96
安庆市	6.22	5.94	5.24	4.95	5.07	4.87	5.66	5.58	5.44
黄山市	6.28	5.17	3.53	6.46	6.52	6.52	6.96	6.91	6.04
极差	5.27	5.84	5.85	5.75	5.51	5.19	5.21	5.69	2.77

注：表中均值是以各年四舍五入前的数值进行平均，然后再四舍五入，这与将表中数值直接算术平均可能有出入

(1)分地市看，在样本考察期内，安徽省污染物排放较少(即环境质量较好)的市依次为淮南市、马鞍山市、蚌埠市、宿州市、铜陵市、合肥市，这六个市的环境污染综合指数都在 5 以下。

(2)污染物排放较多(即环境质量较差)的四个市依次为亳州市、六安市、池州市、黄山市，这四个市的环境污染综合指数都在 5.5 以上。滁州市、淮北市、宣城市、阜阳市、芜湖市、安庆市的环境污染综合指数介于 5.0～5.5，降低污染物排放难度较大。

(3)将安徽省按地理区域划分，分为皖北地区、皖中地区、皖南地区，其中皖北地区包括阜阳、亳州、宿州、淮北、淮南、蚌埠六地市，皖中地区包括合肥、滁州、六安、安庆四地市，皖南地区包括宣城、马鞍山、芜湖、铜陵、池州、黄山六地市。分地区看，皖北地区环境污染最轻(4.663)，其次为皖中地区(5.288)，皖南地区环境污染最重(5.318)。

由以上分析可以看出，亳州市、六安市、池州市、黄山市是安徽省污染物排放的重点监控地市，皖中地区是主要监控地区。

综合各市污染物排放指数的动态变化来看(表 4-4 和图 4-1)，环境污染程度增加的地市有淮北市、亳州市、宿州市、蚌埠市、阜阳市及黄山市，环境污染程度减弱的地市有合肥市、淮南市、滁州市、六安市、马鞍山市、芜湖市、宣城市、铜陵市、池州市、安庆市。2005～2012 年，皖北地区污染物排放综合指数上升的地市为宿州市、蚌埠市和阜阳市，环境质量明显恶化。其中，宿州市污染物排放综合指数由 2.486 上升到

5.163，上升了 107.7％；蚌埠市污染物排放综合指数由 0.568 上升到 5.511，上升了 870.2％；阜阳市污染物排放综合指数由 4.323 上升到 5.892，上升了 36.3％。污染物排放综合指数下降的市为淮南市和马鞍山市，其环境质量明显改善。其中，淮南市污染物排放综合指数由 4.23 下降到 1.742，下降了 58.8％，；马鞍山市污染物排放综合指数由 6.018 下降到 1.223，下降了 79.7％。从地理区域划分看，皖北地区的环境质量总体趋于恶化，皖中地区环境质量趋于改善，皖南地区环境质量亦是趋于改善。

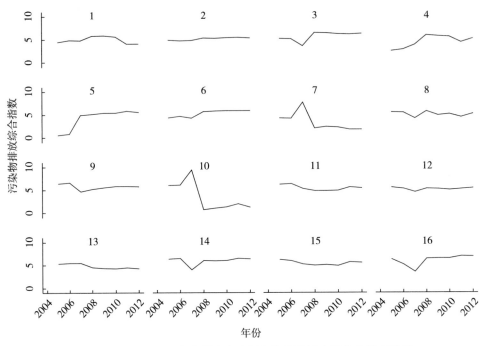

图 4-1　2005～2012 年安徽省各市污染物排放综合指数的演变趋势
注：图中 1～16 的数字依次代表表 4-4 中的 16 个城市

4.2.2　污染物排放变动的决定因素分析

1. 影响因素选择

本章综合已有研究并结合我国环境质量恶化的原因及经济社会所处的特殊历史阶段，选取变量如下：①经济发展水平(jjfzsp)，以人均地区生产总值表示。②结构因素，主要包括产业结构(cyjg)，用各市第二产业总产值占地区生产总值的比重表示；所有制结构(syzjg)，用国有及国有控股企业工业产值占工业总产值的比重表示。③固定资产投资(gdzctz)，用各市每年新增固定资产投资占地区生产总值的比重表示。④外商直接投资(wszjtz)，用人民币表示的外商直接投资占地区生产总值的比重表示。⑤企业环境管制能力(qiyehjgz)，用各市工业粉尘去除率(即去除量占去除量与排放量之和)表示。

2. 模型构建

考虑面板模型：

$$y_{it}=\alpha+x'_{it}\beta+z'_i\gamma+v_i+\varepsilon_{it} \tag{4-5}$$

其中，y_{it} 为被解释变量；x'_{it} 为随个体与时间变化的解释变量；z'_i 为不随时间改变的个体特征，如性别等；$v_i+\varepsilon_{it}$ 构成扰动项，且 v_i 表示不可观测且不随时间改变的个体特征，ε_{it} 为随个体与时间而变的扰动项。假设 ε_{it} 独立同分布且与 v_i 不相关。

当个体特征与解释变量相关时，模型（4-5）被称为"固定效应模型"（fixed effects model，FE）。这时，普通最小二乘（ordinary least square，OLS）估计是不一致的，但"固定效应估计量"可以给出一致估计，而固定效应估计量对于不随时间变动的变量，不能得到其系数的估计值。

当不可观测的个体特征 v_i 与所有解释变量都不相关时，模型（4-5）被称为"随机效应模型"（random effects model，RE）。这时，OLS 估计是一致的，但不是最有效的。

以上述各种影响因素为解释变量，以污染物综合排放指数为被解释变量，至于究竟应该使用固定效应模型还是随机效应模型，我们通过 Hausman 检验来判断。Hausman 检验原假设为：v_i 与解释变量 x'_{it}、z'_i 不相关，即随机效应模型成立。该检验的基本思想为无论原假设成立与否，固定效应模型都是一致的。然而，在原假设成立时，随机效应模型比固定效应模型更有效，但如果原假设不成立，则随机效应模型不一致。

3. 回归结果及解释

根据安徽省污染物排放影响因素回归的 Huasman 检验结果（图 4-2）最后一行的 p 值（即 prob），我们不能拒绝随机效应和固定效应系数无系统差异的原假设，即随机效应模型更有效。

hausman fe re

	Coefficients			
	(b)	(B)	(b-B)	sqrt(diag(V_b-V_B))
	fe	re	Difference	S.E.
jjfzsp	−0.692 8	−0.374 3	−0.318 4	0.136 7
cyjg	8.631 7	4.307 1	4.324 7	3.619 8
syzjg	−2.165 2	−2.382 7	0.217 4	1.687 6
gdzctz	1.462 7	1.273 7	0.188 9	0.586 4
wszjtz	−12.854 3	−14.614 5	1.760 2	4.583 9
qyhjgz	−0.805 7	−0.733 1	−0.072 6	0.286 1

b=constant under H_0 and Ha;obtained from xtreg

B=inconstant under Ha,efficient under　　H_0;obtained from xtreg

Test: H_0: difference in coefficients not systematic

chi2(6)=(b-B)'[(V_b-V_B)^(-1)](b-B)=6.37

prob>chi2=0.3833

图 4-2　安徽省污染物排放影响因素回归的 Huasman 检验结果

由随机效应所估计的安徽省污染物排放影响因素回归结果如表 4-5 所示。回归模型整体显著性的 F 检验表明，模型整体是显著的。此外，整体拟合优度 R^2 为 0.181 1，高于固定效应模型的整体拟合优度 0.118 9。根据结果，我们可以写出估计的方程，即

$$\mathrm{wrdf}_{it}=5.141-0.374\mathrm{jjfzsp}_{it}+4.307\mathrm{cyjg}_{it}-2.383\mathrm{syzjg}_{it}$$
$$+1.274\mathrm{gdzctz}_{it}-14.615\mathrm{wszjtz}_{it}-0.733\mathrm{qyhjgz}_{it} \tag{4-6}$$

表 4-5　安徽省污染物排放影响因素回归结果

变量	系数	标准误	z	$P>|z|$	95％置信区间	
cons	5.140 8	0.831 0	6.190 0	0.000 0	3.511 9	6.769 6
jjfzsp	−0.374 3	0.145 6	−2.570 0	0.000 0	−0.659 7	−0.089 0
cyjg	4.307 1	2.424 8	1.780 0	0.076 0	−0.445 3	9.059 5
syzjg	−2.382 7	0.909 6	−2.620 0	0.009 0	−4.165 4	−0.599 9
gdzctz	1.273 7	1.125 5	1.130 0	0.258 0	−0.932 3	3.479 7
wszjtz	−14.614 5	7.965 1	−1.830 0	0.060 0	−30.225 8	0.996 7
qyhjgz	−0.733 1	0.517 1	−1.420 0	0.156 0	−1.746 6	0.280 3

结果显示，解释变量中除固定资产投资（gdzctz）与企业环境管制能力（qyhjgz）不显著外，其余解释变量均显著。经济发展水平（jjfzsp）每上升 1 百分点将使污染综合得分减少 0.374 百分点；第二产业总产值占地区生产总值的比重每增加 1 百分点将使环境污染综合得分上升 4.307 百分点；国有及国有控股企业工业产值占工业总产值的比重每增加 1 百分点将使环境污染综合得分减少 2.382 百分点；外商直接投资（wszjtz）每增加 1 百分点将使环境污染综合得分减少 14.615 百分点。

根据安徽省皖北地区污染物排放影响因素回归的 Huasman 检验结果（图 4-3）倒数第二行的 p 值（即 prob），我们拒绝随机效应和固定效应系数无系统差异的原假设，即固定效应模型更有效。

hausman fe re

	Coefficients			
	(b)	(B)	(b-B)	sqrt(diag(V_b-V_B))
	fe	re	Difference	S.E.
jjfzsp	−2.000 1	−2.530 1	0.529 9	0.425 6
cyjg	13.397 7	14.138 9	−0.741 3	5.020 7
syzjg	−5.902 7	−5.813 8	−0.088 9	3.070 9
gdzctz	0.347 9	1.629 4	−1.281 5	1.599 3
wszjtz	52.465 7	31.750 6	20.714 9	18.535 1
qyhjgz	−2.048 4	−1.210 7	−0.838 7	0.421 4

b=constant under H_0 and Ha;obtained from xtreg

B=inconstant under Ha,efficient under H_0;obtained from xtreg

Test: H_0: difference in coefficients not systematic

chi2(5)=(b-B)'[(V_b-V_B)^(-1)](b-B)=15.84

prob>chi2=0.0073

（V_b-V_B is not positive definite）

图 4-3　皖北地区污染物排放影响因素回归的 Huasman 检验结果

对安徽省皖北地区污染物排放影响因素进行固定效应回归得到结果（表 4-6），回归模型整体显著性的 F 检验表明，模型整体是显著的。此外，相关的整体拟合优度是组内 R^2，即 0.521 3，表明该固定效应模型能解释污染物排放综合指数的 52.13％的变动。根据结果，我们可以写出估计的方程，即

$$\mathrm{wrdf}_{it} = 4.507 - 2\mathrm{jjfzsp}_{it} + 13.398\mathrm{cyjg}_{it} - 5.903\mathrm{syzjg}_{it}$$
$$+ 0.384\mathrm{gdzctz}_{it} - 52.466\mathrm{wszjtz}_{it} - 2.049\mathrm{qyhjgz}_{it} \tag{4-7}$$

表 4-6 皖北地区污染物排放影响因素回归结果

变量	系数	标准误	t	$P > |t|$	95％置信区间	
cons	4.506 7	3.513 6	1.280 0	0.208 0	−2.619 2	11.632 6
jjfzsp	−2.000 1	0.694 1	−2.880 0	0.007 0	−3.407 8	−0.592 5
cyjg	13.397 7	6.662 7	2.010 0	0.052 0	−0.114 9	26.910 2
syzjg	−5.902 7	3.414 6	−1.730 0	0.092 0	−12.827 9	1.022 4
gdzctz	0.347 9	2.328 1	0.150 0	0.882 0	−4.373 8	5.069 6
wszjtz	52.465 6	24.370 9	2.150 0	0.038 0	3.039 2	101.892 1
qyhjgz	−2.049 4	0.905 8	−2.260 0	0.030 0	−3.886 6	−0.212 2

结果显示，解释变量中除固定资产投资不显著外，其余解释变量均显著。经济发展水平每上升 1 百分点将使环境污染综合得分减少 2 百分点；第二产业总产值占地区生产总值的比重每增加 1 百分点将使环境污染综合得分增加 13.398 百分点；国有及国有控股企业总产值占工业总产值的比重每增加 1 百分点将使环境污染综合得分减少 5.903 百分点；外商直接投资每增加 1 百分点将使环境污染综合得分增加 52.466 百分点；工业粉尘去除率每增加 1 百分点使环境污染综合得分减少 2.049 百分点。

根据安徽省皖中地区污染物排放影响因素回归的 Huasman 检验结果（图 4-4）倒数第二行的 p 值（即 prob），我们不能拒绝随机效应和固定效应系数无系统差异的原假设，即随机效应模型更有效。

```
hausman fe re
                Coefficients
                (b)        (B)        (b-B)         sqrt(diag(V_b-V_B))
                fe         re         Difference    S.E.
       jjfzsp   0.102 6    −0.088 2   0.190 8       0.222 2
       cyjg     0.925 9    −3.586 1   4.511 9       3.548 8
       syzjg    2.762 8    0.572 3    2.190 4       1.856 5
       gdzctz   0.551 9    1.486 5    −0.934 6      0
       wszjtz   −8.600 4   −24.395 1  15.794 7      5.507 3
       qyhjgz   −0.754 8   −0.047 4   −0.707 4      0.272 8
```

b=constant under H_0 and Ha;obtained from xtreg

B=inconstant under Ha,efficient under H_0;obtained from xtreg

Test: H_0: difference in coefficients not systematic

$\mathrm{chi2}(6) = (b-B)'[(V\_b-V\_B)^{(-1)}](b-B) = 10.21$

prob>chi2=0.1162

（ V_b-V_B is not positive definite ）

图 4-4 皖中地区污染物排放影响因素回归的 Huasman 检验结果

对安徽省皖中地区污染物排放影响因素进行随机效应回归得到结果（表 4-7），虽然回归模型整体显著性的 F 检验表明，模型整体是显著的，但相关的整体拟合优度 R^2，即 0.271 3，高于固定效应模型的整体拟合优度 R^2，即 0.000 6。根据结果，我们可以

写出估计的方程，即

$$\text{wrdf}_{it} = 6.844 - 0.088\text{jjfzsp}_{it} - 3.586\text{cyjg}_{it} + 0.572\text{syzjg}_{it}$$
$$+ 1.486\text{gdzctz}_{it} - 24.395\text{wszjtz}_{it} - 0.047\text{qyhjgz}_{it} \qquad (4\text{-}8)$$

表 4-7　皖中污染物排放影响因素回归结果

变量	系数	标准误	t	$P > |t|$	95%置信区间	
cons	6.843 7	1.247 1	5.490 0	0.000 0	4.399 3	9.287 9
jjfzsp	−0.088 2	0.098 4	−0.900 0	0.370 0	−0.280 9	0.104 6
cyjg	−3.586 1	5.170 8	−0.690 0	0.488 0	−13.720 7	6.548 5
syzjg	0.572 4	1.362 5	0.420 0	0.674 0	−2.098 0	3.242 8
gdzctz	1.486 5	2.346 1	0.630 0	0.526 0	−3.111 7	6.084 7
wszjtz	−24.395 1	14.771 6	−1.650 0	0.099 0	−53.346 9	4.556 8
qyhjgz	−0.047 4	0.603 9	−0.080 0	0.937 0	−1.229 2	1.134 4

可能是数据或者时间维度太短，导致解释变量不显著。

根据安徽省皖南地区污染物排放影响因素回归的 Huasman 检验结果（图 4-5）倒数第二行检验的 p 值（即 prob），我们拒绝随机效应和固定效应系数无系统差异的原假设，即固定效应模型更有效。

hausman fe re

	Coefficients			
	(b)	(B)	(b-B)	sqrt(diag(V_b-V_B))
	fe	re	Difference	S.E.
jjfzsp	0.846 6	−0.608 3	−0.238 3	0.182 9
cyjg	15.083 7	4.730 6	10.353 1	5.827 7
syzjg	2.790 9	−1.585 2	4.376 1	3.461 7
gdzctz	3.556 7	1.996 7	1.557 9	0.669 9
wszjtz	−23.500 1	−32.164 5	8.664 4	4.298 5
qyhjgz	0.511 6	0.016 3	0.495 3	0.681 1

b=constant under H_0 and Ha;obtained from xtreg

B=inconstant under Ha,efficient under H_0;obtained from xtreg

Test: H_0: difference in coefficients not systematic

chi2(6)=(b-B)'[(V_b-V_B)^(-1)](b-B)=16.04

prob>chi2=0.0135

（ V_b-V_B is not positive definite ）

图 4-5　皖南地区污染物排放影响因素回归的 Huasman 检验结果

对安徽省皖南地区污染物排放影响因素进行固定效应回归得到结果（表 4-8），回归模型整体显著性的 F 检验表明，模型整体是显著的。此外，模型的整体拟合优度 R^2 为 0.334 2，表明该固定效应模型能解释污染物排放综合指数的 33.42% 的变动。根据结果，我们可以写出估计的方程，即

$$\text{wrdf}_{it} = -2.245 - 0.847\text{jjfzsp}_{it} + 15.083\text{cyjg}_{it} + 2.791\text{syzjg}_{it}$$
$$+ 3.557\text{gdzctz}_{it} - 23.5wszjtz_{it} + 0.512qyhjgz_{it} \qquad (4\text{-}9)$$

表 4-8 皖南地区污染物排放影响因素回归结果

变量	系数	标准误	t	$P > \mid t \mid$	95% 置信区间	
cons	−2.245 1	4.102 5	−0.550 0	0.588 0	−10.565 4	6.075 2
jjfzsp	−0.846 6	0.340 5	−2.490 0	0.018 0	−1.537 2	−0.156 0
cyjg	15.083 8	8.111 3	1.860 0	0.071 0	−1.366 8	31.535 4
syzjg	2.790 9	3.773 5	0.740 0	0.464 4	−4.862 1	10.444 0
gdzctz	3.556 7	1.783 8	1.990 0	0.054 0	−0.060 9	7.174 3
wszjtz	−23.500 1	12.749 4	−1.840 0	0.074 0	−49.357 0	2.356 8
qyhjgz	0.511 6	1.067 0	0.480 0	0.634 0	−1.652 3	2.675 6

结果显示，解释变量中除所有制结构与企业环境管制能力不显著，其余解释变量均显著。经济发展水平每上升 1 百分点将使环境污染综合得分减少 0.847 百分点；第二产业总产值占地区生产总值的比重每增加 1 百分点将使环境污染综合得分增加 15.083 百分点；固定资产投资每增加 1 百分点使环境污染综合得分增加 3.557 百分点；外商直接投资每增加 1 百分点将使环境污染综合得分增加 23.5 百分点。

以上结果显示，经济发展水平提高具有显著降低污染物排放、改善环境质量的作用，这一结论实际上是对"经济增长有助于改善环境质量"这一理论的支持。其现实意义体现在：降低污染物排放、改善环境质量的根本途径在于提高经济发展水平，那种以牺牲环境质量换取经济增长的发展战略是不可取的，认为发展经济和保护环境相对立的观点是片面的、不现实的，现阶段要解决的主要问题是如何实现更清洁的增长。从结构因素看，产业结构变动对污染物排放具有显著的正向效应，全省及皖北、皖南地区回归系数方向一致，但影响程度由北向南逐渐增强。近年来，随着经济的快速增长和工业化进程的加快，安徽省的工业发展对重工业行业的依赖程度有逐渐加重的趋势，工业结构重型化的速度在加快，进而导致污染物排放增加。安徽省整体回归模型中，所有制结构的回归系数为负，表明国有及国有控股企业工业产值比重增加有利于安徽省整体环境质量改善。所有制结构变动对皖中地区与皖南地区的回归系数为正，意味着国有企业比重越大，对这两个地区形成的环境压力越大；所有制结构变动对皖北地区的回归系数为负，表明皖北地区国有企业比重增加有利于其环境质量的改善。从影响程度看，所有制结构这一变量对皖北地区的影响力度最大，对皖南地区的影响次之，对皖中地区的影响最小，这和安徽省所有制结构分布的地区差异有密切的关系。这一结论表明，对国有企业的环境治理应该根据各地区的具体情况具体对待，这样才能改善整体环境质量。三个地区的固定资产投资回归系数仅有皖南地区显著，说明固定资产投资与皖北地区、皖中地区的环境质量相关度不强。固定资产投资对皖南地区的环境质量产生了一定的影响，这和该地区的资源优势有一定的关系。外商直接投资对安徽省及皖中地区、皖南地区环境污染影响的回归系数为负，系数检验显著。这和外资企业入驻大多看重皖中地区、皖南地区的区位优势与资源优势有一定的关系，也说明外资进入带来较先进的技术，对当地环境质量产生了一定的正向影响。企业环境管制能力，即工业粉尘硫去除率的提高对安徽全省及皖北地区、皖中地区污染物排放的影响方向为负，说明增强企业环境管制能力将有助于抑制污染物排放的增加。在今后的发展中，应采取措施充分调动企业在节能减排中的积极性，重视并加强对企业主要污染物（如工业粉尘、二氧化硫等）排放的处理与管制能力，这一点对安徽省的持续发展特别重要。

4.2.3　结论及政策建议

本小节根据目前安徽省环境污染的研究现状，基于"纵横向"拉开档次法，选取能够表明城市整体环境质量的主要污染物排放指标，通过构建具有"三维"特征的污染物排放综合评价模型，科学、客观地评价了各市的环境质量现状，分析了环境质量变动的影响因素，主要结论如下：环境污染综合评价结果表明，在安徽省境内，环境质量较好的城市有六个，即淮南市、马鞍山市、蚌埠市、宿州市、铜陵市和合肥市；亳州市、六安市、池州市和黄山市的环境质量较差；而滁州市、淮北市、宣城市、阜阳市、芜湖市和安庆市的环境质量处于中等水平。分地区看，皖北地区环境污染最轻（4.663），其次为皖中地区（5.288）和皖南地区（5.318）。从污染物排放的时空差异看，2005 年以来，三大地区污染物排放呈现明显的由皖中地区到皖南地区再到皖北地区的演变格局。③对环境污染影响因素的回归结果表明，提高经济发展水平、加强企业环境管制能力、增加国有及国有控股工业所占比重、引进外资有助于降低污染物排放，第二产业总产值占地区生产总值的比重、固定资产投资占所有投资的比重增加具有增加污染物排放的作用，对环境污染有一定的影响。

以上结论的政策含义体现在：①经济发展必然会伴随污染物排放，但以降低发展速度来换取环境质量是不可取的，现阶段要解决的主要问题在于如何在保持经济可持续增长的前提下实现经济更清洁的增长；②建设资源节约型和环境友好型的新型工业体系，协调好工业化与资源环境保护的关系，大力推行清洁生产和循环生产，走科技含量高、经济效益好、资源消耗低、环境污染少、人力资源优势得到充分发挥的新型工业化道路；③优化投资结构，提高外资企业的环境准入门槛，加强外资企业的环境管制，应该成为可持续发展视角下我国招商引资思路转变的一个重要方面；④重视并加强对企业主要污染物排放的处理与管制能力，增加企业环境管制能力对降低污染物排放至关重要。⑤加强地区之间在环境领域的技术交流与协作，对缩小地区污染物排放差异、走环境友好的区域平衡发展道路具有重要作用。

4.3　安徽省城镇化效率研究

4.3.1　背景介绍及相关概念

1. 安徽省城镇化进程基本状况及存在的问题

中共十八大报告提出要积极稳妥地推进城镇化，走集约、智能、绿色和低碳的城镇化道路。近年来，安徽省各地坚持把城镇化作为重大发展战略，科学规划城市功能定位和布局，不断增强小城镇公共服务功能，积极稳妥地推进城镇化进程，城镇化发展速度不断加快，城镇布局体系逐渐得到优化，城镇化已成为转变经济发展方式和建设美好安徽的重要引擎。但与此同时，安徽省城镇化发展也面临着一些亟待解决的突出问题。

1）城镇化推进速度较快，但整体水平较低

"十一五"以来，安徽省城镇化进程明显加快，城镇化率增速高于全国平均水平。2005～2012年，是新中国成立以来安徽省城镇化发展最快的时期，安徽省城镇人口由2 173万增加到2 784万，城镇化率由35.5%提高到46.5%，年均增幅为1.57百分点。这一发展速度使得安徽省城镇化水平与全国平均水平的差距由2005年的7.5百分点缩小到2012年的6.1百分点。与此同时，由于安徽省城镇化基础偏弱，城镇化发展仍处于较低水平。2012年安徽省城镇化率只有46.3%，同期全国城镇化率则为52.6%，安徽省城镇化率与全国的城镇化率差距仍较大；而与中部其他省份相比，安徽省城镇化率仅高于河南省。2012年安徽省的城镇化率分别相当于全国、湖南、湖北、江苏和浙江城镇化率的88.4%、87.7%、86.9%、78.8%和73.6%。

2）城镇化和工业化"双轮驱动"，但城镇化率低于工业化率

城镇化是工业化和经济发展的必然结果，工业化水平的提高和经济的发展，必然带来城镇化水平的提高。当前，安徽省正在大力实施工业强省战略，城镇化也进入持续快速发展的阶段，呈现出城镇化和工业化"双轮驱动"的良性发展态势。国内外城镇化的实践经验表明，城镇化率与工业化率的比值若处于1.4～2.5的范围内，则相对较为合理。2012年年末，安徽省城镇化率为46.5%，工业化率为46.6%，城镇化率与工业化率大致相当，二者的比例接近1∶1。虽然城镇化率与工业化率之间的差距逐步缩小，但城镇化进程仍稍滞后于工业进程，表明安徽的城镇化与非农化的进程并不"协调"，城镇化发展与工业化发展并不协调，城镇化与工业化之间的互动机制还有待进一步增强，城镇凝聚生产要素、实现规模经济的功能还没有得到很好的发挥。

3）城镇布局结构不断优化，但城镇化区域发展不平衡

当前，安徽省城镇布局结构不断优化，区域中心城市实力逐步增强。皖江城市带、合肥经济圈和沿淮城市群三个城镇群初步形成，"一带一圈一群"的城镇化战略格局正在构建，基本形成了梯次明显、功能互补、大中小城市和小城镇协调发展的城镇体系。合肥市的综合实力显著增强，芜湖、马鞍山等皖江城市发展势头强劲，皖北城市发展普遍提速，皖南旅游城市功能不断完善。与此同时，由于受地理环境、历史条件、自然资源等的作用和影响，城镇化发展水平区域差距较大，呈现较明显的东高西低及南高北低的区域发展差异。合肥及沿江经济带的马鞍山、芜湖、铜陵地区是城镇化水平较高的区域，合肥经济圈、皖江地区的城镇化发展优势明显，皖北地区城镇经济社会势力较弱，皖西地区城镇化规模较小，安庆、宿州、亳州、阜阳、六安等地区城镇化水平较低，区域反差较大。此外，在安徽省城镇化建设过程中，区域特色缺乏问题还比较突出，城镇职能分工不明确，一定程度上还存在着产业结构趋同、重复建设和资源浪费等问题。

4）农村人口流动较快，加速城镇化进程，但"半城镇化"稳定性差

人口从农村向城镇迁移流动的现象是工业化、城镇化进程中的一个必然特征。安徽是农村人口大省和流动人口大省，大量农村剩余劳动力向城镇流动。其中，一部分落户于城镇而成为城镇居民，其余的农村流动人口则在城镇与农村间进行候鸟式的"迁徙"流动。由于受城乡二元体制分割等限制，进入城镇的农村流动人口虽然从事着非农产业，

但相当多的流动人口没有稳定的住所和就业岗位，工资较低。这部分流动人口仅能获得城镇化过程带来的初次分配福利，而不能享受城镇住房、社保医疗、子女教育和其他福利，难以获得市民化待遇，故其返乡率较高。可见，依托农村人口流动所推动的城镇化，即所谓的"半城镇化"，缺乏必要的稳定性，城镇对农村流动人口的吸收和承载能力较差。2012年，按城镇非农业户籍人口计算的安徽城镇化率仅为22.9%，只相当于按城镇常住人口计算的城镇化率的一半。

2. 城镇化效率相关概念

效率是用来衡量投入与产出或者成本与收益之间的对比关系，涵盖了评价对象市场竞争能力、资源配置好坏、投入产出情况及可持续发展能力的各项指标。在城镇化过程中，劳动力、资本等生产要素向城镇集聚。而城镇作为一个多层次、多结构的生产系统，则将利用这些生产要素进行生产，并通过内外部交流促进城镇发展，从而使城镇空间区域结构趋于扩大和完善，产业、产品和技术等经济结构升级，居民生活方式和质量得以改善。城镇系统在城镇化过程中的各种形式产出与其生产要素投入之间的对比关系即为城镇化效率。本章所提到的城镇化效率具体是指在城镇化过程当中，以城镇作为生产运行的载体和经济综合体，以城镇化进程作为生产过程，通过人力、财力、土地等资源的集聚和投入，促进人口、经济、空间和社会等各层面的城镇化发展，而中间资源投入和社会发展的过程，可以通过技术效率对其发展的质量进行评估，从投入产出角度对城镇化过程中城市运行效率进行评价。

本章在考察安徽省城镇化过程中城市运行效率时，将废水、废气等污染指标作为城镇化过程中的"有害"投入，从人口、经济、空间、社会四个层面研究有无环境约束的城镇化效率，然后从时间和空间两个维度来对比分析在有无环境约束的不同模型下我国城镇化效率的差异。

(1) 环境约束。环境约束主要体现在生态环境对生产最大化的影响，即环境质量对生产系统中生产要素投入产出效率产生的影响。若将环境质量当做一种正常物品，好的环境质量可以提升福利水平，而不好的环境质量则会降低福利水平。环境作为是一种公共"物品"，其约束形式主要表现在政策的干预上，如环境污染税收、环境污染管制及其他环境保护政策。本章中的环境约束是指在城镇化过程中，为了保护或改善城镇环境质量，对城镇环境污染排放进行约束和管制，其强弱程度通过城镇企业或家庭等微观主体间接反映到城镇化效率的约束强度上。不考虑环境约束的城镇化，仅仅受到传统发展所需的资源、人力、资金等投入和产出约束，而这种不考虑环境约束的生产方式会带来环境破坏日益严重、生产不可持续的恶果。环境约束下的城镇化，对传统城镇运行系统进行管制，导致城镇生产方式、产业结构、技术结构及消费模式等均向着有利于环境保护的方面改变。

(2) 人口、经济、空间和社会城镇化：①人口城镇化是指人口由农村向城镇迁移，城镇人口比重不断上升的过程。随着城镇化进程的加快，产业结构发生改变导致农村劳动生产力出现剩余，从而出现了农村人口向城镇转移的现象。在农村人口向城市积聚的过程中，其原有的生活方式发生改变，开始追求更高的生活水平和质量。人口城镇化最直接的衡量方式是城镇人口与农村人口的相对大小，或城镇人口在总人口中所占的比重。②经济城镇化是指农业经济由小农经营转化为社会化大生产的过程。在城镇化过程中，城市经济实力得到提升，城市产业结构得到改善和升级，城市的竞争力提高的过程，也是体现城镇工业与服务业发展壮大的过程。③空间城镇化是土地使用方式转移的过程。城市空间范围在城镇化进程中随城市用地和商业用地而逐渐扩大。从微观角度来看，空间城镇化表现为微观经济个体在追求经济利益最大化时所导致的城市空间结构的不断演变。④社会城镇化是指农村生活方式向城市生活方式的转变过程。在此过程中，城市的基础设施逐渐完善、城市生活水平逐渐提高、城市医疗教育及社会保障制度逐步健全，城市消费能力和消费支出逐渐增大。城镇化意味着农民放弃以往分散的农业社会生产生活方式，迁移到城镇中，从已有的主要以各自解决自家生活必需品的生活方式向集体供给公共用品和公共事业的生活方式转变，意味着人们的生活方式由农村生活向城市社区生活转变的全部过程。

本章以城镇化效率为研究对象，着眼于通过完善城镇化质量相关评价体系，探索纳入环境因素的城镇化效率，以期转变城镇化方式，加强城镇化发展和资源环境的协调性，实现经济、社会与资源环境的可持续发展，提高城镇化质量，建立资源节约型和环境友好型社会。

3. 国内外研究现状

自 1957 年 Solow 首次使用索洛余值法度量全要素生产率以来，针对区域经济增长和产业发展效率的研究与日俱增(Färe et al, 1994)，城市运行效率和生产率研究也逐渐成为国内外学者关注的问题。国外的相关研究中，从劳动效率的角度出发，Alonso (1971)研究了城市效率与城市规模之间的关系，在城市收益和成本的分析框架下，论证了最优城市规模是存在的；Sveikauskas(1975)分析了城市规模增大对城市生产率的静态和动态影响，认为城市规模每增加一倍，劳均产出将增加 5 198％；Prud'homme 和 Lee (1999)使用劳动生产率表示城市效率，评价了 23 个法国城市的效率，并考察了城市规模、工作地点与居所的平均距离及要素流动速度对城市效率的影响。从投入产出效率角度，Charnes 等(1989)应用 DEA 模型分析了 1983 年和 1984 年中国 28 个重要城市的城市经济效率，证实了 DEA 方法是一种可行的城市效率研究方法，并指出其他产出指标，如生活质量等，应纳入城市效率评价框架中来，而不应仅仅局限于经济因素。Zhu(1998)在 Charnes 等(1989)的研究基础上，比较了 DEA 方法和主成分分析法在评估中国城市经济绩效中的适用性和互补性。Byrnes 和 Storbeck (2000) 更进一步地将前述 28 个中国城市分为 4 个地区，将城市经济发展效率分解为区际合作效率收益、区内合作效率收益和区内城市相对效率，结论证实区域城市合作产生了效率收益。

国内学者针对城市效率的研究包括，李博之(1987)将城市效率分为城市经济效率、城市居住效率、城市运行效率和城市环境效率。王嗣均(1994)提出的衡量城市效率的六项指标方法在后来的研究中得到了广泛运用。而从投入产出角度研究城市效率的研究最为丰富，DEA 方法得到普遍运用，探讨城市技术效率和全要素生产率变动是该类研究关注的主要问题。然而，目前在该类研究中，投入产出指标的选取存在较大的随意性，许多指标，如财政支出、固定资产投资等为当年的流量指标，而真正起作用的却是相应指标的累积存量；社会消费品零售总额、职工工资总额等在有的研究中为投入指标，而在其他某些研究中却作为产出指标出现。产出指标或多或寡，GDP 是最常用的产出指标，人均 GDP、财政预算收入、工业总产值、工商税收总额等也曾被作为产出指标，很难统一。也有学者采用随机前沿模型进行城镇化效率研究，如侯强等（2008）对辽宁省14 个城市的城镇化效率进行了评价。已有的关于城镇化效率的研究，多侧重于个体差异分析，针对城镇化效率影响因素的研究则相对较少。李郇等（2005）对城镇化效率影响因素的分析是基于利用效率、纯技术效率和规模效率的高低来判断的。郭腾云和董冠鹏（2009）研究了特大城市空间紧凑度对城镇化效率的影响。戴永安（2010）从人口、经济和社会角度研究了中国的城镇化效率，考察了其时空演变和影响因素。而梁超（2013）在戴永安（2010）的基础上增加了社会城镇化效率，并从有无环境约束的角度分别进行了研究。总之，现有的研究中城镇化效率的范畴多局限于城市的经济效率，片面强调了城市的生产功能，缺乏对人口迁移、城市宜居性、消费等社会功能的分析。虽然近期许多关于城市效率的研究日益具体到城市单位，但是其实质只是样本数量的扩大，研究的内容仍然是某个区域的整体经济效率，并没有以城市市辖区范围内的城市系统为研究对象展开研究，这样很难排除城市外围次级城镇单位对城镇化效率评价的影响。已有的研究在方法上过于依赖 DEA 方法，局限于静态研究，无法把握城镇化效率的动态趋势。笔者认为，城镇化效率研究应区别于包括城市及其所有外围地域的区域整体效率研究，而应集中在城市系统本身上。因此，城镇化效率研究要准确界定研究地域范围，从多个角度展开，将动态研究和区域对比相结合，探讨城镇化效率的时空演变趋势和影响因素，这样得到的结论才能更加准确。

4.3.2 随机前沿分析

随机前沿分析（stochastic frontier analysis，SFA）方法来源于对生产函数的最优化研究，并逐渐得到发展。该方法最早出现在几乎同时发表的两篇论文上，一篇的作者是Meeusen 和 van den Broeck（1977），另一篇晚于其一个月发表，是 Aigner 等（1977）将他们先前发表的两篇文章汇总而成的。早期随机前沿分析方法将复合残差项应用于生产前沿模型中，其基本模型为

$$Y_i = f(\boldsymbol{X}_i, \boldsymbol{\beta}) \exp(v_i - u_i), \quad i = 1, 2, \cdots, n \tag{4-10}$$

其中，Y_i 代表第 i 个评价单元的产出；$\boldsymbol{X}_i$ 代表第 i 个评价单元的投入向量；$\boldsymbol{\beta}$ 为变量的系数向量；v_i 表示外部环境因素对生产影响的随机变量，是评价单元所不能控制的，称为系统性误差项，且有 $v_i \sim N(0, \sigma_v^2)$；$u_i \geq 0$，为单边误差项，用来对技术非有效性进行衡量，反映了实际生产状况与随机前沿边界的差值。若实际生产值的位置位于生产前沿面上，则技术非有效为 0，即 $u_i = 0$；若实际生产值低于生产前沿面，则 $u_i > 0$。在对 u_i 的假设中，已有研究存在一定差异。例如，Meeusen 和 van den Broeck（1997）假设其服从指数分布，而 Battese 和 Corra（1977）的研究则假设 u_i 服从半正态分布，Aigner 等（1977）在综合以上研究后同时考虑了指数分布和半正态分布。模型中存在参数 β、σ_v^2、σ_u^2，需要估计，对于技术非有效性均值可通过极大似然估计法得出估计值，若假设其服从指数分布，则 $E(-u) = -\sigma_u$，若假设其服从半正态分布，则 $E(-u) = -(2/\pi)^{1/2} \sigma_u^2$。与此同时，随机干扰会对产出产生影响，并将随机因素对产出的影响与

技术无效项相分离。对模型变量两边取对数并对生产函数采用柯布-道格拉斯方程，则随机前沿模型可以写为

$$\ln y_i = \beta_0 + \sum_{i=1}^{n} \beta_n \ln x_{ni} + v_i - u_i \tag{4-11}$$

若评价单元各变量受时间影响，各单元技术效率发生改变，为了更好地考虑技术效率的时变性，则对式(4-11)纳入时间变量 t，可得

$$\ln y_{it} = \beta_{0t} + \sum_{i=1}^{n} \beta_n \ln x_{nit} + v_{it} - u_{it} \tag{4-12}$$

Corwell 等(1990)和 Kumbharkar(1990)最早提出用面板数据随机生产边界模型来估计时变技术有效性，并逐步运用于 DMU 时间纵向的面板动态评价当中。后续研究逐渐意识到技术效率的产出变量不仅受到投入变量的影响，同时也受到生产环境的干扰，即除投入变量和产出变量外，存在外生环境变量对技术效率产生影响。一些学者对外生环境变量如何影响投入产出及生产效率进行了研究，主要方法有以下几种。

第一种，将环境因素作为准投入因素处理，即

$$\ln \mathbf{y}_i = \ln f(\mathbf{x}_i, \ \mathbf{z}_i, \ \boldsymbol{\beta}) + v_i - u_i \tag{4-13}$$

其中，i 表示第 i 个生产评价对象；$\mathbf{x}_i$ 和 y_i 分别表示第 i 个生产评价对象的投入向量和产出；$\mathbf{z}_i$ 表示生产的外生环境影响因素；$\boldsymbol{\beta}$ 表示外生环境影响因素 $\mathbf{z}_i$ 和投入向量 $\mathbf{x}_i$ 的系数向量。此模型中，外生环境变量通过影响由投入向量与产出向量所形成的生产边界结构来影响生产，对技术效率并不产生直接的影响，而且该模型对效率变化的原因并未给出解释。

第二种，受限因变量估计。该方法假设的是外生环境变量直接影响技术效率，而不是影响生产边界结构。该方法的实现步骤可分为两步。

步骤一，不考虑外生环境影响因素 $\mathbf{z}_i$，模型为

$$\ln y_i = \ln f(\mathbf{x}_i, \ \boldsymbol{\beta}) + v_i - u_i \tag{4-14}$$

在对模型(4-14)中的系统性误差项和单边误差项的分布和独立性进行假设后，采用最大似然估计法对参数进行估计，之后运用混合误差分解方法(简称 JLMS 技术)对回归残差进行分解。

步骤二，在选取好外生变量之后，对技术效率进行回归，得

$$E(u_i \mid v_i - u_i) = g(\mathbf{z}_i, \ \boldsymbol{\gamma}) + \varepsilon_i \tag{4-15}$$

其中，$\varepsilon_i \sim iidN(0, \ \sigma_\varepsilon^2)$，$\boldsymbol{\gamma}$ 为待估计的参数向量。由于效率值 TE 的取值范围是 $[0, 1]$，故不能直接对其采用 OLS 估计，但可通过采用受限因变量估计法(如 Tobit 回归)来分析外生环境影响因素对效率的影响。此方法能够直接分析外生环境影响因素对效率的影响，但该方法在应用时存在前后假设矛盾，如随机前沿模型中假设的是无效率项同分布，这与步骤二中假设效率项随着外生环境影响因素 $\mathbf{z}_i$ 变化存在相互矛盾，同时外生环境影响因素与投入变量在模型中需假设两者不存在自相关性，但是往往两者是相关的，这也存在一定矛盾。

第三种，一步估计法。在不能确定外生环境影响因素 $\mathbf{z}_i$ 和投入变量属于何种情况时，需要研究者根据研究对象进行判断并做出选择；也可在两个地方同时加入时间趋势

变量，进行简单替代，同时通过时间趋势对技术效率的动态变化进行捕捉。

4.3.3 安徽省城镇化效率分析

本小节将从人口、经济、空间和社会四个层面考察安徽省城镇化效率。首先研究在传统生产要素（劳动、资本和土地）投入下无环境约束的城镇化效率；其次将废水、废气等污染指标作为城镇化过程中的"有害"投入纳入生产函数模型，研究有环境约束的城镇化效率；最后从时间和空间两个维度对比分析无环境约束和有环境约束的安徽省城镇化效率的差异。

1. 无环境约束的城镇化效率

1）评价指标及模型的设定

本小节首先对不同层面的城镇化效率设定不同的生产函数形式，其次运用随机前沿模型对 2005～2012 年安徽省各地市的效率值进行测度。对人口城镇化、经济城镇化和社会城镇化采用超越对数形式的随机前沿效率评价方法，其模型如下：

$$\ln y_{it} = \beta_0 + \beta_1 \ln L_{it} + \beta_2 \ln K_{it} + \beta_3 \ln A_{it} + \beta_4 t + \frac{1}{2}\beta_5 t^2 + \beta_6 \ln L_{it} \ln K_{it}$$

$$+ \beta_7 \ln L_{it} \ln A_{it} + \beta_8 \ln K_{it} \ln A_{it} + \frac{1}{2}\beta_9 (\ln L_{it})^2 + \frac{1}{2}\beta_{10}(\ln K_{it})^2 + \frac{1}{2}\beta_{11}(\ln A_{it})^2$$

$$+ \frac{1}{2}\beta_{11}(\ln A_{it})^2 + \beta_{12} t \ln L_{it} + \beta_{13} t \ln K_{it} + \beta_{14} t \ln A_{it} + v_{it} - u_{it}$$

$$(4\text{-}16)$$

对于空间城镇化效率的测度，本章采用加入时间趋势项的对数柯布-道格拉斯生产函数模型，其表达式如下：

$$\ln y_{it} = \beta_0 + \beta_1 \ln L_{it} + \beta_2 \ln K_{it} + \beta_3 \ln A_{it} + \beta_4 t + v_{it} - u_{it} \qquad (4\text{-}17)$$

其中，y_{it} 表示各评价单元各年在人口、经济、社会和空间层面的城镇化产出值；K_{it}、L_{it}、A_{it} 分别表示城镇化过程中资本、劳动力和土地资源的投入；t 为时间趋势项；β 为各变量的待估参数。无环境约束下的投入产出变量如表 4-9 所示。

表 4-9　无环境约束下的投入产出变量

产出变量	投入变量
人口城镇化：非农业劳动人口/总人口	人力：非农业劳动人口
经济城镇化：非农产业生产总值/生产总值	资本：城镇固定资产投资
社会城镇化：人均社会消费品零售总额	土地：市建成区面积
空间城镇化：市建成区面积/市辖区面积	

2）城镇化效率值测算结果分析

利用 2005～2012 年安徽省 16 个城市共计 128 个样本的面板数据，对不同层面的城镇化效率设定不同形式的生产函数，运用 R 软件对城镇化效率进行一步法估计。四个随机前沿生产函数模型的因变量分别为人口城镇化、经济城镇化、社会城镇化和空间城镇化。从表 4-10 中的估计结果可以看出，四个模型中的 σ^2、γ 均显著的大于 0，这说明安徽省城镇化过程中，生产函数存在技术无效率，并且技术无效率对产出存在显著影响。另外，从似然比检验结果可以看出，检验结果均为显著的，这进一步说明随机前沿分析的合理性。

表 4-10 无环境约束下随机前沿函数回归结果

地区	模型 1 （人口城镇化）		模型 2 （经济城镇化）		模型 3 （社会城镇化）		模型 4 （空间城镇化）	
	系数	t 值	系数	t 值	系数	t 值	系数	t 值
con tan$t$	1.952	0.786	14.22	2.851	−8.428	−0.595	−3.736	−4.746
$\ln L$	0.524	1.282	−0.307	−0.362	−4.963	−2.615	−0.391	−3.662
$\ln K$	−0.457	−1.067	−0.723	−0.911	2.571	1.055	−0.055	−0.727
$\ln A$	−0.394	−0.756	−2.165	−2.078	−0.252	−0.121	1.026	10.972
t	0.195	1.703	0.842	3.744	−0.342	−0.526	0.014	0.637
$t^2/2$	−0.0096	0.029	0.028	4.557	0.037	1.976	—	—
$\ln L \times \ln K$	−0.008	−2.712	−0.039	−0.690	0.383	2.342		
$\ln L \times \ln A$	−0.171	−3.129	−0.104	−1.068	−0.095	−0.342		
$\ln K \times \ln A$	−0.084	2.116	0.235	3.039	0.168	0.978		
$(\ln L)^2/2$	0.228	4.312	0.302	2.896	−0.043	−0.170		
$(\ln K)^2/2$	−0.041	0.991	0.005	0.069	−0.342	−1.508		
$(\ln A)^2/2$	0.035	0.589	−0.079	−0.742	−0.272	−0.870		
$t \times \ln L$	0.017	2.026	0.017	1.038	−0.005	−0.119		
$t \times \ln K$	−0.019	−1.98	−0.055	−2.891	0.067	1.159		
$t \times \ln A$	−0.002	0.197	−0.045	−2.075	−0.152	−3.372		
σ^2	0.419	2.904	1.696	2.076	0.544	2.646	1.278	2.582
γ	0.998	1321	0.998	1266	0.953	47.87	0.982	125.66
对数似然值	216.37		143.09		21.99		19.86	
似然比检验	318.51		203.41		131.94		235.12	
样本数	128		128		128		128	
效率平均值	0.6141		0.4045		0.618		0.486	

　　无环境约束下人口城镇化效率值的测度结果如表 4-11 所示。总体来看，安徽省人口城镇化的技术效率整体水平不高。2005~2012 年的平均水平仅为 0.6141，存在 40% 左右的效率损失，说明安徽省在城镇化的过程中并没有充分利用城镇化带来的人口向城镇迁移的优势来提高城镇化效率，实际人口迁移量与前沿生产面的距离较大，即在当前的城市发展水平下，利用给定的要素投入，通过改善城市人口结构、组织效率和管理水平等，可以使城市的响应目标产出提高 30%。从人口城镇化效率的变动趋势看，安徽省各城市人口城镇化的技术效率总体上呈上升趋势，并且技术效率低的城市，其效率改善速度高于技术效率高的城市。从各城市技术效率差距的角度看，安徽省各城市人口城

镇化效率极差由 2005 年的 0.702 8 下降到 2012 年的 0.673 9，这表明各地区的技术效率差距正在缩小，具有趋同的趋势。从各城市的角度分析，人口城镇化技术效率呈现分化的趋势，从总体上可以将安徽省各地市分为三个层次。第一层次为淮南、铜陵、芜湖、合肥和淮北，其人口城镇化效率值较大，2005～2012 年平均效率值均超过了 0.85，这表明这些城市在城市人口结构、组织效率等方面做的比较完善。第二层次为马鞍山、蚌埠、滁州和安庆，这些城市的人口城镇化效率平均值在 0.6 左右，与第一层次的差距较大。其他为第三层次，在这一层次中各城市的年均效率值均未达到 0.5，说明这些城市在提升人口城镇化效率方面还存在着巨大潜力。因此，在城镇化人口迁移过程中，要注重培育就业环境，合理调配人口，充分提高组织效率和管理效率。

表 4-11　无环境约束下人口城镇化效率值的测度结果

地区	2005 年	2006 年	2007 年	2008 年	2009 年	2010 年	2011 年	2012 年	地区平均	排序
合肥	0.887 4	0.889 5	0.891 5	0.893 5	0.895 4	0.897 4	0.899 2	0.901 1	0.894 4	4
淮北	0.858 6	0.861 2	0.863 7	0.866 1	0.868 5	0.870 9	0.873 2	0.875 5	0.867 2	5
亳州	0.263 0	0.269 9	0.276 8	0.283 8	0.290 8	0.297 8	0.304 9	0.311 9	0.287 4	16
宿州	0.325 9	0.333 0	0.340 2	0.347 4	0.354 5	0.361 7	0.368 9	0.376 1	0.351 0	14
蚌埠	0.578 4	0.584 6	0.590 7	0.596 7	0.602 7	0.608 6	0.614 5	0.620 3	0.599 6	7
阜阳	0.322 7	0.329 9	0.337 0	0.344 2	0.351 4	0.358 5	0.365 7	0.372 9	0.347 8	15
淮南	0.983 8	0.984 2	0.984 5	0.984 8	0.985 0	0.985 3	0.985 6	0.985 9	0.984 9	1
滁州	0.550 8	0.557 2	0.563 5	0.569 8	0.576 1	0.582 2	0.588 4	0.594 4	0.572 8	8
六安	0.361 7	0.368 9	0.376 1	0.383 2	0.390 4	0.397 6	0.404 7	0.411 9	0.386 8	13
马鞍山	0.737 1	0.741 5	0.745 8	0.750 0	0.754 2	0.758 3	0.762 4	0.766 4	0.752 0	6
芜湖	0.925 0	0.926 4	0.927 7	0.929 1	0.930 4	0.931 7	0.933 0	0.934 2	0.929 7	3
宣城	0.454 1	0.461 1	0.468 1	0.475 0	0.481 9	0.488 7	0.495 6	0.502 3	0.478 4	11
铜陵	0.970 3	0.970 9	0.971 4	0.972 0	0.972 5	0.973 0	0.973 5	0.974 0	0.972 2	2
池州	0.389 8	0.397 0	0.404 1	0.411 3	0.418 4	0.425 5	0.432 6	0.439 7	0.414 8	12
安庆	0.480 8	0.487 6	0.494 5	0.501 2	0.508 0	0.514 7	0.521 3	0.527 9	0.504 5	9
黄山	0.457 4	0.464 4	0.471 3	0.478 3	0.485 1	0.492 0	0.498 8	0.505 5	0.481 6	10
年度平均	0.596 7	0.601 7	0.606 7	0.611 6	0.616 6	0.621 5	0.626 4	0.631 3	0.614 1	—
极差	0.720 8	0.714 3	0.707 6	0.701 0	0.694 3	0.687 5	0.680 7	0.673 9	—	—

　　无环境约束下经济城镇化效率值的测度结果如表 4-12 所示。总体来看，安徽省经济城镇化效率整体水平较低，2005～2012 年平均水平仅为 0.404 5，且地区之间差异较大，如合肥的经济城镇化效率平均值为 0.974 7，而亳州的经济城镇化效率平均值仅为 0.174 9，这表明安徽省由城镇化所带来经济增长的效应并未均衡发挥，部分地区非农实际产出与生产前沿面还有一定的距离，因此，安徽省在经济发展过程中应注重调整产业结构，从内部挖掘经济增长的潜力，避免过分依靠增加外部投入。从变动趋势的角度来看，安徽省各城市的经济城镇化效率均呈现出下降的趋势。这可能是由于 2008 年的金融危机对实体经济产生冲击并对我国进出口造成了影响，由此影响了安徽省工业和服

务业在城镇化过程中的快速发展。从各地区的角度分析可以看出，安徽省的经济城镇化效率水平地区差异较大，我们可以将安徽省各地市分为三个层次。第一层次为合肥、马鞍山和芜湖，这三个城市的经济城镇化效率年均值均在 0.7 以上，为效率较高的区域，尤其是合肥，其年均值达到了 0.974 7，这表明合肥在既定的投入条件下，实际产出与生产前沿面基本吻合。第二层次为铜陵、淮南、淮北和蚌埠，该层次城市的经济城镇化效率年均值在 0.5 左右，为效率较低的区域，实际产出与前沿面产出的距离较大。这一层次的城市应注重技术效率潜力的开发，力争在一定投入的条件下，使实际产出向生产前沿面靠近，同时增加资源的投入。第三层次为安庆、宿州、滁州、黄山、宣城、池州、六安、阜阳和亳州，该层次的城市较多，为经济城镇化效率最低的区域。它们的共同点是经济城镇化效率年均值均处于 0.404 5 的平均水平以下，最小的仅为 0.174 9。这表明这些城市实际产出与生产前沿面之间存在着相当大的距离，技术无效严重影响了实际产出，因此，在城镇化过程中应注重提高资源的利用率。

表 4-12　无环境约束下经济城镇化效率值的测度结果

地区	2005 年	2006 年	2007 年	2008 年	2009 年	2010 年	2011 年	2012 年	地区平均	排序
合肥	0.976 8	0.976 2	0.975 6	0.975 0	0.974 4	0.973 8	0.973 2	0.972 5	0.974 7	1
淮北	0.499 3	0.490 7	0.482 0	0.473 3	0.464 5	0.455 7	0.446 8	0.437 9	0.468 8	6
亳州	0.201 7	0.193 8	0.186 0	0.178 3	0.170 8	0.163 4	0.156 2	0.149 1	0.174 9	16
宿州	0.313 7	0.304 8	0.295 8	0.287 0	0.278 1	0.269 4	0.260 7	0.252 0	0.282 7	9
蚌埠	0.434 9	0.426 0	0.417 0	0.407 9	0.398 9	0.389 8	0.380 7	0.371 7	0.403 4	7
阜阳	0.213 5	0.205 4	0.197 5	0.189 6	0.181 9	0.174 3	0.166 8	0.159 5	0.186 1	15
淮南	0.505 6	0.497 1	0.488 5	0.479 8	0.471 1	0.462 3	0.453 4	0.444 5	0.475 3	5
滁州	0.268 5	0.259 8	0.251 2	0.242 7	0.234 2	0.225 9	0.217 6	0.209 5	0.238 7	10
六安	0.237 9	0.229 5	0.221 2	0.213 0	0.204 9	0.196 9	0.189 1	0.181 4	0.209 2	14
马鞍山	0.825 9	0.822 0	0.818 0	0.813 9	0.809 7	0.805 4	0.801 1	0.796 7	0.811 6	2
芜湖	0.756 5	0.751 3	0.745 9	0.740 5	0.734 9	0.729 3	0.723 5	0.717 7	0.737 5	3
宣城	0.242 5	0.234 0	0.225 7	0.217 4	0.209 3	0.201 3	0.193 4	0.185 6	0.213 6	12
铜陵	0.556 1	0.548 0	0.539 8	0.531 5	0.523 2	0.514 8	0.506 3	0.497 7	0.527 2	4
池州	0.238 9	0.230 5	0.222 2	0.214 0	0.205 9	0.197 9	0.190 1	0.182 3	0.210 2	13
安庆	0.371 5	0.362 4	0.353 3	0.344 2	0.335 1	0.326 1	0.317 1	0.308 1	0.339 7	8
黄山	0.248 3	0.239 8	0.231 4	0.223 1	0.214 9	0.206 8	0.198 8	0.190 9	0.219 3	11
年度平均	0.430 7	0.423 2	0.415 7	0.408 2	0.400 7	0.393 3	0.385 9	0.378 6	0.404 5	—
极差	0.775 1	0.782 4	0.789 6	0.796 7	0.803 6	0.810 4	0.817 0	0.823 4	—	—

无环境约束下社会城镇化效率值的测度结果如表 4-13 所示。社会城镇化效率总体保持平稳微弱上升趋势，2005～2012 年安徽省社会城镇化效率年均值为 0.618 7。近年来，安徽省经济增速较快，人均收入水平有所提高，但是收入的提高并未带来生活水平

的显著改善，这可能也与本章对社会城镇化效率研究采用的是社会消费品零售总额的指标有关。在国内消费不足、社会保障制度不完善的条件下，社会通过扩大消费提高生活质量的意愿并不强烈，因此扩大消费不仅是安徽省需努力的方向，同时也是全国需努力的方向。从变动趋势角度分析，安徽省各市的社会城镇化效率均呈上升趋势，这可能与安徽省重视居民消费需求，出台了一系列刺激消费的政策措施，促进了包括商贸流通业在内的服务业的快速发展有关；同时，居民收入的稳步增长为扩大消费提供了重要的基础动力。另外，安徽省大型商贸企业数量持续增加，网点不断健全，也为繁荣消费品市场、满足居民消费需求起到了举足轻重的作用。从各城市角度分析，社会城镇化效率的区域差异较大。安徽省社会城镇化效率年均值超过 0.9 的城市分别是蚌埠、铜陵、合肥和安庆，表明这些城市在现有的资源投入和技术条件下，市辖区人均社会消费品零售额与前沿面的差距很小，其工作重点应是增加资源投入，改善技术条件，使生产前沿面上移。而处于总体平均效率值以下的城市较多，六安的社会城镇化效率年均值最小，仅为 0.245 6，与合肥相差 0.7 左右。这类城市在现有的资源投入和技术条件下，市辖区人均社会消费品零售额与生产前沿面的差距较大，其工作重点应是充分发挥城镇化过程中的技术潜力，使实际产出向生产前沿面靠近，而不是盲目增加资源投入。

表 4-13 无环境约束下社会城镇化效率值的测度结果

地区	2005 年	2006 年	2007 年	2008 年	2009 年	2010 年	2011 年	2012 年	地区平均	排序
合肥	0.913 4	0.914 1	0.914 7	0.915 3	0.915 9	0.916 6	0.917 2	0.917 8	0.915 6	3
淮北	0.415 9	0.418 8	0.421 7	0.424 5	0.427 4	0.430 2	0.433 1	0.435 9	0.425 9	12
亳州	0.330 1	0.333 0	0.335 9	0.338 7	0.341 6	0.344 5	0.347 4	0.350 3	0.340 2	14
宿州	0.259 0	0.261 8	0.264 5	0.267 3	0.270 1	0.272 9	0.275 6	0.278 4	0.268 7	15
蚌埠	0.944 1	0.944 5	0.945 0	0.945 4	0.945 8	0.946 2	0.946 6	0.947 0	0.945 6	1
阜阳	0.441 0	0.443 8	0.446 7	0.449 5	0.452 3	0.455 1	0.457 9	0.460 7	0.450 9	9
淮南	0.435 5	0.438 3	0.441 1	0.444 0	0.446 8	0.449 6	0.452 5	0.455 3	0.445 4	10
滁州	0.758 3	0.760 0	0.761 6	0.763 2	0.764 8	0.766 4	0.768 0	0.769 6	0.764 0	7
六安	0.236 1	0.238 8	0.241 5	0.244 2	0.246 9	0.249 6	0.252 3	0.255 1	0.245 6	16
马鞍山	0.875 1	0.876 0	0.876 9	0.877 8	0.878 7	0.879 6	0.880 5	0.881 3	0.878 3	5
芜湖	0.812 8	0.814 1	0.815 4	0.816 7	0.818 0	0.819 3	0.820 5	0.821 8	0.817 3	6
宣城	0.431 3	0.434 2	0.437 0	0.439 9	0.442 7	0.445 5	0.448 4	0.451 2	0.441 3	11
铜陵	0.914 4	0.915 1	0.915 7	0.916 3	0.916 9	0.917 5	0.918 2	0.918 8	0.916 6	2
池州	0.375 7	0.378 5	0.381 4	0.384 3	0.387 2	0.390 1	0.393 0	0.395 9	0.385 0	13
安庆	0.901 7	0.902 4	0.903 1	0.903 9	0.904 6	0.905 3	0.906 0	0.906 7	0.904 2	4
黄山	0.748 2	0.749 9	0.751 6	0.753 3	0.754 9	0.756 6	0.758 2	0.759 9	0.754 1	8
年度平均	0.612 0	0.614 0	0.615 9	0.617 8	0.619 7	0.621 6	0.623 5	0.625 4	0.618 7	—
极差	0.708 0	0.705 8	0.703 5	0.701 2	0.698 9	0.696 6	0.694 3	0.691 9		

　　无环境约束下空间城镇化效率值的测度结果如表 4-14 所示。总体上安徽省空间城镇化效率年均值在 0.5 左右，较低，其原因一方面可能是我国在土地流转方面的制度和政策不完善造成了城镇化过程中征地效率的低下；另一方面可能是因为安徽省建成区主要是用于以工业开发区为主体的生产建设用地，为既有城市居民住房改善的生活用地及基础设施用地，而流动人口无法享受政府所提供的经济适用房和廉租房，从而造成空间与人口城镇化之间的不协调。从变动趋势看，安徽省各城市的空间城镇化效率值均呈微弱上升趋势，空间城镇化的扩展主要是由于房地产市场的开放建设和基础设施的投资。近年来安徽省城市土地扩展明显，城镇发展所需的人力、财力和资源的前期积累与投入带来了城市经济的迅速发展和城市建设面积的扩展。从各城市的角度分析，空间城镇化效率同样呈分化的趋势。由排序结果可以看出，安徽省空间城镇化效率最高的城市为铜陵，其空间城镇化效率平均值为 0.936 0，空间城镇化效率最低的城市为黄山，其空间城镇化效率平均值为 0.153 0，两者之间差距较大。另外，空间城镇化效率平均值超过 0.9 的城市还有马鞍山和合肥，这类城市在城镇化的过程中充分发挥了现有资源和技术的作用，实际产出与生产前沿面的差距较小，在以后的发展中应在增加资源投入的同时注重技术创新，着力使生产前沿面上移。而那些空间城镇化效率低于总体平均水平的九个城市，应注重完善土地流转各方面的制度和政策，使空间城镇化和人口城镇化之间相协调，力争增加在现有资源和技术水平条件下的实际产出。

表 4-14　无环境约束下空间城镇化效率值的测度结果

地区	2005 年	2006 年	2007 年	2008 年	2009 年	2010 年	2011 年	2012 年	地区平均	排序
合肥	0.901 1	0.902 1	0.903 1	0.904 1	0.905 1	0.906 1	0.907 1	0.908 0	0.904 6	3
淮北	0.541 2	0.544 9	0.548 5	0.552 1	0.555 8	0.559 4	0.563 0	0.566 5	0.553 9	7
亳州	0.236 2	0.239 9	0.243 7	0.247 6	0.251 4	0.255 3	0.259 1	0.263 0	0.249 5	11
宿州	0.185 2	0.188 7	0.192 2	0.195 7	0.199 2	0.202 8	0.206 4	0.210 0	0.197 5	12
蚌埠	0.781 6	0.783 7	0.785 8	0.787 9	0.790 0	0.792 0	0.794 0	0.796 0	0.788 9	5
阜阳	0.365 1	0.369 2	0.373 3	0.377 3	0.381 4	0.385 5	0.389 5	0.393 6	0.379 4	9
淮南	0.269 2	0.273 1	0.277 0	0.281 0	0.284 9	0.288 9	0.292 9	0.296 9	0.283 0	10
滁州	0.365 4	0.369 5	0.373 6	0.377 6	0.381 7	0.385 7	0.389 8	0.393 9	0.379 7	8
六安	0.152 4	0.155 6	0.158 8	0.162 1	0.165 4	0.168 7	0.172 0	0.175 4	0.163 8	14
马鞍山	0.922 2	0.923 0	0.923 8	0.924 6	0.925 4	0.926 2	0.926 9	0.927 7	0.925 0	2
芜湖	0.707 7	0.710 4	0.713 0	0.715 7	0.718 3	0.720 9	0.723 5	0.726 1	0.717 0	6
宣城	0.178 1	0.181 5	0.184 9	0.188 4	0.191 9	0.195 4	0.199 0	0.202 5	0.190 2	13
铜陵	0.933 6	0.934 3	0.935 0	0.935 7	0.936 4	0.937 0	0.937 7	0.938 4	0.936 0	1
池州	0.145 9	0.149 0	0.152 2	0.155 4	0.158 6	0.161 8	0.165 1	0.168 4	0.157 1	15
安庆	0.790 6	0.792 7	0.794 7	0.796 7	0.798 7	0.800 6	0.802 6	0.804 5	0.797 6	4
黄山	0.142 0	0.145 1	0.148 2	0.151 3	0.154 5	0.157 7	0.161 0	0.164 2	0.153 0	16
年度平均	0.476 1	0.478 9	0.481 7	0.484 6	0.487 4	0.490 3	0.493 1	0.496 0	0.486 0	—
极差	0.791 7	0.789 3	0.786 8	0.784 4	0.781 9	0.779 3	0.776 7	0.774 1	—	—

总体来看，合肥、马鞍山、芜湖和铜陵在城镇化过程中人口、经济、社会和空间城镇化效率均较高。

2. 有环境约束的城镇化效率

1) 评价指标及模型的设定

随着环境污染的日益严重，城镇化过程中的城镇化质量问题逐渐成为社会关注的焦点。环境污染是城镇化质量提高的重要障碍，但在城镇化过程中污染物的排放是不可避免的。污染物的排放，需要环境来容纳，且排放越多，对环境危害越大，用来容纳污染物的环境需要的投入也越多。我们可通过研究污染物排放与城镇化效率之间的关系，控制污染物排放量以减少其对环境的污染。许多研究在估算效率时是将污染看成生产模型中特殊的投入引入效率评估模型的，本章在对有环境约束的城镇化效率进行研究时，也将环境污染看成城镇化中的一种"有害"投入，将其理解为用来容纳污染物的环境投入。该投入要素在生产过程中是必需的，但可以对其投入量加以控制。有环境约束的城镇化效率评价投入产出指标如表 4-15 所示。

表 4-15　有环境约束的城镇化效率评价投入产出指标

产出变量	投入变量
人口城镇化：非农业劳动人口/总人口	人力：非农业劳动人口
经济城镇化：非农产业生产总值/生产总值	资本：城镇固定资产投资
社会城镇化：人均社会消费品零售总额	土地：市建成区面积
空间城镇化：市建成区面积/市辖区面积	环境污染：工业废气排放量

在无环境约束城镇化效率所建立的随机前沿生产模型的基础上加入环境污染物的"有害投入"变量，即可得到有环境约束的城镇化效率研究模型。

2) 有环境约束的城镇化效率测算结果分析

同样，利用 2005～2012 年安徽省 16 个城市共计 128 个样本的面板数据，对不同层面的城镇化效率采用不同形式的生产函数，运用 R 软件对安徽省的城镇化效率进行一步法估计。四个随机前沿函数模型的因变量分别为人口城镇化、经济城镇化、社会城镇化和空间城镇化。从表 4-16 中的回归结果可以看出，四个模型中的 σ^2、γ 在 10% 的显著性水平下均显著的大于 0，这说明安徽省城镇化过程中，生产函数存在技术无效率，并且技术无效率对产出存在显著影响。另外，从似然比检验结果可以看出，检验结果均为显著的，这说明随机前沿分析具有合理性。

表 4-16　有环境约束下随机前沿函数回归结果

变量	模型 1 (人口城镇化)		模型 2 (经济城镇化)		模型 3 (社会城镇化)		模型 4 (空间城镇化)	
	系数	t 值	系数	t 值	系数	t 值	系数	t 值
cons tan t	1.932	0.726	16.333 6	3.246 2	−7.330 6	−0.479 3	−3.678 8	−4.742 9
ln L	0.590	1.413	−0.072 7	−0.089 1	−4.882 0	−2.467 7	−0.392 4	−3.557 3

续表

变量	模型1 (人口城镇化)		模型2 (经济城镇化)		模型3 (社会城镇化)		模型4 (空间城镇化)	
	系数	t值	系数	t值	系数	t值	系数	t值
$\ln K$	−0.420	−0.969	−1.166 6	−1.468 1	2.350 1	0.915 1	−0.055 9	−0.759 7
$\ln A$	−0.386	−0.774	−1.889 9	−1.776 1	−0.232 1	−0.103 6	1.030 9	11.317 3
$\ln E$	−0.163	−1.560	−0.165 1	−0.788 8	−0.007 9	−0.012 6	−0.009 3	−0.527 1
t	0.233	1.886	1.075 3	4.398 9	−0.205 7	−0.277 0	0.016 5	0.779 2
$t^2/2$	0.003	0.991	0.037 3	4.841 0	0.042 1	1.952 9	—	—
$\ln L \times \ln K$	−0.084	−2.708	−0.055 2	−0.970 4	0.346 1	2.008 3	—	—
$\ln L \times \ln A$	−0.141	−2.648	−0.105 6	−1.030 5	−0.054 3	−0.181 3	—	—
$\ln K \times \ln A$	0.094	2.472	0.231 9	3.030 0	0.170 9	0.962 5	—	—
$\ln L \times \ln E$	−0.014	−2.154	0.009 3	0.694 7	0.021 1	0.513 8	—	—
$\ln K \times \ln E$	0.013	1.573	0.001 1	0.069 5	−0.010 0	−0.201 7	—	—
$\ln A \times \ln E$	0.006	0.571	0.024 2	1.245 9	0.010 2	0.163 3	—	—
$(\ln L)^2/2$	0.186	3.525	0.280 2	2.502 3	−0.012 0	−0.043 7	—	—
$(\ln K)^2/2$	0.031	0.747	0.046 8	0.625 9	−0.308 9	−1.317 7	—	—
$(\ln A)^2/2$	−0.037	0.602	−0.165 9	−1.404 2	−0.348 6	−0.951 1	—	—
$(\ln E)^2/2$	0.006	1.646	0.004 8	0.673 4	0.006 0	0.245 1	—	—
$t \times \ln L$	0.024	2.969	0.024 7	1.504 4	−0.002 5	−0.060 8	—	—
$t \times \ln K$	−0.022	−2.097	−0.074 6	−3.746 2	0.055 5	0.875 2	—	—
$t \times \ln A$	−0.001	−0.051	−0.042 2	−2.019 4	−0.146 8	−3.027 2	—	—
$t \times \ln E$	−0.006	−2.499	−0.004 0	−0.739 1	−0.004 1	−0.272 4	—	—
σ^2	0.451	2.755	1.856 4	1.922 9	0.547 4	2.409 9	1.299 7	2.553 8
γ	0.998	1 626.5	0.998 7	1 400.1	0.953 8	48.366	0.982 0	130.28
对数似然值	225.94		146.62		22.60		19.99	
似然比检验	308.62		165.8		222.56		115.01	
样本数	128		128		128		128	
城镇化效率平均值	0.612 3		0.393 3		0.618 0		0.484 3	

　　从城镇化效率时间动态变化来看(表4-17)，2005～2012年，各层面的效率值总体趋势与不考虑环境污染物评价时得出的效率大体一致，即人口、社会和空间城镇化效率值均呈缓慢增长趋势，而经济城镇化效率值呈下降趋势，说明在考虑环境污染的条件下，整体层面的城镇化效率的平均水平并未发生明显的改变。但通过对比分析有无环境约束下生产效率水平的动态变化可以发现，两者之间存在一定的差异，有环境约束下各层面的城镇化效率均低于无境约束下各层面城镇化效率，这表明将环境污染作为一种投入要素将带来城镇化效率的下降。

表 4-17　有环境约束下各层面城镇化效率年平均值

年份	人口城镇化效率年平均值	经济城镇化效率年平均值	社会城镇化效率年平均值	空间城镇化效率年平均值
2005	0.602 3	0.428 0	0.613 5	0.475 1
2006	0.605 2	0.418 0	0.614 8	0.477 7
2007	0.608 0	0.408 0	0.616 1	0.480 4
2008	0.610 9	0.398 1	0.617 4	0.483 0
2009	0.613 7	0.388 2	0.618 7	0.485 6
2010	0.616 6	0.378 4	0.620 0	0.488 3
2011	0.619 4	0.368 7	0.621 3	0.490 9
2012	0.622 2	0.359 0	0.622 6	0.493 6

　　从 2005～2012 年这 8 年在有环境约束下平均城镇化效率的空间差异来看（表 4-18），人口城镇化效率较高（大于 0.8）的城市为淮南、铜陵、芜湖、合肥和淮北；经济城镇化效率较高（大于 0.7）的城市为合肥、马鞍山和芜湖；社会城镇化效率较高（大于 0.8）的城市为蚌埠、铜陵、合肥、安庆、马鞍山和芜湖，其空间分布与人口城镇化类似，这表明人口城镇化效率与社会城镇化效率存在一定的相关性；空间城镇化效率较高（大于 0.8）的城市为铜陵、马鞍山与合肥。由此可见，各层面的城镇化效率值在空间分布上存在着一定的聚集性，安徽省总体城镇化效率以合肥、马鞍山、芜湖、铜陵等地较高。另外，人口、经济、社会和空间城镇化效率在安徽省各地市间差异较大，最大差距分别为 0.705 4、0.805 2、0.692 9 和 0.785 2。

表 4-18　安徽省各地市的各层面城镇化效率平均值及其排名

地市	人口城镇化效率平均值	排名	经济城镇化效率平均值	排名	社会城镇化效率平均值	排名	空间城镇化效率平均值	排名
合肥	0.917 8	4	0.975 2	1	0.917 1	3	0.901 3	3
淮北	0.859 6	5	0.452 9	5	0.427 0	12	0.552 0	7
亳州	0.280 5	16	0.170 0	16	0.345 1	14	0.245 6	11
宿州	0.353 5	15	0.276 3	9	0.268 3	15	0.196 7	12
蚌埠	0.594 7	7	0.389 0	7	0.945 6	1	0.783 4	5
阜阳	0.356 1	14	0.181 8	15	0.434 7	11	0.377 4	9
淮南	0.985 9	1	0.447 5	6	0.441 1	10	0.283 8	10
滁州	0.572 1	8	0.233 6	10	0.775 0	7	0.378 6	8
六安	0.378 3	13	0.206 7	13	0.252 7	16	0.161 2	14
马鞍山	0.734 5	6	0.766 6	2	0.882 3	5	0.928 9	2
芜湖	0.925 9	3	0.706 4	3	0.826 8	6	0.713 2	6
宣城	0.481 2	10	0.213 5	11	0.454 9	9	0.190 4	13

地市	人口城镇化效率平均值	排名	经济城镇化效率平均值	排名	社会城镇化效率平均值	排名	空间城镇化效率平均值	排名
铜陵	0.970 1	2	0.523 9	4	0.918 7	2	0.934 0	1
池州	0.416 0	12	0.212 6	12	0.393 7	13	0.156 3	15
安庆	0.510 2	9	0.331 0	8	0.900 7	4	0.797 6	4
黄山	0.460 3	11	0.206 1	14	0.705 1	8	0.148 8	16
极差	0.705 4		0.805 2		0.692 9		0.785 2	

3. 环境污染物对城镇化效率评估影响的对比分析

本小节主要通过对各层面城镇化效率平均值在时间纵向和区域横向上的变化进行分析，来考察在城镇化进程中环境污染物的排放是否对城镇化效率产生了影响。

1) 效率水平时间纵向对比分析

从总体趋势看(表 4-19)，环境污染物的考虑对研究样本整体的平均效率水平变化趋势并没有产生较大影响，说明从安徽省整体层面看，环境污染物作为城镇化投入，每年仍旧处于一个相对稳定的阶段。在逐步治理环境污染和改善生态环境的过程中，其效果并未在城镇化效率当中体现，因而在以提高城镇化质量为目标的新型城镇化当中，应该加大现有的城镇污染防治和治理力度。从各层面城镇化效率看，人口、社会和空间城镇化效率呈稳定增长趋势，但增长速度呈下降趋势；经济城镇化效率呈下降趋势，且下降速度呈增长趋势。

表 4-19 有无环境约束下各层面城镇化效率年平均值对比

年份	人口城镇化效率		经济城镇化效率		社会城镇化效率		空间城镇化效率	
	有环境约束	无环境约束	有环境约束	无环境约束	有环境约束	无环境约束	有环境约束	无环境约束
2005	0.602 3	0.596 7	0.428 0	0.430 7	0.613 5	0.612 0	0.475 1	0.472 0
2006	0.605 2	0.601 7	0.418 0	0.423 2	0.614 8	0.614 0	0.477 7	0.473 5
2007	0.608 0	0.606 7	0.408 0	0.415 7	0.616 1	0.615 9	0.480 4	0.475 0
2008	0.610 9	0.611 6	0.398 1	0.408 2	0.617 4	0.617 8	0.483 0	0.476 5
2009	0.613 7	0.616 6	0.388 2	0.400 7	0.618 7	0.619 7	0.485 6	0.477 9
2010	0.616 6	0.621 5	0.378 4	0.393 3	0.620 0	0.621 6	0.488 3	0.479 4
2011	0.619 4	0.626 4	0.368 7	0.385 9	0.621 3	0.623 5	0.490 9	0.480 9
2012	0.622 2	0.631 3	0.359 0	0.378 6	0.622 6	0.625 4	0.493 6	0.482 4

2) 效率水平区域横向对比分析

从表 4-20 中可以看出，纳入环境污染物"有害"投入指标后，宿州和黄山的人口城镇化效率排名上升了，而阜阳和宣城的人口城镇化效率排名则下降了；淮南和黄山的经济城镇化效率排名在加入环境约束后上升了；在社会城镇化效率上，阜阳和宣城的排名发生了对调，阜阳由第 9 名下降为第 11 名，而宣城则由第 11 名上升为第 9 名；空间城镇化效率较其他三个层面城镇化效率相对稳定，各地区的排名未发生变化。总体而言，安徽省各地区的各层面城镇化效率比较稳定，这表明环境污染物的投入对安徽省城镇化效率的影响有限，但这种变化也可能与环境污染指标的选择有关，本小节只选择了工业废气排放量作为环境污染约束的指标。考虑了环境污染物后城镇化效率下降的城市，在城镇化发展过程当中，环境污染较为严重，现有的发展模式对环境的保护不利，不具有发展的可持续性，应该根据相应的城镇化层面，从城镇人口生活方式、产业结构、区域环境保护和规章制度方面进行改革。

表 4-20　有无环境约束下各层面的城镇化效率排名对比

地区	人口城镇化效率		经济城镇化效率		社会城镇化效率		空间城镇化效率	
	有环境约束	无环境约束	有环境约束	无环境约束	有环境约束	无环境约束	有环境约束	无环境约束
合肥	4	4	1	1	3	3	3	3
淮北	5	5	5	6	12	12	7	7
亳州	16	16	16	16	14	14	11	11
宿州	15	14	9	9	15	15	12	12
蚌埠	7	7	7	7	1	1	5	5
阜阳	14	15	15	15	11	9	9	9
淮南	1	1	6	5	10	10	10	10
滁州	8	8	10	10	7	7	8	8
六安	13	13	13	14	16	16	14	14
马鞍山	6	6	2	2	5	5	2	2
芜湖	3	3	3	3	6	6	6	6
宣城	10	11	11	12	9	11	13	13
铜陵	2	2	4	4	2	2	1	1
池州	12	12	12	13	13	13	15	15
安庆	9	9	8	8	4	4	4	4
黄山	11	10	14	11	8	8	16	16

3）小结

本小节在考虑是否存在环境污染物"有害投入"的两种情况下，分别构建了两种不同的效率评价模型体系，对人口、经济、空间和社会四个层面的城镇化效率进行了评价，并对两种模型下各层面城镇化的差异进行了对比分析。结果表明，在有无环境约束下，相同层面的城镇化效率在不同模型的时间纵向上总体趋势相同，其中人口、社会和空间城镇化效率处于缓慢增长态势，而经济城镇化效率则处于缓慢下降态势。另外，有环境约束的城镇化效率略低于无环境约束的城镇化效率。

4. 我国城镇化效率影响因素分析

1) 影响因素的确定与数据说明

在城镇化进程中，城镇化效率不仅由投入产出变量结构关系所决定，同时要受到外部环境因素的影响。影响城镇化效率的因素有很多，本小节参考已有研究并结合城市经济学和环境经济学等有关理论，主要考虑以下几种因素。

(1) 人口密度 (Pd)。人口聚集是城市形成和发展的重要动力，同时人口聚集和城镇化发展相互推进和影响。本小节采用市辖区人口密度来衡量影响城镇化效率的人口因素。

(2) 工业规模 (In)。工业化是推动经济发展的主要因素，工业集聚既带来了城市空间的扩展，也提供了就业机会、推动城市经济发展。在经济发展初期，工业化进程和城镇化是相互促进、互动发展的。城市的工业规模对城市的工业生产、经济效率等会产生深远的影响。本小节采用第二产业增加值在地区生产总值中所占的比重来衡量城市的工业规模。

(3) 政府作用 (Gp)。政府通过财政政策和货币政策等经济手段对宏观经济和城市发展进行干预，通过调节城市资源配置、收入配置和稳定经济增长等途径，影响城市建设和维护，实现城市规划，并影响城镇化进程及城镇化效率水平。本小节选用城市市辖区年度财政支出占本市生产总值的比重来代表政府作用。

(4) 市区规模 (Cs)。聚集效应对效率水平的影响一直是学者们比较关注的问题。已有研究多通过综合指标计算及 DEA 或随机前沿分析方法得出效率值，然后对不同城市的规模进行分类比较，得出城市规模与效率的关系。本小节用各城市市辖区人口数表示市区规模，研究市区规模对城镇化效率的影响。

(5) 实际利用外资额 (Fdi)。在全球化快速推进的当下，对外经济交流与合作，不仅对地区的经济发展和技术提高等有着较大的影响，同时也会对城市的方方面面产生影响。从改革开放到今天，一批走在开放前列的城市，已经得到迅速的发展。本小节采用实际利用外资额来衡量城市的外商投资。

(6) 产业结构 (Is)。产业结构决定了城市的生产类型，产业结构是否匹配合理，影响着城市发展和城镇化效率，同时产业结构的调整通过农村剩余劳动力向非农产业部门转移，加速了城镇化进程。本小节参照已有的大多数研究，选择第二产业、第三产业占总产业的比重来衡量产业结构。

因此，随机前沿模型中的技术无效率函数可以表示为

$$m_{it} = \delta_0 + \delta_1 Pd + \delta_2 In + \delta_3 Gp + \delta_4 Cs + \delta_5 Fdi + \delta_6 Is \tag{4-18}$$

其中，m_{it} 表示技术无效项；δ_0 为固定影响截距；$\delta_i (i = 1, 2, \cdots, 6)$ 为影响因素系数项。若 δ_i 为负，则表示该因素对技术效率的提高起到正向推动作用。影响因素的样本为安徽省 16 个城市，时间跨度为 2005~2012 年，所有数据均来自《安徽省统计年鉴》。

2) 无环境约束下影响因素分析

在选取城镇化效率影响因素后，通过采用极大似然估计法估计外部因素对无环境约束下城镇化效率的影响。其估计结果见表 4-21。

表 4-21 外部因素对无环境约束下各层面城镇化效率的影响估计结果

变量	人口城镇化效率		经济城镇化效率		社会城镇化效率		空间城镇化效率	
	系数	t 值	系数	t 值	系数	t 值	系数	t 值
Cons	2.537 1***	13.461 5	4.155 9***	10.619 3	1.511 8***	4.245 9	2.703 2***	5.242 7
Pd	0.014 8	1.069 2	−0.051 4*	−1.686 6	−0.028 5	−1.088 3	−0.126 5***	−3.335 2
In	−2.138 9***	−8.468 6	−1.920 5***	−3.647 4	−0.313 8	−0.657 7	−2.636 4***	−3.815 5
Gp	−0.029 7**	−2.578 4	−0.019 5	−0.828 9	−0.049 5**	−2.269 0	0.011 9	0.376 4
Cs	−0.066 9*	−1.875 9	−0.183 6**	−2.441 5	0.276 4***	4.105 4	0.082 4	0.845 1
Fdi	0.001 1	0.953 2	−0.001 4	−0.519 9	−0.004 4**	−2.090 6	0.000 6	0.179 9
Is	−0.009 2***	−3.338 8	−0.021 0***	−3.789 9	−0.008 1	−1.547 7	−0.004 3*	−1.864 8

*、**、*** 分别代表在 10%、5%、1% 的显著性水平下显著

在不考虑环境污染物的情况下，各影响因素对各方面城镇化影响估计结果如表4-21所示。从表 4-21 中我们可以看出，人口密度对经济城镇化和空间城镇化无效率项呈现显著的负向影响，即人口密度越大，无效率项越小，人口密度越大，城镇化效率越高。这是因为安徽省产业整体是趋于劳动密集型的，单位土地面积上人口数量的增加表明能够用于城市建设与经济发展的劳动力数量较多，这会带来社会产出的增加。另外，单位土地面积上人口数量越多，表明该地区对空间的利用就越充分，空间城镇化效率也就越高。但人口密度对人口城镇化效率影响在统计上并不显著，这可能是由于城市对人口密度有反馈调节作用，人口密度对人口城镇化效率的影响是很难确定的。人口密度对社会城镇化效率的影响在统计上也是不显著的，这可能是因为在城镇化的过程中，劳动力的聚集是"迁徙式"的，大部分外来人口只是参与了社会的建设而并不能享受与市民同样的城市待遇，真正的人口城镇化目前并没有形成，城市社会消费品中的相当一部分是被流动人口所消耗的。工业规模对人口、经济和空间城镇化无效率项呈现显著的负向作用，即第二产业生产总值在地区生产总值中的占比越高，城镇化无效率项越小，城镇化效率越高。这同样可以由安徽省产业结构类型来解释。安徽省整体产业是劳动密集型的，对劳动力的需求较大。第二产业产值在地区生产总值中所占比重加大，表明安徽省的工业规模是扩大的，对劳动力的需求会越来越旺盛，这将吸引更多的劳动力进入城市参与生产。因此随着城市人口数量的增加，人口城镇化效率和经济城镇化效率将提高。另外，由于城市空间在一定时期内是固定的，人口数量的增加会要求城市管理者对城市空间的运用越来越充分，这将使得城市空间城镇化效率的提高。政府作用在 5% 的显著性水平下对人口城镇化效率和社会城镇化效率产生正向影响。政府通过财政政策，提高社会保障水平，促进社会消费，对人口城镇化效率和社会城镇化效率提高有一定影响；但对经济城镇化效率和空间城镇化效率的影响并不显著，说明政府作用主要体现在财富的再分配上，保障社会稳定，缩小社会差距。地区规模对人口城镇化和经济城镇化分别在10% 和 5% 的显著性水平下产生正向影响，规模较大的城市对人口的聚集效应也会较强，能够促进人口城镇化效率的提高，而且其拥有的资源也较多，能够很好地支撑地区的经济发展。实际利用外资额仅对社会城镇化无效率项产生负向的作用，即实际利用外

资额越多，社会城镇化效率也越高。这是因为随着实际利用外资额的增加，城镇系统对社会消费品的需求也会增加，社会消费扩大，社会城镇化效率也随之提高。产业结构对人口、经济、社会和空间城镇化无效率项均产生显著的削弱作用，这表明产业结构的高级化，促进了城镇的人口、经济、社会和空间的城镇化效率。产业结构的升级往往带来的是生产技术的更新和生产方式的变革，带动城市经济发展对土地等资源要素的需求，对城市人口的集聚、经济和空间的增长及人民生活水平的提高起到较大的促进作用。

　　3）有环境约束下影响因素分析

　　通过采用极大似然估计法估计外部因素对有环境约束下各层面城镇化效率的影响。其估计结果见表 4-22。

表 4-22　外部因素对有环境约束下各层面城镇化效率的影响估计结果

变量	人口城镇化效率		经济城镇化效率		社会城镇化效率		空间城镇化效率	
	系数	t 值	系数	t 值	系数	t 值	系数	t 值
Cons	3.219 8***	12.222	3.969 2***	10.806 9	1.468 5***	4.504 6	2.725 7***	5.258 1
Pd	0.027 3	1.416 6	−0.042 4	−1.567 8	−0.019 2	−0.799 8	−0.125 7***	−3.296
In	−3.111 9***	−8.39	−1.626 4***	−3.304 3	0.035 7	0.081 8	−2.687 2***	−3.868 2
Gp	−0.031 3**	−2.199 7	−0.015 5	−0.687 9	−0.023 7	−1.185 4	0.013 2	0.415 6
Cs	−0.132 1***	−2.724 5	−0.165 7**	−2.385 3	0.350 2***	5.682	0.079 6	0.811 7
Fdi	0.003*	1.726 3	−0.000 6	−0.282 9	−0.003 4*	−1.761 7	0.000 5	0.174 3
Is	−0.012 4***	−3.772 3	−0.020 6***	−3.834 6	−0.013 1***	−2.760 4	−0.004 2*	−1.855 7

＊、＊＊、＊＊＊分别代表在 10％、5％、1％的显著性水平下显著

　　在有环境约束的情况下，各影响因素对各方面城镇化影响估计结果表 4-22 所示。从表 4-22 中可以看出，人口密度仅对空间城镇化无效率项呈负向影响，对于人口、经济和社会城镇化无效率项的影响在统计上不显著，说明人口密度促进了城镇化过程中的空间城镇化，对其他方面城镇化效率的作用并不明显。由于城市空间的限制，人口密度大就要求城市对空间要充分利用，从而提高了空间城镇化效率。另外，人口密度增加将丰富城市的人力资源，从而会推动城市劳动密集型企业的扩大，而这类企业又是环境污染的主要制造者，环境污染的加剧反过来会抑制人口、经济和社会城镇化效率，因此人口密度与这些方面的城镇化存在着反馈调节作用，所以较难确定人口密度对它们之间的影响作用。

　　与无环境约束下的情况类似，工业规模对人口、经济和空间城镇化无效率项的负向抑制作用是高度显著的，这表明工业规模的扩大会促进人口、经济和空间城镇化效率的提高。产业结构对人口、经济、社会和经济城镇化无效率项影响均为负，产业结构的提升会带动劳动力的就业，因此会吸引更多的人力资源，从而促进人口城镇化效率提高。另外，产业结构的提高中蕴涵着经济结构的改善和技术的进步，特别是安徽省行政区划的调整和经济圈的建立，促进了第二产业、第三产业的发展，带动了就业，改善了生活水平，提高了区域上的经济城镇化效率和生活水平上的社会城镇化效率水平。

安徽省是中部省份，产业结构的提升是以工业提升为主的，且安徽省产业整体是劳动密集型的，这要求扩大产房等工业基础设施，从而要求空间的充分运用，使得空间城镇化效率提升。政府作用对人口城镇化效率在5％的显著性水平下存在着负向影响，说明政府作用在一定程度上促进了人口城镇化效率的提高。而对于经济、社会和空间城镇化，政府作用对它们的影响在统计上是不显著的。地区规模对人口和经济城镇化无效率项存在着显著的负向作用，表明地区规模促进了这些方面的城镇化效率的提高。地区规模较大，土地等各种资源相对丰富，能够促进地区的经济发展，也能够在城镇化过程中促进农业用地转化为建设的城市用地。而地区规模对有环境约束的社会城镇化无效率项则是显著的正向作用，表明地区规模会提高社会城镇化效率，这可能是由于在城市人口中相当部分的人口是流动性人口，这虽然促进了社会消费品的消耗，但并没有改善社会城镇化效率。外商投资对人口城镇化效率在10％的显著性水平下是抑制作用，对社会城镇化效率呈促进作用，而对经济和空间城镇化效率的影响在统计上不显著。

4）模型间的对比分析

对比表4-21和表4-22可知，无论是否存在着环境约束，人口密度对人口城镇化无效率项均呈现显著的促进作用。人口密度促进城镇化效率，但是在考虑环境污染物投入的模型中，其促进作用更高，人口要素在城镇化进程中，通过生活等方式对城镇环境造成影响；人口密度对两模型的空间城镇化无效率项均产生了负向影响，通常情况下，人口密度增大有利于城镇空间的扩展和运用，提高空间城镇化效率。而人口密度对经济城镇化无效率项的影响在有环境约束的条件下是统计上不显著的，而无环境约束条件下其影响在10％的显著性水平下是显著的，这表明安徽省在发展经济的同时注重对环境的保护，人口密度的增加会促进经济城镇化效率的提高。

在无环境约束和有环境约束下，工业规模对人口、经济和空间城镇化无效率项均呈现显著的负向作用，安徽省各城市均还处于工业化时期，工业的发展不仅直接促进地区经济发展，还将带动人口就业、空间布局优化，以及各种相关产业及上下游产业的发展，形成产业集聚，促进城镇化效率的提高。工业规模对这些方面城镇化效率的促进作用在有环境约束的条件下更大，说明安徽省的经济发展更趋向于可持续发展。政府作用在两种情况下均仅对人口城镇化无效率项产生负向作用，对其他方面的影响在统计上都是不显著的。政府通过财政政策调节收入分配，保障居民生产生活，促进人口城镇化向其前沿面靠近，提高人口城镇化效率。

地区规模对人口城镇化和经济城镇化呈正向促进作用，且在有环境约束条件下更为明显。通常地区规模越大，所拥有丰富的自然资源的可能性越大，往往对地方的经济发展提供支撑作用。地区规模对社会城镇化效率起抑制作用，这可能主要是由于城镇化过程中人口是流动性的，对社会消费品的需求有很大一部分是源自于城镇流动人口。实际利用外资额对人口城镇化无效率项的影响在两种情况下存在着不同，在无环境约束下，其对人口城镇化无效率项的影响在统计上是不显著的；在有环境约束下，其对人口城镇化无效率项在10％的显著性水平下存在促进作用。可以看出，随着我国政府对外资利用积极向新能源、节能环保等有利环境保护产业的引导，安徽省的外商投资结构改善较为明显。

5. 主要结论及建议

1) 本小节的主要结论

本小节依据 2005～2012 年安徽省 16 个地市共 128 个样本在城镇化发展过程中的投入产出数据,从人口、经济、社会和空间四个层面,运用随机前沿方法对是否存在环境约束的效率水平及其影响因素进行了分析。从城镇化效率看,人口、社会和空间城镇化效率呈逐年增长趋势,而经济城镇化效率呈下降趋势。另外,安徽省城镇化效率地区之间差异较大,表明安徽省各个地区的发展存在着一定程度的不均衡。从总体上看,安徽省所有地市中合肥、马鞍山、芜湖和铜陵在城镇化过程中各层面的城镇化效率较高。人口城镇化方面,无论是否存在着环境约束,城镇化效率均较高的地区有淮南、铜陵、芜湖和合肥。在有环境约束条件下,只有宿州和阜阳、宣城和黄山的城镇化效率值排名发生了小幅变化。在经济城镇化方面,合肥、马鞍山、铜陵和芜湖的效率值排名较高,在有环境约束条件下,也只有少数城市的经济城镇化效率排名发生了变动。对于社会城镇化效率而言,效率值排名靠前的城市为蚌埠、铜陵、合肥和安庆,在加入环境约束后,仅阜阳和宣城的效率值排名发生了互换。空间城镇化效率的排名在有无环境约束下是相同的,说明环境污染物的投入对空间城镇化效率的影响是有限的。从城镇化效率的影响因素看,人口密度对空间城镇化的影响均是显著的促进作用,对经济城镇化的影响由无环境约束下的显著促进作用变为无环境约束下的不显著。工业规模在是否存在环境约束的情况下,对人口、经济和社会城镇化效率均呈现显著的正向促进作用。政府作用对各方面的城镇化效率的影响不是很明显,对人口城镇化效率在两种情况下是促进的,对社会城镇化效率在无环境约束条件下是促进的,在有环境约束下是不显著的。地区规模对两种情况下的人口和经济城镇化无效率项是起削弱作用的,对社会城镇化无效率项的影响是正向的。实际利用外资额的增加会促进社会城镇化效率的提高;对人口城镇化效率的影响在无环境约束下是不显著的,在有环境约束条件下是起抑制作用的。产业结构对两种情况下的人口和经济城镇化效率的影响是正向的,即第二产业和第三产业占比的增加会提高人口和经济城镇化效率;对社会城镇化效率的影响由无环境约束下的不显著变为有环境约束下的正向作用。

2) 相关政策建议

(1) 生态环境是人类生存和活动的场所,也是支撑城镇和社会发展的基础。在城镇化过程当中,生态环境在一定程度上被造成了破坏。因此在城镇化过程中,既要实现社会发展,又要保护好生态环境,实现可持续发展。寻找一些生态环境保护良好和城镇化发展较快的城市,探究其发展模式及可效仿性。改善有环境约束下城镇化效率明显降低的城市,将环境保护纳入城镇化发展的过程当中,同时将环境保护作为政府政绩考核的重要指标。

(2) 城镇化的核心是人口的城镇化,安徽省人口城镇化效率水平落后于其他层面的城镇化效率水平,如果以城镇人口来计算的话,人口城镇化效率将处于更低的水平。在新型城镇化建设当中,必须把人口城镇化放在更突出的位置,要切实做好农村人口在向城镇转移过程中的社会保障和安置工作,尤其是进城农民持续就业保障、生产能力的培养和养老保障等,而不能片面地追求城镇人口数量;防止为了得到农村廉价劳动力和土地，将农村人口从土地中强行分离，而应实现农民有序地向市民转化；并且要促进小城镇的发展，防止因人口过度集中、人口密度过大所带来的城市拥堵造成城镇化效率低下，同时可以缩小城市差距及地区之间城镇化效率差距。

（3）城镇化需要产业发展作为支撑，因此必须将城镇化与工业化相结合，实现城镇和工业的互动发展。城镇化的发展水平必须与经济发展水平、工业发展水平相匹配，脱离了地方经济和产业的发展，仅仅依靠胡乱投资拉动项目，大肆造城，最后出现的也只是"空城"。

（4）政府作用可以在某些层面的城镇化过程当中，对城镇化效率起促进作用，而在市场化日益盛行的当今，政府作用并不是解决所有问题的最好办法，政府应该有所为有所不为，发挥好市场在资源配置过程当中的优势。在城镇土地改革中，必须界定好政府的职责和权力范围，不能将城镇化作为发展房地产和增大财政收入的手段。

（5）注重发展方式的转变，从粗放型向集约型城镇化发展转变。对于城镇化发展的衡量，不仅要注重城镇化发展的经济指标和人口指标，也要注重社会城镇化，提高社会的整体生活质量，加强城镇化过程中的环境保护，把环境保护作为城镇化评价的重要指标之一，把城镇化质量放在更突出的位置，特别是对于那些加入环境污染物后城镇化效率下降明显的城镇，应该改变其依靠污染环境为代价换取城镇化效率提升的发展方式。

4.4 安徽省生态效率分析

4.4.1 考虑非期望产出的 DEA 模型

DEA 模型有很多优点，但也存在一些不足之处，要想客观全面地对安徽省的生态效率进行评价，还需要选择与其相适应的 DEA 模型。本节采用考虑非期望产出的 SBM 模型对安徽省各市生态效率值进行计算和分析，然后对结果进行对比分析，希望能从中找到提高生态效率的方法，为安徽省的可持续发展提供合理可行的建议。

从目前评价生态效率的诸多方法来看，非参数方法中的 DEA 方法相对于其他方法来说，更加适合用来评价地区的生态效率。Charnes 等（1978）提出 DEA 方法之后，这种非参数的统计估计方法得到快速发展和广泛关注。与此同时，DEA 模型也不断地得到扩充和完善，其中最具有代表性的模型有规模报酬可变条件下的 BCC 模型、加法模型 C^2GS^2、具有"偏好锥"的 C^2WH 模型、基于松弛变量的 SBM 模型等。传统 DEA 模型的基本假定为：生产投入要素要尽可能减少，产出要尽可能增加，即最小化投入得到最大化产出。然而在实际生产过程中，产出往往不全是希望得到的，那部分不是我们期望获得的产出被称为非期望产出，如环境污染排放物。非期望产出尽可能减少才能得到较大的经济效益。此时，传统 DEA 模型关于效率评价具有局限性，因为该模型旨在增加产出的假设无法与减少非期望产出的目的相匹配。因此，后面介绍了两种纳入非期望产出条件的 DEA 模型。

1. SBM模型

经典 DEA 模型，如 CCR 模型和 BBC 模型，存在径向和角度缺陷，若使用经典的 DEA 模型，则松弛变量的缺失可能导致效率测度发生偏差。Tone(2001)给出一种基于松弛变量测度的 SBM 模型，该模型是非径向和非角度的，能够有效地处理传统 DEA 模型存在的缺陷。模型具体表达如下。

假设在生产过程中有 n 个 DMU，每个 DMU 均有一个投入向量 X，两个产出向量，即期望产出 Y^g 与非期望产出 Y^b。三个向量可分别定义为

$$X=(x_1,\ x_2,\ \cdots,\ x_n)\in \mathbf{R}^{m\times n},\qquad x_i\in \mathbf{R}^m$$

$$Y^g=(y_1^g,\ y_2^g,\ \cdots,\ y_n^g)\in \mathbf{R}^{s1\times n},\qquad y_i^g\in \mathbf{R}^{s1}$$

$$Y^b=(y_1^b,\ y_2^b,\ \cdots,\ y_n^b)\in \mathbf{R}^{s2\times n},\qquad y_i^b\in \mathbf{R}^{s2}$$

其中，$x_i>0$，$y_i^g>0$，$y_i^b>0$。在规模报酬不变的前提下，可定义生产可能集 P 为

$$P=\{(x_i,\ y_i^g,\ y_i^b)\mid x_i\geqslant X\lambda,\ y_i^g\leqslant Y^g\lambda,\ y_i^b\geqslant Y^b\lambda,\ \lambda\geqslant \mathbf{0}\}$$

对于 SBM 模型，根据 Tone(2001)给出的处理办法，可表示为

$$\rho'=\min \frac{1-\dfrac{1}{m}\sum_{i=1}^{m}\dfrac{s_i^-}{x_{i0}}}{1+\dfrac{1}{s_1+s_2}\left(\sum_{r=1}^{s1}\dfrac{s_r^g}{y_{r0}^g}+\sum_{r=1}^{s2}\dfrac{s_r^b}{y_{r0}^b}\right)}$$

$$\text{s. t.}\quad \begin{cases} x_0=X\lambda+s^- \\ y_0^g=Y^g\lambda-s^g \\ y_0^b=Y^b\lambda+s^b \\ \lambda\geqslant \mathbf{0},\ s^-\geqslant 0,\ s^g\geqslant 0,\ s^b\geqslant 0 \end{cases} \tag{4-19}$$

其中，λ 为权重向量；s^- 为投入的松弛变量，表示投入过剩；s^g、s^b 为产出的松弛变量，分别表示产出不足和非期望产出过多。目标函数 ρ' 关于 s^-、s^g、s^b 严格递减，且 $0\leqslant \rho'\leqslant 1$。对于特定的 DMU，当 $\rho'<1$ 时，该 DMU 是无效的；当 $\rho'=1$、$s^-=s^g=s^b=0$ 时，该 DMU 是有效的。与传统的 DEA 模型相比，SBM 模型最大的不同之处是在目标函数中直接引入松弛变量，这样不仅可以解决存在非期望产出的效率评价问题，而且还可以解决投入和产出的松弛性问题。同时，由于 SBM 模型是非角度和非径向的，能够避免因角度和径向选择的差异而造成的不同偏差，这与一般的 DEA 模型相比而言，效率评价的结果更可靠和准确。

2. Super-SBM模型

传统 DEA 模型通常假定 DMU 的效率值不超过 1，但是为了有效区分效率值等于 1 时 DMU 的优劣状况，许多研究者对效率值的范围做出新的假定，即允许效率值等于 1 或大于 1，而不再限制其等于 1，因此称为超效率(supper efficiency)。相似地，在处理非期望产出的众多 DEA 模型中，包括最一般的 SBM 模型，往往存在着不止一个效率值等于 1 的有效 DMU。在这种情况下，无法较为准确地辨别 DMU 的优劣，因此，需要通过解决有效 DMU 的排序问题，进一步区分这些有效 DMU 的效率值大小。为了成功解决效率值大于 1 的有效 DMU 的排序问题，客观准确地分析 DMU 的效率值，Tone

（2001）根据 SBM 模型原理加以改进，提出 Super-SBM 模型，即 Super-SBM 模型。

Tone(2001)定义了一个排除 DMU$(x_0，y_0)$ 的有限生产可能性集，即

$$P \setminus (x_0，y_0) = \left\{ (\bar{x}，\bar{y}) \mid \bar{x} \geq \sum_{j=1}^{n} \lambda_j x_j，\bar{y} \leq \sum_{j=1}^{n} \lambda_j y_j，\bar{y} \geq 0，\lambda \geq 0 \right\} \quad (4\text{-}20)$$

其中，$P \setminus (x_0，y_0)$ 是排除了 $(x_0，y_0)$ 的生产投入集合，在该投入集合的基础上再定义一个子集合 $\bar{P} \setminus (x_0，y_0)$，即

$$\bar{P} \setminus (x_0，y_0) = P \setminus (x_0，y_0) \bigcap \{\bar{x} \geq x_0，\bar{y} \leq y_0\}$$

由于 $\boldsymbol{X} > 0$、$\boldsymbol{Y} > 0$，因此 $\bar{P} \setminus (x_0，y_0)$ 是一个非空集合。它是指 $(x_0，y_0)$ 到 $(\bar{x}，\bar{y}) \in \bar{P} \setminus (x_0，y_0)$ 的平均距离。根据该距离定义指数 δ，即

$$\delta = \frac{\dfrac{1}{m} \sum_{i=1}^{m} \dfrac{x_i}{x_{i0}}}{\dfrac{1}{s} \sum_{r=1}^{s} \dfrac{y_r}{y_{r0}}} \quad (4\text{-}21)$$

其中，δ 的分子代表 x_0 到集合空间 $(\bar{x}，\bar{y}) \in \bar{P} \setminus (x_0，y_0)$ 中点 $\bar{x}$ 的平均距离，即平均扩张率；δ 的分母表示 y_0 到集合空间 $(\bar{x}，\bar{y}) \in \bar{P} \setminus (x_0，y_0)$ 中点 $\bar{y}$ 的平均距离，即平均缩减率。δ 通常被用来解释为投入和产出空间里生产前沿面与 DMU 之间的平均距离。根据上述关于集合和距离的概念阐述，我们将 DMU$(x_0，y_0)$ 的 Super-SBM 模型规划写成如下形式：

$$\delta^* = \min \delta = \frac{\dfrac{1}{m} \sum_{i=1}^{m} \dfrac{x_i}{x_{i0}}}{\dfrac{1}{s} \sum_{r=1}^{s} \dfrac{y_r}{y_{r0}}}$$

$$\text{s. t.} \begin{cases} \bar{x} \geq \sum_{j=1}^{n} \lambda_j x_j \\ \bar{y} \leq \sum_{j=1}^{n} \lambda_j y_j \\ \bar{x} \geq x_0，\bar{y} \geq y_0，y \geq 0，\lambda \geq 0 \end{cases} \quad (4\text{-}22)$$

将式(4-22)转化为可以求解的线性规划：

$$\tau^* = \min \tau = \frac{1}{m} \sum_{i=1}^{m} \frac{\tilde{x}_i}{x_{i0}}$$

$$\text{s. t.} \begin{cases} 1 = \dfrac{1}{s} \sum_{r=1}^{s} \dfrac{\tilde{y}_r}{y_{r0}} \\ \bar{x} \geq \sum_{j=10}^{n} \Delta_j x_j \\ \bar{y} \geq \sum_{j=10}^{n} \Delta_j y_j \\ \bar{x} \geq t x_0，\bar{y} \geq t y_0，\Delta \geq 0，\bar{y} \geq 0，t > 0 \end{cases} \quad (4\text{-}23)$$

根据式（4-23）求得的最优解（τ^*, $\tilde{x}^*$, $\tilde{y}^*$, Δ^*, t^*）可以得到原规划的最优解，即

$$\delta^* = \tau^*, \quad \lambda^* = \frac{\Delta^*}{t^*}, \quad \bar{x}^* = \frac{\tilde{x}^*}{t^*}, \quad \bar{y}^* = \frac{\tilde{y}^*}{t^*}$$

Super-SBM 模型包含两个基本性质：第一，其最优解 δ^* 无量纲；第二，允许 DMU 的效率值大于 1。这样就能准确、客观地鉴别充分有效 DMU 的差异和排序。

本章将采用 Super-SBM 模型来测度安徽省各地区生态效率值，充分发挥 Super-SBM 模型在处理非期望产出问题上的绝对优势；同时，利用 Super-SBM 模型解决有关有效 DMU 排序问题的优点，全面而又准确地测算环境效率的高低。

4.4.2 测度指标与数据

1. 数据来源和处理

本章采用 DEA 方法中的 Super-SBM 模型对安徽省各个城市的生态效率进行计算和分析。考虑到近年来安徽省行政板块的调整，2000 年设立地级亳州市，2011 年撤销了地级巢湖市，以及数据的可获得性、研究内容的一致性，本章选取 1999～2012 年安徽省 16 个地市的面板数据进行生态效率的测算。

综合已有的文献和前人的研究成果，本章选择资源类指标、环境类指标和经济类指标，作为评价安徽省生态效率的基础指标。

1) 资源类指标

资源是人们维持自身生存和社会发展的基础，谋求经济社会的可持续发展要求资源的可持续利用。资源类指标有很多，依据生态效率的含义和指标的典型性，本章选取了劳动力和能源消耗作为资源类指标。其中，用劳动力就业来描述劳动力，用万元地区生产总值能耗指标来描述能源消耗。

2) 环境类指标

生态效率与环境之间有紧密的联系。本节参考前人研究，结合安徽省省情和数据的可得性，选择工业"三废"来作为环境类指标。工业"三废"包括工业固体废物、工业废水和工业废气。

3) 经济类指标

对经济类指标的选取，主要是看该指标能否全面反映一个地区的实际经济发展水平。从目前大部分学者的研究成果来看，都是用地区生产总值来衡量一个地区的经济发展状况，并且该数据易得而且比较齐全，所以本章也选用地区生产总值作为经济类指标。

综上所述，本章用环境类指标和资源类指标作为经济发展的投入，用地区生产总值作为衡量经济发展水平的产出指标。能源消费量数据基本来自 2000～2013 年的《安徽统计年鉴》、各市统计年鉴和各市能源数据的统计报告。1999～2001 年的部分数据用多项式插值法得到。另外，汇编统计年鉴数据与各年能源统计报告数据有出入的以前者为主。能源消耗量的单位为万吨标准煤。1999～2012 年工业"三废"的数据均来自《安徽统计年鉴》和各市的统计年鉴，其中工业废水排放量和工业固体废物产生量的单位为万吨，

工业废气排放量的单位为亿标立方米。

2. 测度指标的描述性分析

首先，对 1999～2012 年安徽省各地区测度指标进行描述性统计，统计结果如表 4-23 所示。

表 4-23　1999～2012 年安徽省各地区主要年份测度指标的描述性统计

变量	1999 年				2001 年			
	均值	标准差	最小值	最大值	均值	标准差	最小值	最大值
能源消耗量/万吨标准煤	1.83	0.61	0.71	3.46	1.58	0.52	0.65	2.99
劳动力/万人	197.19	161.61	40.30	685.80	201.40	127.86	39.77	495.57
地区生产总值/亿元	151.24	72.14	55.90	294.45	175.09	78.14	61.91	363.44
工业废水排放量/万吨	3 857.70	3 358.50	337.41	11 965.90	3 813.22	3 115.50	561.46	12 120.00
工业废气排放量/亿标立方米	214.41	249.36	10.46	874.68	283.49	297.23	14.85	996.09
工业固体废物产生量/万吨	180.75	223.38	4.00	737.00	200.53	244.13	7.22	798.04

变量	2004 年				2007 年			
	均值	标准差	最小值	最大值	均值	标准差	最小值	最大值
能源消耗量/万吨标准煤	1.58	0.52	0.65	2.99	1.37	0.45	0.63	2.58
劳动力/万人	211.78	131.01	43.56	458.27	223.54	145.44	43.16	545.59
地区生产总值/亿元	263.23	119.63	92.43	589.70	445.81	266.78	158.01	1 334.61
工业废水排放量/万吨	3 611.78	3 227.08	1 105.55	13 748.40	4 432.69	2 437.06	1 284.00	9 558.00
工业废气排放量/亿标立方米	352.33	329.09	11.17	1 093.61	781.71	1 058.02	17.74	3 863.38
工业固体废物产生量/万吨	222.41	289.31	5.47	997.52	364.44	438.61	6.00	1 466.00

变量	2010 年				2012 年			
	均值	标准差	最小值	最大值	均值	标准差	最小值	最大值
能源消耗量/万吨标准煤	1.18	0.38	0.55	2.18	0.83	0.27	0.447	1.61
劳动力/万人	238.12	155.71	45.22	590.08	260.17	162.75	46.00	611.10
地区生产总值/亿元	760.84	560.65	300.84	2 701.61	1 101.71	893.22	417.45	4 164.32
工业废水排放量/万吨	4 113.45	1 936.71	1 485.51	7 642.56	4 198.46	2 391.99	631.9	10 787.06
工业废气排放量/亿标立方米	1 018.40	1 083.13	16.30	4 392.91	1 852.94	1 991.84	50.00	8 656.00
工业固体废物产生量/万吨	559.82	703.28	5.29	2 393.20	751.40	778.47	36.74	2 554.41

从表 4-23、图 4-6、图 4-7 和图 4-8 中可以看出，在资源类要素中，劳动力的投入越来越多，而能耗的投入越来越少；环境类要素的投入都呈上升趋势，其中工业废气的排放从 2006 年开始上升较快，到了 2010 年上升的速度更快；经济类要素的产出也随时间呈上升趋势，从 2004 年开始，产出指标地区生产总值的增速开始加快。

从投入要素的角度分析，劳动力的投入平稳增长，其增长幅度较小，年均增长率为 2.16%；能源消耗的投入变化较大，呈现出先减少后增加再减少的现象，能源消耗的年

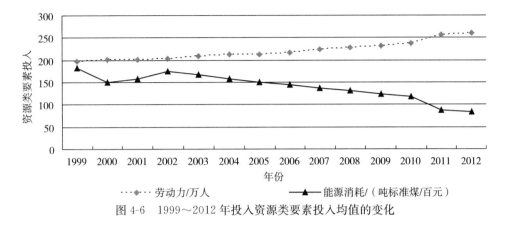

图 4-6　1999～2012 年投入资源类要素投入均值的变化

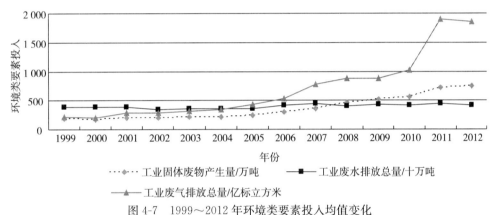

图 4-7　1999～2012 年环境类要素投入均值变化

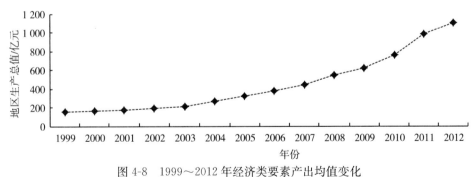

图 4-8　1999～2012 年经济类要素产出均值变化

均减少率为 4.44%。

　　从产出方面来看，地区生产总值增加值与工业"三废"排放量之间的关联性较强，且同时增加，其中地区生产总值年均增长率为 16.5%。非期望产出中的工业废气排放量和工业固体废物产生量均呈增长趋势，其年增长率分别为 18.04% 和 11.58%，其中工业废气排放量的增幅较大；而工业废水排放量的增长一直比较稳定，14 年间平均年增长率为 6.53%。

4.4.3 安徽省地区生态效率测度比较

1. 安徽省各地区生态效率分析

本小节利用非径向、非角度的 Super-SBM 模型，分别对 1999～2012 年安徽省 16 个地市的生态效率进行测算，测得的生态效率值如表 4-24 所示。

表 4-24 1999～2012 年安徽省各地区生态效率值

地区	1999 年	2000 年	2001 年	2002 年	2003 年	2004 年	2005 年	2006 年
合肥	1.10	1.20	1.16	1.16	1.24	1.24	1.60	1.55
淮北	0.19	0.43	0.33	0.32	0.36	0.36	0.29	0.25
亳州	2.63	1.05	0.58	0.52	0.50	0.74	0.47	0.51
宿州	1.07	1.01	0.73	0.61	0.55	1.11	0.21	0.22
蚌埠	0.33	0.59	0.56	0.60	0.51	0.61	0.22	0.23
阜阳	0.31	0.61	0.51	0.42	0.39	0.60	0.30	0.33
淮南	0.22	0.36	0.32	0.30	0.30	0.30	0.31	0.29
滁州	1.03	1.05	1.15	1.05	1.04	1.17	0.53	0.49
六安	0.29	0.52	0.51	0.42	0.42	0.46	3.76	4.29
马鞍山	0.24	1.04	1.02	1.01	1.05	1.09	1.18	1.22
芜湖	0.38	1.04	1.02	1.15	1.03	1.04	1.64	1.44
宣城	0.11	1.00	0.61	0.58	0.53	0.66	0.47	0.35
铜陵	0.22	0.79	1.02	0.64	0.74	0.79	0.48	0.58
池州	0.19	0.46	0.43	0.36	0.35	0.31	0.35	0.33
安庆	0.55	1.02	0.72	0.71	1.01	1.01	1.31	1.12
黄山	0.49	1.37	1.67	2.15	2.30	2.17	0.58	0.39

地区	2007 年	2008 年	2009 年	2010 年	2011 年	2012 年	均值	排名
合肥	2.01	2.68	3.31	2.89	1.45	1.50	1.72	2
淮北	0.29	0.25	0.20	0.24	0.32	0.31	0.30	15
亳州	1.15	1.15	1.00	0.29	0.54	0.55	0.83	6
宿州	0.56	0.37	0.25	0.24	0.33	0.37	0.54	10
蚌埠	0.59	0.54	0.31	0.59	0.51	0.46	11
阜阳	0.36	0.28	0.25	0.28	0.42	0.45	0.39	13
淮南	0.21	0.20	0.18	0.19	0.24	0.23	0.26	16
滁州	0.58	0.54	0.34	0.36	0.48	0.54	0.74	9
六安	0.40	0.48	0.40	0.37	0.40	0.39	0.94	5
马鞍山	1.09	1.09	1.08	1.06	0.57	0.40	0.94	4

续表

地区	2007 年	2008 年	2009 年	2010 年	2011 年	2012 年	均值	排名
芜湖	0.50	1.00	0.43	1.01	1.07	1.08	0.99	3
宣城	0.46	0.42	0.28	0.29	0.31	0.35	0.46	12
铜陵	1.05	1.02	0.53	1.02	1.08	1.08	0.79	7
池州	0.22	0.20	0.19	0.21	0.36	0.35	0.31	14
安庆	0.32	0.31	0.30	0.36	1.07	1.11	0.78	8
黄山	2.71	2.97	2.79	3.06	2.13	2.32	1.94	1

由表 4-24 可知，1999～2012 年安徽省各地区生态效率值差异较大，但大都呈上升趋势。14 年间平均生态效率值排前三位的城市为黄山、合肥和芜湖，这三个市的生态效率值大于或近似等于 1，这三个城市是创建生态和环境友好型城市的"最佳实践者"。黄山是驰名中外的旅游城市，独一无二的环境资源是其经济发展最重要的动力，良好的生态环境和旅游资源是它的城市名片，所以黄山市历届政府都重视生态环境的保护，因而其平均生态效率居于全省首位，符合实际。合肥市是安徽的省会城市，其发展一直注重可持续性，经过科学的决策和合理的规划，其平均生态效率居于全省第二位也理所当然。芜湖市的循环经济发展一直走在全省的前列，它在高速发展的同时注重对生态环境的保护，大力发展循环经济，所以它的平均生态效率较高也是有现实依据的。

生态效率水平居于中等的地区有马鞍山、六安、亳州、铜陵、安庆、滁州和宿州。其中，马鞍山和六安的生态效率值均大于 0.9，生态效率值较高；马鞍山一直在争做全国文明城市，对生态环境比较重视；六安和亳州的工业不是很发达，自然环境好，受到的污染和破坏也较少。

1999～2012 年安徽省生态效率值低的地区有蚌埠、宣城、阜阳、池州、淮北和淮南。其中，池州、淮北和淮南的生态效率水平最差，平均生态效率值在 0.3 左右，因为这些地区仍然是粗放式的经济增长，产业结构不合理，单位生产总值能耗大，工业化污染严重，环境治理投入较少，因而考虑非期望产出的效率值小。

纵向比较，通过观察各市历年生态效率值我们还能看出，地区间的生态效率水平差别较大。其中，生态效率最高的地区黄山市的效率均值是生态效率最低的地区淮南的7.4 倍，差距很大。因此，生态效率低的城市需大力发展循环经济，同时加强节能减排。另外需指出，本小节中测算的生态效率仅是相对效率，生态效率有效的地区仅仅是指其相对于安徽省内其他地区是有效的，若与其他省份的地区进行比较，它可能不是有效的，此时，它存在污染排放冗余。同先进的发达城市相比，安徽省在环保技术的开发和利用、发展循环经济和节能减排等方面仍然任重道远。

2. 非期望产出对安徽省地区生态效率的影响

为了分析非期望产出对安徽省地区生态效率的影响，本小节分别用 SBM-V 模型和 Super-SBM-V 模型，对 1999～2012 年各地区的生态效率进行截面分析，结果如表 4-25所示。

表 4-25　SBM-V 模型和 Super-SBM-V 模型效率值的比较

地区	1999 年			2000 年			2001 年			2002 年			2003 年		
	1	2	R	1	2	R	1	2	R	1	2	R	1	2	R
合肥	1.00	1.10	2	1.00	1.20	2	1.00	1.16	2	1.00	1.16	2	1.00	1.24	2
淮北	0.19	0.19	15	0.43	0.43	15	0.33	0.33	15	0.32	0.32	15	0.36	0.36	14
亳州	1.00	2.63	1	1.00	1.05	4	0.58	0.58	10	0.52	0.52	11	0.50	0.50	11
宿州	1.00	1.07	3	1.00	1.01	8	0.73	0.73	7	0.61	0.61	8	0.55	0.55	8
蚌埠	0.33	0.33	8	0.59	0.59	12	0.56	0.56	11	0.60	0.60	9	0.51	0.51	10
阜阳	0.31	0.31	9	0.61	0.61	11	0.51	0.51	13	0.42	0.42	13	0.39	0.39	13
淮南	0.22	0.22	13	0.36	0.36	16	0.32	0.32	16	0.32	0.32	16	0.30	0.30	16
滁州	1.00	1.03	4	1.00	1.05	3	1.00	1.15	3	1.00	1.05	4	1.00	1.04	4
六安	0.29	0.29	10	0.52	0.52	13	0.51	0.51	12	0.53	0.42	12	0.42	0.42	12
马鞍山	0.24	0.24	11	1.00	1.04	5	1.00	1.02	5	1.00	1.01	5	1.00	1.05	3
芜湖	0.38	0.38	7	1.00	1.04	6	1.00	1.02	6	1.00	1.15	3	1.00	1.03	5
宣城	0.11	0.11	16	1.00	1.00	9	0.61	0.61	9	0.58	0.58	10	0.53	0.53	9
铜陵	0.22	0.22	12	0.79	0.79	10	1.00	1.02	4	0.64	0.64	7	0.74	0.74	7
池州	0.19	0.19	14	0.46	0.46	14	0.43	0.43	14	0.36	0.36	14	0.35	0.35	15
安庆	0.55	0.55	5	1.00	1.02	7	0.72	0.72	8	0.71	0.71	6	1.00	1.01	6
黄山	0.49	0.49	6	1.00	1.37	1	1.00	1.67	1	1.00	2.15	1	1.00	2.30	1
均值	0.47	0.58		0.80	0.85		0.71	0.77		0.66	0.75		0.67	0.77	

地区	2004 年			2005 年			2006 年			2007 年			2008 年		
	1	2	R	1	2	R	1	2	R	1	2	R	1	2	R
合肥	1.00	1.24	2	1.00	1.60	3	1.00	1.55	2	1.00	2.01	2	1.00	2.68	2
淮北	0.36	0.36	14	0.29	0.29	14	0.25	0.25	14	0.29	0.29	14	0.25	0.25	14
亳州	0.74	0.74	9	0.47	0.47	10	0.51	0.51	7	1.00	1.15	3	1.00	1.15	3
宿州	1.00	1.11	4	0.21	0.21	16	0.22	0.22	16	0.56	0.56	8	0.37	0.37	11
蚌埠	0.61	0.61	11	0.22	0.22	15	0.23	0.23	15	0.59	0.59	6	0.54	0.54	7
阜阳	0.60	0.60	12	0.30	0.30	13	0.33	0.33	12	0.36	0.36	12	0.28	0.28	13
淮南	0.30	0.30	16	0.31	0.31	12	0.29	0.29	13	0.21	0.21	16	0.20	0.20	15
滁州	1.00	1.17	3	0.53	0.53	7	0.49	0.49	8	0.58	0.58	7	0.54	0.54	8
六安	0.46	0.46	13	1.00	3.76	1	1.00	4.29	1	0.40	0.40	11	0.48	0.48	9
马鞍山	1.00	1.09	5	1.00	1.18	5	1.00	1.22	4	1.00	1.09	4	1.00	1.09	4
芜湖	1.00	1.04	6	1.00	1.64	2	1.00	1.44	3	0.50	0.50	9	1.00	1.00	6
宣城	0.66	0.66	10	0.47	0.47	9	0.35	0.35	10	0.46	0.46	10	0.42	0.42	10
铜陵	0.79	0.79	8	0.48	0.48	8	0.58	0.58	6	1.00	1.05	5	1.00	1.02	5
池州	0.31	0.31	15	0.35	0.35	11	0.33	0.33	11	0.22	0.22	15	0.20	0.20	16
安庆	1.00	1.01	7	1.00	1.31	4	1.00	1.12	5	0.32	0.32	13	0.31	0.31	12
黄山	1.00	2.17	1	0.58	0.58	6	0.39	0.39	9	1.00	2.71	1	1.00	2.97	1
均值	0.74	0.85		0.58	0.86		0.56	0.85		0.59	0.78		0.60	0.84	

续表

地区	2009 年			2010 年			2011 年			2012 年		
	1	2	R	1	2	R	1	2	R	1	2	R
合肥	1.00	3.31	1	1.00	2.89	2	1.00	1.45	2	1.00	1.50	2
淮北	0.20	0.20	14	0.24	0.24	14	0.32	0.32	14	0.31	0.31	15
亳州	1.00	1.00	4	0.29	0.29	11	0.54	0.54	8	0.55	0.55	6
宿州	0.25	0.25	13	0.24	0.24	13	0.33	0.33	13	0.37	0.37	12
蚌埠	0.31	0.31	9	0.31	0.31	9	0.59	0.59	6	0.51	0.51	8
阜阳	0.25	0.25	12	0.28	0.28	12	0.42	0.42	10	0.45	0.45	9
淮南	0.18	0.18	16	0.19	0.19	16	0.24	0.24	16	0.23	0.23	16
滁州	0.34	0.34	8	0.36	0.36	8	0.48	0.48	9	0.54	0.54	7
六安	0.40	0.40	7	0.37	0.37	6	0.40	0.40	11	0.39	0.39	11
马鞍山	1.00	1.08	3	1.00	1.06	3	0.57	0.57	7	0.40	0.40	10
芜湖	0.43	0.43	6	1.00	1.01	5	1.00	1.07	5	1.00	1.08	4
宣城	0.28	0.28	11	0.29	0.29	10	0.31	0.31	15	0.35	0.35	13
铜陵	0.53	0.53	5	1.00	1.02	4	1.00	1.08	3	1.00	1.08	5
池州	0.19	0.19	15	0.21	0.21	15	0.36	0.36	12	0.35	0.35	14
安庆	0.30	0.30	10	0.36	0.36	7	1.00	1.07	4	1.00	1.11	3
黄山	1.00	2.79	2	1.00	3.06	1	1.00	2.13	1	1.00	2.32	1
均值	0.48	0.74		0.51	0.76		0.60	0.71		0.59	0.72	

注：1 表示 SBM 模型计算的效率值，2 表示 Super-SBM 模型计算的效率值，R 表示 Super-SBM 模型中地区排名

　　观察上述结果，对于样本中无效的 DMU，效率在上述两个模型中是一致的。但当前一个模型的生态效率是 1 时，则无法判断这些 DMU 计算出来的效率的大小，而 Super-SBM 模型可以对这些 DMU 做深入地评价，从而对所有 DMU 进行顺序。根据表 4-25 可知，对于生态效率值低于 1 的地区，其在两模型中生态效率值相等；而在 SBM 模型中生态效率值等于 1 的地区，在 Super-SBM 模型中生态效率值基本上大于之前的生态效率值，且生态效率排名高的地区，其生态效率值的变化较大。因此，Super-SBM 模型中生态效率均值略大于 SBM 模型中的生态效率均值。

　　通过表 4-25 继续分析：首先，安徽省各地区每年的平均生态效率起起伏伏。从 1999 年的 0.58 上升 2005 年 0.85，再起起落落地降到 2012 年的 0.72。整体的生态效率稳中有增，反映出安徽省的经济与生态环境相协调能力得到缓慢地提升。其次，不同地区的生态效率差异较大。SBM 模型中很多地区的生态效率值都是 1，很难反映地区间的真正差距。从 Super-SBM 模型结果来看，全省的生态效率在地区之间存在的差距更为显著。其中，1999 年生态效率最高值为 2.63，而生态效率最低值为 0.11。其他年份同样如此，2012 年的生态效率最高值与最低值分别为 2.32 和 0.23，这反映了安徽省各

地区之间生态效率的差距较大。最后，个别地区排名变动较大。由于 DEA 计算的是一组 DMU 的相对效率，因此地区的排名可以反映出该地区在全省中生态环境相对效率的高低。对于生态效率排名显著下降的地区，其在发展循环经济和加强节能减排方面有所退步，如亳州和宿州等地区。

为了能更直观地分析 1999～2012 年安徽省生态效率水平的变化，对考虑非期望产出的 Super-SBM 模型和 SBM 模型结果进行比较，给出图 4-9。

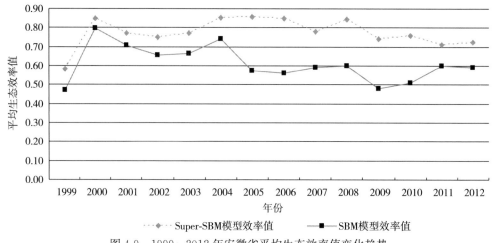

图 4-9　1999～2012 年安徽省平均生态效率值变化趋势

从图 4-9 中可以看出，用两种模型测算的平均生态效率值均起起伏伏，大体上保持相同的增长和下降的状态，但 Super-SBM 模型的效率值总是大于 SBM 模型的效率值。1999～2000 年，平均生态效率值提高的较快；2000～2004 年，平均生态效率值先下降后又有所上升；2004～2009 年，平均生态效率值升升降降，大体呈下降趋势；2009～2012 年，平均生态效率值又开始缓慢地上升。其中 2009～2012 年保持了较为明显的上升趋势，这与安徽省采取积极的环境政策有着紧密的关系。在全省大力发展循环经济、推进产业结构的优化升级、加强节能减排和努力建设美好安徽的政策背景下，安徽省各地区都加强了环境保护力度，从而使得全省平均生态效率值下降的趋势得以扭转。

4.4.4　安徽省区域生态效率水平差异分析

前面利用 Super-SBM 模型对 1999～2012 年安徽省各地区的生态效率值进行测度，并对各地区生态效率高低进行排名。本小节将根据前面的测算结果进一步分析区域间生态效率差异。

1. 三大区域间生态效率水平的差异

安徽省经济区域的划分，从国内文献来看主要有以下几种：①传统的按地理位置划分的方法将其分成三大区域，即皖南地区、皖中地区和皖北地区；②由于 2010 年国务院成立了皖江城市带承接转移示范区，可将安徽省经济区域划分为皖江城市带、黄山和皖北三大区域；③也可以划分为四大区域，即沿江地区、皖南地区、省会经济圈、皖北地区；④其他的按聚类分析方法来划分，由于研究目的的不同所得到的结果也不一样。本书根据安徽省现实经济和环境发展水平、特点及内在要求，并结合近年来的区域发展战略，按传统的划分方法将安徽省 16 个地级市划分为皖南、皖中和皖北三大区域。

首先给出 1999～2012 年安徽省三大区域的生态效率平均值，如表 4-26 所示。

表 4-26　1999～2012 年安徽省三大区域的生态效率平均值

区域	1999 年	2000 年	2001 年	2002 年	2003 年	2004 年	2005 年
皖南地区	0.27	0.95	0.96	0.98	1.00	1.01	0.78
皖中地区	0.74	0.95	0.88	0.84	0.93	0.97	1.80
皖北地区	0.79	0.67	0.50	0.46	0.43	0.62	0.30

区域	2006 年	2007 年	2008 年	2009 年	2010 年	2011 年	2012 年
皖南地区	0.72	1.01	1.12	0.88	1.11	0.92	0.93
皖中地区	1.86	0.83	1.00	1.09	0.99	0.85	0.89
皖北地区	0.31	0.52	0.47	0.37	0.26	0.41	0.40

由表 4-26 和图 4-10 可知，安徽省三大区域的生态效率平均值差异较大，其中皖南地区生态效率平均值通常高于皖中和皖北地区，其为 0.90；2004～2007 年，皖南和皖北地区生态效率平均值大体呈现"U 形"变化趋势；而皖中地区的生态效率平均值则呈现"倒 U 形"变化，这跟安徽产业结构的调整有很大关系。

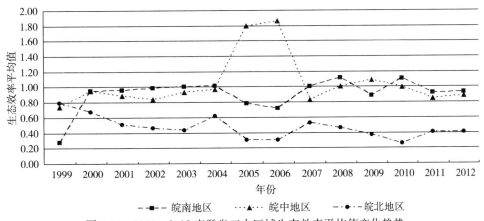

图 4-10　1999～2012 安徽省三大区域生态效率平均值变化趋势

我们知道，生态效率最优的皖南地区，其沿江工业区蓬勃发展，旅游资源丰富，经济发达，技术和管理水平先进，对环境保护的重视程度较高，有充裕的环境治理投资，能够相对保持较少的污染，因此基于非期望产出的生态效率水平较高。生态效率水平相对落后的皖北地区，虽然两淮煤矿资源丰富，但是人口众多，产业结构不合理，经济水平低，工业欠发达，工业生产产生的污染物排放量相对较大，因而生态效率较低。而皖中地区地理位置优越，交通便利，资源充足，经济发展迅速，对环境的保护意识较强，故其基于非期望产出的生态效率较高。

2. 三大区域内生态效率变动趋势

1）皖南地区

首先，对1999～2012年安徽省皖南地区的生态效率进行简单描述性统计，如表4-27和图4-11所示。

表 4-27　1999～2012 年安徽省皖南地区的生态效率描述性统计

地市	平均值	标准差	最大值	最小值
马鞍山	0.94	0.30	1.22	0.24
芜湖	0.99	0.35	1.64	0.38
宣城	0.46	0.22	1.00	0.11
铜陵	0.79	0.27	1.08	0.22
池州	0.31	0.09	0.46	0.19
黄山	1.94	0.91	3.06	0.39

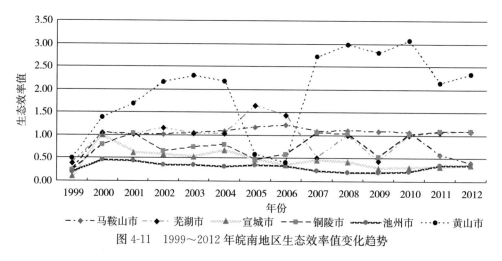

图 4-11　1999～2012 年皖南地区生态效率值变化趋势

由表4-27和图4-11可知，皖南地区的生态效率总体较高，生态效率平均值在0.9左右，且有逐年递增的趋势。马鞍山、芜湖和黄山效率值较大，其中黄山的生态效率平均值甚至达到了1.94；而芜湖和马鞍山的生态效率平均值也接近于1。宣城和池州的生态效率平均值一直比较低，这主要是因为该地区经济较为落后，主要任务是发展经济，忽略了对环境的保护。

铜陵和马鞍山一直是安徽省循环经济发展的"排头兵"。其中，铜陵是全国首批循环经济的"双试点"城市之一，多年来努力发展循环经济，推进工业经济转型升级，逐步降低工业发展对资源环境的依赖度；马鞍山作为传统钢铁基地，已从过去的能源消耗大市，逐步走向安徽省节能减排的前列，2007年还编制了《马鞍山市循环经济发展规划》；而黄山以旅游为依托，大力发展旅游业，必然加强环保力度。因此，这些地区的环境效率值比较高。

芜湖除了1999年、2007年、2009年的生态效率值小于1外，其他年份的生态效率值都大于 1，位于生产前沿面上。芜湖的生态效率变化呈现 U 形曲线的特征，2010 年效率值明显下降，进一步分析可知分别是因工业废水、工业废气和工业固体废物排放过多造成的。

宣城拥有大量的造纸、化工、建材、电镀等行业，其排放的工业废水没有得到有效处理，2008 年宣城市污染源普查清查汇总表显示污水处理厂为 0 个。同时，从表 4-27 中可知，宣城市的生态效率较低，其生态效率平均值仅为 0.46，但标准差反映宣城市的生态效率变化较小。

综上所述，皖南地区内部的生态效率水平变化可以概括为以下几个方面：①生态效率水平整体较高，且大体呈逐年递增的趋势。②不同地区生态效率平均水平存在差距，马鞍山、黄山和芜湖保持着很高的生态效率水平，而宣城的效率水平一直很低。③不同年份各地区生态效率变化各有不同，铜陵、黄山和马鞍山三个地区的生态效率水平变化平稳且每年逐渐改善，芜湖的生态效率变化较大且呈现 U 形变化特征。

2）皖中地区

1999～2012 年安徽省皖中地区的生态效率描述性统计，如表 4-28 和图 4-12所示。

表 4-28　1999～2012 年安徽省皖中地区的生态效率描述性统计

地市	平均值	标准差	最大值	最小值
合肥	1.72	0.72	3.31	1.10
安庆	0.78	0.36	1.31	0.30
滁州	0.74	0.32	1.17	0.34
六安	0.94	1.31	4.29	0.29

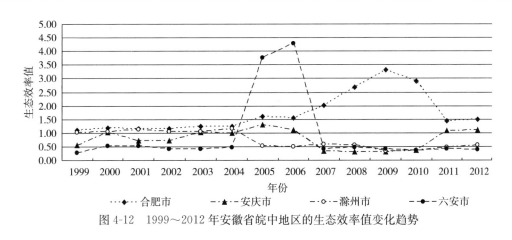

图 4-12　1999～2012 年安徽省皖中地区的生态效率值变化趋势

由表 4-28 和图 4-12 可知，皖中地区生态效率平均值为 1.04，总体较高，但是波动性较大。例如，六安市在 2004 年的生态效率值为 0.46，到了 2005 年猛增到 3.76，2006 年继续增长到 4.29，但是在 2007 年却骤降至 0.40，这样的大起大落对经济的可持续发展造成了不良的影响。合肥的生态效率在皖中地区的几个城市里最好，1999～2012 年合肥的生态效率值均大于 1，最大的生态效率值为 2009 年的 3.31，且平均标准差较小，说明合肥在皖中地区生态效率维持得较好；滁州和安庆的生态效率平均值虽然低于六安市，但是其波动幅度也是小于六安市的，生态效率值变化总体表现平稳。

合肥市是安徽省经济和政治中心，经济发展与环境保护并重，其在"十五"和"十一五"期间取得经济快速增长的同时加强环保投资力度，因而生态效率相对较好。滁州和安庆，由于沿江的地理优势，经济增长较快，然而引进大量的高污染和高排放的工业，导致环境效率相对偏低。而地处淮河和巢湖流域的六安，水污染严重，且存在较多高风险和高污染工业，工业"三废"排放严重，当管控较严时，排污少，生态效率明显上升，当管控较松时，生态效率又明显回落，故其生态效率值大起大落。

综上所述，皖中地区的生态效率水平变化可以概括为以下几个方面：①生态效率水平总体适中。②不同地区生态效率平均水平相差较大，合肥始终保持着较高的生态效率水平，滁州和安庆的生态效率值不高，而六安的生态效率虽然平均值较大，但波动也很明显，缺乏长效机制。③不同年份各地区生态效率变化存在明显差异，合肥的生态效率水平有的年份很高，有的年份又回落，增长不稳定；滁州的生态效率水平变化呈先减小后增大的趋势，整体处于较高水平；安庆和六安的生态效率水平变化呈现每年不尽相同的特征，其中六安的生态效率水平变化幅度较大，安庆的生态效率水平近年来提高较多。

3）皖北地区

1999～2012 年安徽省皖北地区的生态效率描述性统计，如表 4-29 和图 4-13所示。

表 4-29   1999～2012 年安徽省皖北地区生态效率描述性统计

地市	平均值	标准差	最大值	最小值
淮北	0.30	0.07	0.43	0.19
亳州	0.83	0.59	2.63	0.29
宿州	0.54	0.32	1.11	0.21
蚌埠	0.46	0.15	0.61	0.22
阜阳	0.39	0.12	0.61	0.25
淮南	0.26	0.06	0.36	0.18

从表 4-29 和图 4-13 可以看出，皖北地区生态效率平均值为 0.47，且大部分地区的生态效率保持平稳。皖北各地区的生态效率平均值均小于 1，其中亳州生态效率曲线呈现 U 形特征，且生态效率平均值为 0.83，在皖北地区来说，亳州的生态效率值较高，但波动性较大，1999 年的生态效率值为 2.63，而到了 2001 年，生态效率值就下降到了0.58。其他地区的生态效率曲线波动不明显，淮南、淮北和阜阳的生态效率水平较低，其平均值分别为 0.26，0.30 和 0.39，其中淮南的生态效率值是安徽省所有地级市中最低的。

分析可知：首先，淮南和淮北是两淮煤炭资源储备充裕的地区，由煤炭带来的延伸产业，一方面推动了经济的快速发展；另一方面造成了工业"三废"的大量排放。并且受资源限制的开采行业后劲不足，产业结构老化，能源消耗大，资源浪费严重，因此淮南

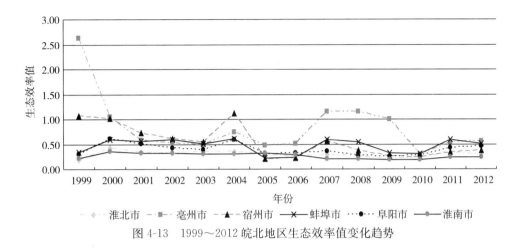

图 4-13　1999～2012 皖北地区生态效率值变化趋势

和淮北的生态效率值都很低。其次，亳州自然资源丰富，经济发展较好，同时大力发展循环经济，资源消耗减少，环境污染降低，因而生态效率水平较高。最后，蚌埠和阜阳作为安徽省的两大铁路枢纽地区，交通发达，投资便利，工业企业众多，工业污染物排放量大，并且蚌埠地处淮河流域，水污染严重，阜阳人口众多，劳动力资源严重浪费，在一定程度上造成生态效率水平下降。

综上所述，皖北地区的生态效率水平变化可以概括为以下几个方面：①总体生态效率水平较低，且大部分地区的生态效率起伏明显。②不同地区生态效率平均水平差异较大，亳州保持着较高的生态效率水平，宿州次之，而淮北和淮南的生态效率水平很低。③不同年份各地区生态效率变化差异较大，亳州和宿州的生态效率起伏较大；淮南、淮北和蚌埠的生态效率值变化是先缓慢增加，到 2004 年开始缓慢降低，2007 年后又小幅增加。

4.5　结论与政策建议

4.5.1　本节主要结论

首先，本节对所选取的指标进行描述统计；其次，利用考虑非期望产出的 Super-SBM 模型对安徽省各个地区的生态效率进行测度和排名，通过比较效率值大小来观察非期望产出对各地区环境的影响；最后，比较和分析了皖南、皖中和皖北三大区域之间和各自内部生态效率水平的差异。本章得出以下几点结论。

（1）本节采用非径向、非角度的 Super-SBM 模型测算了 1999～2012 年安徽省 16 个地区的生态效率值。由测算结果分析可知，安徽省地区生态效率水平差异较大，但整体呈上升趋势。然后，通过 Super-SBM 模型与经典 SBM 模型的比较，得出 Super-SBM 模型在处理非期望产出时具有绝对优势的结论，Super-SBM 模型解决了经典 SBM 模型中因多数地区效率值为 1 而不能进一步评价和排序的问题，从而进一步研究了安徽省地区生态效率水平的差异。其中，生态效率较高的地区一般为经济发达且环境保护较好的地区，生态效率较低的地区往往是环境污染严重的地区。

（2）对 Super-SBM 模型测算的生态效率值和经典 SBM 模型测算的生态效率值进行比较可知，Super-SBM 模型更具优势。通过对各市的生态效率值进行比较发现，各市的生态效率值变化都有较大波动，但总的趋势是趋向于提高的。各市生态效率值的差异比较明显，最大值为最小值的 7 倍。

（3）通过对三大区域的生态效率值进行比较发现，皖南地区和皖中地区的生态效率值较大，皖北地区的生态效率值较小，但是皖中地区的生态效率值波动很大，凸显出安徽省环境政策的持续性较弱。不同年份各地区生态效率变化差异较大，是三大区域面临的主要问题，安徽省在制定政策时应该注意各地区的协调。

4.5.2 相关政策建议

根据以上分析，针对安徽省在经济发展过程中面临的环境问题，对各地区在今后一个阶段，特别是"十二五"期间的发展提出相关政策和建议，要改善生态效率水平，实现经济和资源环境的协调发展，需要从以下几个方面着手。

（1）转变经济增长模式，发展循环经济。目前安徽省地区的经济增长出现了很多制约因素。多年来，安徽省经济的快速发展是在资源浪费及环境破坏的基础上进行的，目前很多地区仍然采用传统的"低质量、低产出、高消耗、高投入"经济增长方式，采用这种经济增长方式的结果是必然会导致资源不断枯竭和环境的严重污染，如六安、安庆和淮北等地。循环经济是指将废弃物多次利用和增加投入的利用效率融为一体的生态经济，具体的措施如下：①有效节约资源。大力实行节约能源消耗、节约水资源、节约用地等措施，对资源进行综合利用，逐步形成节约型的增长方式，促进资源利用率高、有市场、有效益的企业快速发展。②推进科技创新。鼓励企业不断采用先进的科学技术改造传统产业和转变经济增长方式，继续提高工艺和技术水平；限制高投入、高能耗项目的建设；淘汰消耗大，产出低，污染重和水平落后的产品、技术和工艺。③加强循环经济示范效应。巩固铜陵、马鞍山和淮南等地矿业和企业的循环经济试点，探索有色金属、钢铁、化工等重点行业的循环经济发展模式；全面推进循环经济示范城市、园区及企业建设，通过充分利用废弃物和共享资源等途径大力发展循环经济，从而构建循环型产业体系；同时倡导更多的地区和企业加入到发展循环经济的行列中来。④坚持宏观调控。坚持发挥宏观调控对解决安徽地区长期经济发展中存在突出矛盾的优势，充分利用安徽省丰富的农业、煤炭和水资源等，大力倡导符合我国产业政策的经济增长方式，同时把握好对环境调控的重点和力度，尤其是工业污染物的排放。

（2）推进技术创新，强化清洁生产。所谓的清洁生产是指不断地利用先进的技术和设备，通过使用清洁原料和改进工艺设计来达到充分利用能源和不断完善管理的目标。另外，清洁生产还应注意对源头污染的控制，这样有利于提高资源的利用效率，同时可避免或者减少生产和使用产品过程中产生的污染物排放，从而消除或减轻污染对人类健康造成的危害。

安徽省是我国中部地区的欠发达省份，各地区之间发展不均衡，但安徽省是一个矿产资源丰富的省份，马鞍山的钢铁、铜陵的铜矿、两淮的煤矿等使得金属、有色金属、化工、建材等高污染行业依然存在，因此要从注重源头上控制企业的污染排放，而清洁生产正好提供了新的思路。清洁生产彻底改变了传统滞后的、被动的污染控制方式，成为一种提高生态效率、控制生态污染的重要手段，它不仅仅是带来经济效益，还会产生巨大的社会与环境效益。安徽省各地区应该持续引入先进的技术和设备，努力推进技术创新，不断强化清洁生产，从而促进经济和环境协调发展。发展清洁生产，要尽量做好以下几个方面：①利用先进技术，想方设法提高资源的利用率。马鞍山和铜陵两地仍须不断巩固和强化清洁生产；沿江一些地区，如滁州和安庆，应特别重视技术创新，不断提高环境资源的利用效率。②推广清洁生产。由于两淮地区煤矿资源丰富，发展清洁煤产业应成为安徽省的重点发展对象，除此之外应该强化各地区所有产业的清洁生产，真正做到从源头上控制污染，因此政府和企业要给予大力支持并加大投资，推广清洁生产的装备与技术。③建立清洁生产示范项目。建立清洁生产示范项目，一方面可以吸引大批的高科技人才进行技术创新；另一方面可以研究和开发污染少或者无污染的工艺技术和产品，从而将其利用到现实生活中。④强调清洁审核。从企业的角度而言，开展清洁生产审核，既能降低成本，又能降低原材料的消耗，进一步提高生态效率；而对于地方政府而言，其则是完成节能减排目标的重要途径和方法。

（3）调整产业格局，优化产业结构。随着工业化水平的逐步提高，工业主导地位的不断增强，安徽省各地区的经济快速发展。但与此同时，由于长期以来安徽省和全国一样，一直在走传统的工业化道路，经济结构的不合理和发展模式粗放等深层次矛盾，造成了环境污染和资源严重浪费等问题，皖中和皖北地区尤为明显。针对目前安徽省面临的环境污染现状，合理地调节产业格局势在必行。在今后一段时期，安徽省应该走新型工业化道路，不断加快产业结构的优化升级，逐步形成以基础产业与制造加工业为支撑的产业格局。从现实来看，应该做好以下三个方面：第一，加速第三产业发展。国民经济中，第三产业所占比重越高，该地区整体的经济实力和环境效率水平越好。首先，发展一般服务业和商业，如交通运输业、批发零售贸易和餐饮业等，皖北地区人口众多，特别是阜阳，因而这些产业的发展还可以解决就业问题；其次，发展新兴第三产业，如信息、咨询和科技产业。最后，壮大旅游产业，加快旅游产品开发及推进旅游区域间合作。皖南地区，尤其是黄山和池州等地应该大力发展当地特色的旅游。第二，推进经济结构转型。首先，推进资源型地区的经济转型和环境转优，实现从资源型产业向新兴产业、高新技术产业转变，以及区域产业布局的调整优化，并以产业转型带动城市的全面转型，开辟可持续发展之路。其次，提高投资规模增速。从安徽省的现实出发，加大投资力度，适度扩大投资规模，优化投资结构，以推动经济和资源及环境的持续、稳定、协调和健康发展。

（4）协调区域发展，建设生态安徽。由于安徽省各地区之间的环境和经济发展水平存在着较大的差异，因此不同区域之间的生态效率差距较大，皖南地区普遍高于皖中和皖北地区。所以，政府部门在制定环境政策时，要根据各地区的实际情况，有差别地设定区域发展战略，协调区域经济发展。第一，巩固皖南地区的带头作用。生态效率水平较高的皖南地区应该把调整产业结构作为发展重点，充分发挥该地区的区位优势，依托其先进的生产技术优势，努力发展低消耗、轻污染的产业，给其他地区介绍和传授提高生态效率的方法及技术经验，帮助和扶持皖中和皖北地区改善生态效率水平，给皖中和皖北地区起先锋模范带头作用。另外，还应该加快皖南地区国际旅游文化示范区的建设，加强大别山资源开发和生态保护，积极发展特色的现代旅游业和符合绿色发展要求的产业，提升皖南地区的整体生态效率。第二，发挥皖中地区纽带作用。皖中地区生态效率水平整体偏低，这些地区要加紧落实工业产业的节能减排，优化产业结构，提高升级污染物排放处理技术，减少环境污染物的排放，积极引进先进的生产技术和管理经验，努力改善生态效率，提高经济发展水平。由于皖中地区是连接皖南地区和皖北地区的重要纽带，生态效率水平的好坏直接影响其他两地区经济和环境的发展。首先，加快合肥经济圈建设，推进基础设施、产业布局、环境保护等方面的一体化发展，打造全国有影响力的都市圈品牌，加速安徽崛起。其次，使皖江城市带加快发展。根据国家规划的总体部署，全方位和高水平推进示范区建设，努力使皖江城市带成为引领和带动全省经济和环境加速改善的方向标。第三，推动皖北地区快速发展。皖北地区应该转变以传统工业为主的发展模式，实现由资源型产业向新兴产业和高新技术产业的转变，提高生态效率。皖北地区的发展事关安徽省加快发展和尽快融入长三角经济圈，充分发挥安徽省人口大省、资源大省和农业大省的优势，加快推动全省的工业化进程。总的来说，一方面加强生态环境修复和保护；另一方面要因地制宜发展资源环境可承载的特色产业，努力构建人与自然和谐相处的美好生态安徽。

(5)完善生态管理，增强环保意识。在"十二五"期间，安徽省仍处于经济转型期，市场机制和管理机制仍不完善。因而，政府应运用价格、财税等经济杠杆综合有效地引导企业发展循环经济，这样才能最有效地降低污染、保护环境、提高生态效率。完善生态管理主要包含以下三个方面：第一是利用环境经济政策手段。环境经济政策形式多样，具体有押金制度、排污收费制度、排污权交易制度、排污许可制度等，它虽然具有低成本、高效率的优点，但也存在着一系列很明显的问题。根据托宾投资理论，由于污染物排放费和污染物质量费用之间的差异，一些企业选择缴纳污染物排放费而不愿进行污染物治理。同时，污染物排放费仅对达到标准的企业具有强制作用，因此政府应综合考虑并制定环境保护政策。第二是完善环境法规制度。经济市场运转不良必然导致环境问题的出现，这时就必须采取相应法律和规章制度对其约束。发达国家较早注意到环境污染问题，它们采取了相应的政策，这些政策取得了显著的成效。我国作为一个发展中国家，政府可以借鉴发达国家在解决环境污染问题方面的经验和教训，充分结合本国国情、环境和经济发展现状以制定环境保护政策。第三是增强公众环保意识。我们生存在环境之中，一举一动都会对环境产生影响，因而环保意识便显得尤为关键。首先，媒体应该宣传环境对人的重要作用，增加人们对环境保护的认可度；同时，媒体也可充当环境保护政策是否严格执行的监督者。其次，各级政府应加大环保支出，出台更多关于清洁生产企业的优惠政策，并且对污染排放企业应采取积极行动，敦促和监督企业减少污染。最后，企业应该积极引进清洁生产设备，依靠政府支持和自身的科研能力积极开发清洁生产技术。

第 5 章

案 例 分 析

本章内容共选取了天津、蚌埠、苏州和重庆四个城市进行案例分析。其中关于天津的案例分析是对天津市静海县水污染等问题进行探讨研究,案例选取 1992~2012 年天津市工业"三废"排放和人均地区生产总值数据,分析天津市经济发展与环境污染的关系问题。通过建立平滑转换模型,找出门限值(threshold),进一步分析得出,天津市环境污染日益严重,对天津市的经济发展有着阻碍作用,并提出相应措施。苏州案例是以 2014 年 8 月 2 日江苏昆山市爆炸案为引子,首先,研究苏州市的经济发展;其次,建立起城市生态环境建设的体系,通过模糊数学的方法来对江苏省的 13 个市区进行综合评价,得出结论并提出建议。重庆案例则全面分析了重庆的经济发展和环境污染现状,其中对环境变化趋势进行了 Daniel 检验,得出环境污染变化趋势基本显著,并指出重庆市应加强经济与环境的协调发展。蚌埠案例则从全范围视角分析蚌埠市的经济发展和环境污染状况,以在 2007~2012 年共发生的 16 起环境污染突发事件为导入,首先,分析了蚌埠市经济发展情况和模式;其次,研究了蚌埠市在城镇化推进中面临的诸多制约和难题,其中环境因素不容忽视;再次,分别从水污染、大气污染、固体废物污染、能源消耗、城市绿化率五个方面探究蚌埠市城市发展面临的环境问题;最后,运用 SWOT 分析法进行分析并给出相关建议。

5.1 天 津 市

天津市是我国的直辖市,是第三大城市,位于环渤海经济圈的中心,并且是我国近代北方最早对外开放的沿海城市之一,其下辖 12 个市辖区、1 个副省级区、3 个市辖县。作为我国近代工业的发源地,天津的五大道素有"万国建筑博览会"之称。我国对天津市的经济发展颇为重视,2006 年 3 月 22 日,国务院常务会议将天津市完整定位为"环渤海地区经济中心,国际港口城市,北方经济中心,生态城市",并将"推进滨海新区开发开放"纳入"十一五"和国家战略,将其设立为国家综合配套改革试验区,成为"我国经济第三增长极";2009 年 11 月 10 日,国务院批复同意天津市调整滨海新区行政区划,经济进入高速发展时代,增速连续多年位于全国领先位置。天津市已经形成"双城双港"的新典范。但是天津市经济在快速发展的同时环境问题也日益严重，本节着重从工业废水、工业废气和工业固体废物三个方面入手，建立非线性模型对环境污染问题进行分析。

5.1.1 理论基础

Grossman 和 Krueger(1995)在 20 世纪通过对数据分析得出在人均收入和环境之间存在一种倒 U 形关系的结论，这种倒 U 型关系与库兹涅兹在 20 世纪 50 年代提出的收入分配与经济发展的关系类似，进而把这种倒 U 形曲线称为环境库兹涅兹曲线(environmental Kuznets curves，EKC)。环境库兹涅兹曲线反映的是环境状况与其对应的经济发展之间的关系，描述了经济发展与环境污染之间的动态变化关系，这种变化关系可以表述为：当经济处于初级发展阶段，环境污染程度会随着经济增长呈现上升趋势，此时经济增长对环境是有害的，需将经济增长水平进行控制以保护环境；当经济达到高级发展阶段时，环境污染程度呈现一种稳态且随着经济的持续增长而逐渐趋于下降的趋势，此时经济增长对环境是有利的。由此可见，在经济发展过程中环境污染是必然经历的过程。

国外学者基于环境库兹涅兹曲线研究经济增长与环境污染主要是通过以下三种方法：第一种是在假设环境库兹涅兹曲线存在的基础上，采用水平数据、截面数据或面板数据，利用多项式模型进行估计，计算出拐点，分析经济学含义；第二种是通过数据分析研究验证不存在环境库兹涅兹曲线；第三种则是对环境库兹涅兹曲线理论进行深入研究。第一种方法的研究成果较多，Grossman 和 Krueger(1995)通过研究首次发现发达国家的多种污染物与经济增长之间存在一种倒 U 形关系。List 和 Gallet(1999)利用 1929~1994 年共 66 年的数据对美国 52 个州的环境库兹涅兹曲线进行了研究。Bimonte 和 Salvatore(1999)通过实证检验了保护区面积占国土面积的百分比指标与经济增长存在环境库兹涅兹曲线关系。Dinda(2005)使用 28 个国家的面板数据探讨并试图解释环境退化和收入之间的倒 U 形关系，并在模型中加入核能源变量。Bouceekkine 等(2013)运用技术和生态转换的最优 AK 增长模型探讨了收入和污染之间的环境库兹涅兹曲线关系，并认为这种关系是当前经济发展阶段最优政策执行的结果。至于第二种方法，目前有 Luzzati 和 Orsini(2009)利用 1971~2004 年全球 113 个国家的绝对能源消费和 GDP 数据也证实二者之间不存在环境库兹涅兹曲线。Miah 和 Danesh(2008)通过研究孟加拉国多种温室气体与经济增长之间的关系，试图确定环境库兹涅兹曲线对孟加拉国经济增长的影响，结果显示，并非所有温室气体都符合倒 U 形关系。Park 和 Lee(2011)利用韩国 16 个都市圈年度面板数据得出每个地区的环境库兹涅兹曲线都不一样，因此环境政策应该因地制宜。第三种研究方法，如 Dinda(2004)综述了环境库兹涅兹曲线假说，并试图从经济发展进步和环境质量偏好角度解释环境库兹涅兹曲线。Giovanis(2013)利用 1991~2009 年英国家户委员会调查所得的空气污染和收入水平的数据通过三种方法进行实证分析，证明在宏观经济上存在环境库兹涅兹曲线，但是在微观经济上不存在环境库兹涅兹曲线，结果表明空气污染与收入可能是基于社群主义的安排，并非个体行为。

　　20 世纪末，我国学者开始对我国经济增长与环境污染之间是否存在环境库兹涅兹曲线进行研究。朱智洺(2004)利用统计数据，得出我国水环境与经济发展处于环境库兹涅兹曲线的上升阶段。王瑞玲和陈印军(2005)选取 1985～2003 年我国经济与环境数据进行分析得出，我国工业"三废"排放的环境库兹涅兹曲线呈现正 U 形、倒 U 形等类型。马树才和李国柱(2006)通过实证研究发现，我国经济增长对环境污染的改善不显著，很难自动调剂。彭水军和包群(2006)运用 1996～2002 年我国的省际面板数据进行研究发现，不同的污染指标及不同估计方法的选取对环境库兹涅兹曲线有很大的影响。李刚(2007)使用面板数据模型和空间计量模型得出我国部分环境指标满足环境库兹涅兹曲线的倒 U 形特征。有的学者以市域数据作为样本研究。例如，吴玉萍等(2002)利用北京市 1985～1999 年的人均地区生产总值与工业"三废"排放数据研究北京市是否存在库兹涅兹曲线；陈华文和刘康兵(2004)选取 1990～2001 年上海市的数据进行分析，证实人均收入和环境污染之间存在倒 U 型关系，周阳品等(2010)选取 1990～2007 年广州市的相关数据研究环境变量随人均地区生产总值的变化规律，认为环境政策和环保投入才是促使环境库兹涅兹曲线具有倒 U 形关系的原因。方伟成和孙成访(2012)选取 1996～2009 年深圳市的统计数据进行研究发现，深圳市经济增长与环境污染之间存在环境库兹涅兹曲线关系，并深入探讨了环境库兹涅兹曲线的驱动因素。李彦明(2007)选取 1986～2004 年南京的数据进行研究发现，南京市工业"三废"排放随经济的增长符合倒 U 型关系。对于上述北京、上海、广州、深圳、南京五个城市的环境库兹涅兹曲线研究，存在一个共同问题，就是对于时间序列数据，没能进行平稳性和协整检验，而如果不进行平稳性和协整检验，会导致虚假回归，则此时的结论难以信服。

　　对于环境库兹涅兹曲线的探讨还在继续，因为环境库兹涅兹曲线的提出就伴随着巨大争议。我们应该建立以下认识：首先，认为人类发展必将经历先污染后治理过程的观点过于片面和主观，并且环境污染和经济增长之间的线性关系很难信服；其次，每个国家经济发展道路是不完全相同的，环境库兹涅兹曲线暗含着经济发展会自动使环境趋于好转，这显然是不合理的；最后，很多学者质疑验证环境库兹涅兹曲线的方法，很少对所用数据进行平稳性和协整检验。

　　事物的发展遵循着从简单到复杂的过程，计量经济学也是一样的。计量模型也由简单的线性模型发展到相对复杂的非线性模型。自 20 世纪 90 年代末以来，非线性时间序列模型得到很大发展，其中具有代表性的是三大非线性时间序列模型，它们分别是：①马尔科夫机制转换模型(Markov switching model)。此模型假定转换机制由马尔科夫链决定，且此马尔科夫链是外生的，不可观察，进而此模型不能对机制转换原因进行解释。②门限自回归模型(threshold autoregressive model，TAR)。此模型把转换机制看做内生，而且转换变量具有可观测性，但是模型中门限值却不能直接得到，是一种离散的转换机制。③平滑转换自回归模型(smooth transition autoregressive model，STAR)，当此模型中转换函数只取 0 和 1 时，即此时转换函数为示性函数，并服从马尔科夫过程，STAR 可看做马尔科夫模型，当此模型中平滑转换变量取不同值时，STAR 可转换为 TAR。STAR 对状态或机制的刻画是连续的，在现在经济问题中得到广泛应用。

本案例运用的正是 STAR，该模型中转换函数有多种形式，如双曲切线函数、正态累积分布函数、指数函数和对数函数等形式。而对 STAR 理论起到奠基作用的是 Teräsvirta，他完善了模型理论，并对模型的具体形式，以及模型检验、估计等理论研究做出巨大贡献，从而使 STAR 成为三大非线性时间序列模型之一。下面简单介绍标准的 STAR，其表达式如下：

$$y_t = \phi_{1.0} + \sum_{j=1}^{p} \phi_{1,j} y_{t-j} + \left(\phi_{2.0} + \sum_{j=1}^{p} \phi_{2,j} y_{t-j} \right) G(s_t; \gamma, c) + \varepsilon_t \tag{5-1}$$

其中，y_t 表示一个时间序列变量。$G(s_t; \gamma, c)$ 表示转换函数，要求其为连续函数，且取值范围为 $[0, 1]$，其中 s_t 为转换变量，它可以是一个函数式也可以是外生或内生变量；参数 c 称为门限值；参数 γ 为转换系数，它能反映一个机制到另一个机制转换的大小快慢。ε_t 为随机干扰项。当 $G(s_t; \gamma, c) = 0$ 时，STAR 就是 AR(p) 模型，称为机制一；当 $G(s_t; \gamma, c) = 1$ 时，STAR 则是另一个 AR(p) 模型，称为机制二。所以 $G(s_t; \gamma, c)$ 在 $[0, 1]$ 之间变化时，STAR 就在两个机制间平滑变化，如式(5-2)所示。

$$\begin{cases} y_t = \phi_{1.0} + \sum_{j=1}^{p} (\phi_{1,j}) y_{t-j} + \varepsilon_t & ; \ G(s_t; \gamma; c) = 0 \\ y_t = \phi_{1.0} + \phi_{2.0} + \sum_{j=1}^{p} (\phi_{2,j} + \phi_{1,j}) y_{t-j} + \varepsilon_t & ; \ G(s_t; \gamma; c) = 1 \end{cases} \tag{5-2}$$

基于 STAR，本案例的实证模型如下：

$$y_t = \alpha_0 + \alpha_1 x_t G(x_t; \gamma, c) + \varepsilon_t \tag{5-3}$$

其中，y_t 为因变量，本案例中的工业"三废"指标为人均工业废水排放量、人均工业固体废物产生量、人均工业废气排放量的自然对数；α_0 为截距项；x_t 为人均地区生产总值的自然对数；误差项 ε_t 服从均值为 0、方差为常数的正态分布；$G(x_t; \gamma, c)$ 为转换函数。本案例采用了逻辑函数形式，如下：

$$G(x_t; \gamma, c) = \frac{1}{1 + \exp[-\gamma(x_t - c)]}, \quad \gamma > 0 \tag{5-4}$$

式(5-4)中参数 c 为门限值，转换变量选择的是 x_t，即为式(5-2)中的自变量。逻辑函数 $G(x_t; \gamma, c)$ 取值范围为 $[0, 1]$，且在此区间上单调递增，当 $x_t = 0$ 时，有 $G(x_t; \gamma, c) = 0.5$，此时可以看做机制转换的中间状态。参数 γ 为转换系数。假如 γ 较大，这表明 x_t 相对于门限值 c 的很小变化会导致机制转换的剧烈变化。当 $\gamma \to \infty$ 且 $\gamma > c$ 时，逻辑函数 $G(x_t; \gamma, c)$ 逼近指示函数(indicator function)1，此时式(5-3)变为门槛模型；当 $\gamma \to 0$ 时，此模型退化为简单的线性回归模型。

为了进一步研究模型中逻辑函数，现绘出门限值 $c = 1$，转换系数 $\gamma = 1$ 和 $\gamma = 10$ 时的函数图(图 5-1)。由图 5-1 可知，门限值越大，图像越陡，转换越快，且转换函数随着 x 的越来越大，呈现递增趋势。而当 $x = 1$，即转换变量值等于门限值时，逻辑函数都等于 0.5，且此为函数的拐点。此处拐点的经济学含义是环境污染的发展趋势开始发生转变的点。基于本案例模型具体分析如下：当 $\alpha_1 > 0$ 时，若转换变量值越过门限值后，经济增长对环境污染的弹性系数从 $\frac{\alpha_1}{2}$ 增大到 α_1，表明经济增长对环境影响较大，此时经济增长对环境是有害的，则应当控制经济增长以保证持续增长；当 $\alpha_1 < 0$ 时，若转换变量越过门限值后，经济增长对环境污染的弹性系数是负值，表明经济的增长有利于环境保护，此时应加大经济发展，这正是环境库兹涅兹曲线的内涵。因此可以用本模型检验环境库兹涅兹曲线，同时也可以用本模型来分析政府环境政策的好坏，更重要的是本模型基于非线性理论可以比较准确地刻画经济增长与环境污染的关系。

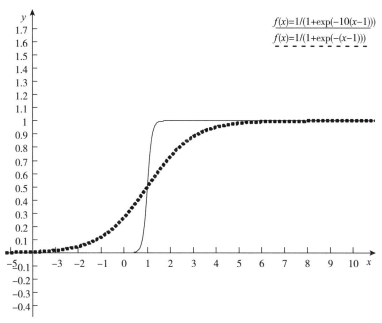

图 5-1　不同转换系数时的平滑转换函数图像

5.1.2　案例问题引入

（1）2013 年 8 月 21 日，中央电视台"新闻直播间"报道了天津市静海县水污染调查情况的新闻。

（2）天津北方网讯：2013 年 7 月 2 日和 9 日，本报先后刊发文章《毒水入运河秒杀鱼虾》和《谁让废酸污染了大运河？》，对静海县陈官屯镇东钓台村附近的大运河与周边河流遭受污染的情况，以及界内群众的质疑进行了报道。文章刊出后，引起静海县县委、县政府高度重视，当地政府连续召开专题会议并迅速付诸行动。随后，在该县全方位治理水污染的专项行动中，有 43 家违法排污企业被查处，3 名涉案嫌疑人正接受警方调查。同时，经过阶段性治理，事发地段的大运河水质已基本达标。记者从静海县环保局负责人处了解到，专题会议召开后，该县环保、水务、公安、安监等职能部门各司其职，配合各乡镇，分别成立治理组、巡逻组、调查组，确保将专项行动落到实处，并已取得阶段性成果。该县环保局负责人介绍"首先，行动中，我们进一步加大了对违法排污企业的打击力度，对涉酸企业逐一排查，发现问题绝不手软，力争从源头封堵污染，截至 7 月 18 日，已取缔以水污染为主的大小企业 43 家。其次，针对陈官屯境内的大运河污染，我们通过采取撒白灰和补充新水自然净化等措施进行了治理，13 日，经县环保监测站现场检测，化学需氧量值为 51 毫克/升、PH 值为 7.38、色度为 32 倍，此结果表明，被污染河段的水质已基本达标。另外，由公安、环保和乡镇组成的巡逻队坚持全天候 24 小时排查巡逻，7 月 18 日夜里 10 点多钟，大屯境内一家酸洗企业员工因倾倒废酸被当地巡逻队当场抓获，目前，该员工及其所在企业两名负责人已被警方控制，案情正在进一步调查中。

(3)2013 年 1 月 12 日天津北方网讯：一连三天，津城出现了雾霾的天气，这也让PM2.5 的指数一路蹿高，创下了今年的最高值。昨天 16 时，PM2.5 监控的实时数据显示，香山道监测站点最近一小时 PM2.5 浓度均值达到每立方米 443 毫克，天津市总共17 个监测站点里 14 个站点达到 6 级污染指标，这也是污染的最高等级。据介绍，PM2.5 指数蹿高的主要原因是连续三天津城风无力，导致空气扩散和流动性变差。市环保局工作人员建议，市民加强防护，有关部门加大扬尘尾气整治力度。此外，全国多个省市也均出现了 PM2.5 指数蹿高的现象。市环保局工作人员对记者说，这样的浮尘天气，空气中的颗粒物非常多，其中包含细菌和病毒，对有呼吸道疾病史的患者，甚至对健康人的呼吸道，都具有一定的刺激性。市环保局工作人员提醒市民，空气质量下降或阴雨潮湿天气，都有可能对呼吸系统产生刺激，引起呼吸系统疾病。而人体大量吸入粉尘，则会引起口咽、鼻腔的干燥，可能诱发鼻窦炎、慢性支气管炎等病症，出现咳嗽、咳痰、胸闷等症状；特别是对于肺病、哮喘、慢性支气管炎、慢性阻塞性肺炎等疾病的患者，则可能导致其病情加重。

天津市关于环境保护"十二五"期间着重提出固体废物污染防治专项规划。2010 年，天津市工业固体废物产生量为 1 862.38 万吨，综合利用量为 1 845.12 万吨(包括利用往年贮存的工业固体废物 9.47 万吨)，综合利用率为 98.57%，与 2005 年比，工业固体废物综合利用率提高了 0.3%，工业固体废物无害化处置量为 27.02 万吨。2010 年天津市主要工业固体废物产生量前五位排名和利用状况如表 5-1 所示。

表 5-1　2010 年天津市主要工业固体废物产生量前五位排名和利用状况

排名	废物种类	产生量/(万吨/年)	利用量/(万吨/年)
1	粉煤灰	589.26	589.34(含往年贮存量)
2	冶炼废渣	434.16	434.15
3	炉渣	432.16	441.85(含往年贮存量)
4	其他废物	185.95	169.65
5	脱硫石膏	99.77	99.77

2010 年，天津市工业危险废物处理量为 12.8 万吨，其中综合利用量为 7.3 万吨，无害化处置量为 5.49 万吨，工业危险废物零排放。医疗废物产生量为 0.74 万吨，无害化处置量为 0.74 万吨，无害化处置率为 100%，处置途径是高温蒸汽消毒、微波消毒和控制焚烧处理，焚烧残渣固化后进行安全填埋。

依据全国第一次污染源普查数据，天津市主要产生工业危险废物的企业 857 家，分属 30 个行业，产生量前五名为化学原料及化学制品制造业、石油加工及炼焦业、金属制品业、黑色金属冶炼及压延加工业与交通运输设备制造业。工业危险废物涉及 40 个种类，其中，HW34 废酸、HW11 精(蒸)馏残渣、HW17 表面处理废物、HW35 废碱、HW12 染料、涂料废物 6 个类别的产生量占工业危险废物产生总量的 85.88%。

5.1.3 数据来源及模型非线性检验方法

1. 数据来源

本案例实证所用的数据来源于《中国环境统计年鉴》、《中国能源统计年鉴》和《天津市统计年鉴》，部分数据参考了《中国统计年鉴》。其中，经济增长选用的是人均地区生产总值，工业"三废"指标分别是工业废水排放量、工业废气排放量、工业固体废物产生量。选择工业"三废"指标的原因为：①指标值易得，无缺失值，便于进行统计分析，虽然第一产业也有污染但数据很难收集，而第三产业污染较小；②目前我国环境污染程度指标比较普遍采用工业"三废"指标；③三个指标具有统一趋势，任何指标上升都意味着环境污染程度加大。根据数据的可得性，本案例收集了天津市 1992～2012 年共 21 年的数据。表 5-2 是本案例所用指标及符号，表 5-3 是本案例所用的相关数据。

表 5-2　本案例所用指标及符号

序号	指标名称	单位	本案例记号
1	人均地区生产总值	元/人	x
2	人均工业废水排放量	万吨/人	FS
3	人均工业固体废物产生量	万吨/人	FG
4	人均工业废气排放量	亿立方米/人	FQ

表 5-3　本案例所用的相关数据

年份	人均地区生产总值/元	人均工业废水排放量/吨	人均工业废气排放量/万立方米	人均工业废固排放量/吨
1992	4 470.00	22.92	1.27	0.45
1993	5 807.54	22.94	1.30	0.45
1994	7 838.40	23.52	1.50	0.55
1995	9 893.52	23.25	1.81	0.58
1996	11 834.70	21.57	1.62	0.63
1997	13 269.99	21.18	1.81	0.53
1998	14 363.64	20.20	1.72	0.49
1999	15 651.20	14.79	1.64	0.42
2000	17 001.80	17.59	1.75	0.47
2001	19 114.44	21.17	2.85	0.57
2002	21 358.09	21.81	3.65	0.64
2003	25 499.80	21.37	4.31	0.64

续表

年份	人均地区生产总值/元	人均工业废水排放量/吨	人均工业废气排放量/万立方米	人均工业废固排放量/吨
2004	30 380.57	22.10	2.99	0.74
2005	37 446.21	28.84	4.41	1.08
2006	41 513.86	21.37	6.06	1.20
2007	47 109.96	19.23	4.94	1.26
2008	57 134.44	17.38	5.11	1.26
2009	61 252.85	15.83	4.87	1.23
2010	71 012.01	15.15	5.92	1.43
2011	83 448.56	14.61	6.58	1.30
2012	91 251.80	13.53	6.39	1.30

2. 模型非线性检验方法

本案例模型是基于非线性理论，因此首要问题是时间序列是否是非线性的。由于线性模型与非线性模型的参数差异，因此不能直接对线性与非线性进行检验，故此为戴维问题(Davies' problem)。为了解决戴维问题，Luukkonen 和 Saikkonen(1988)提出可以对转换函数在 $\gamma=0$ 处进行泰勒展开，再重新定义参数的等式中就不再存在戴维问题了。

将式(5-1)在 $\gamma=0$ 处一阶泰勒展开，可以表示为

$$y_t = \alpha_0 + \alpha_1 x_t \left(\frac{1}{2} - \frac{\gamma c}{4} \right) + \alpha_1 \frac{\gamma}{4} x_t^2 + \alpha_2 Z_t + \varepsilon^* \tag{5-5}$$

对式(5-5)可重新记作

$$y_t = \alpha_0 + \alpha_1^* x_t + \alpha_2^* x_t^2 + \alpha_3 Z_t + \varepsilon^* \tag{5-6}$$

便得到了辅助回归模型。辅助回归模型中的参数 α_2^* 是式(5-1)中参数的函数。如果 $\gamma=0$，也就是意味着 $\alpha_1^* \neq 0$，$\alpha_2^* = 0$。这样，针对模型的线性零假设，即 $H_0：\gamma=0$ 就转化为针对辅助回归模型的零假设，即 $H_0^*：\alpha_2^* = 0$。于是我们可以对 $\alpha_2^* = 0$ 直接进行假设检验。

现在将 H_0^* 成立下通过 OLS 估计得到的残差平方和记为 SSR_1，对式(5-3)进行非线性 OLS 估计，得到的残差平方和记为 SSR_2，线性零假设是 $\alpha_2^* = 0$，由于本案例样本数 21 较小，则 χ^2 统计量检验结果不准确，故使用 F 统计量。

$$F = \frac{(SSR_1 - SSR_2) \big/ k}{SSR_2 \big/ T - 2k} \sim F(k, T - 2k) \tag{5-7}$$

其中，T 为时期，本案例中 $T=21$；k 为解释变量的个数。为了缓解数据异方差性，本案例所选数据均做了去自然对数处理。工业"三废"的模型表达式如下：

$$\ln FS_t = \alpha_0 + \alpha_1 \ln x_t G(\ln x_t; \gamma, c) + \varepsilon_t$$
$$\ln FG_t = \alpha_0 + \alpha_1 \ln x_t G(\ln x_t; \gamma, c) + \varepsilon_t \tag{5-8}$$
$$\ln FQ_t = \alpha_0 + \alpha_1 \ln x_t G(\ln x_t; \gamma, c) + \varepsilon_t$$

其中，$G(\ln x_t; \gamma, c) = \dfrac{1}{1+\exp[-\gamma(\ln x_t - c)]}$，$\gamma > 0$。

5.1.4　平滑转换模型的实证分析

本案例选取 1992～2012 年天津市的时间序列数据，分别对三类污染指标与人均地区生产总值的关系进行非线性回归分析。先是进行模型的非线性检验，在通过的基础上再对模型参数进行估计。由于本模型存在非线性数值计算问题，在对模型参数估计时，并没有采用格点搜索法，因为这种技术需要用户给出恰当的初始值，然后再进行迭代，达到收敛标准后给出结果，且此结果不一定为全局最优解。鉴于此，本案例采用七维高科有限公司(7D-Soft High Technology Inc.)研发的 1stOpt(first optimization)软件，编写非线性回归代码，然后采用优化算法为 LM(levenberg-marquardt)法和通用全局最优法，最大迭代次数为 1 000 次，收敛判断指标为 1.00×10^{-10}，最后得到各参数值，但是此软件不能进行统计分析，所以把此软件得到的参数值作为初值导入 Eviews 软件，最终得到统计分析结果。值得注意的是，此处的初值与 Eviews 软件得到结果基本一致。

1. 人均工业废气排放量与人均地区生产总值的平滑转换模型

通过构建辅助回归模型得到 F 统计量的值为 0.129 6，其值远小于显著水平为 0.01 时的临界值 2.989 9，则不拒绝原假设，说明人均工业废气排放量与人均地区生产总值线性关系不显著。再用 1stOpt 软件得到参数值，用得到的参数值作为初值再通过 Eviews 软件进行非线性 OLS 估计人均工业废气排放量与人均地区生产总值的平滑转换模型，结果如下：

$$\ln FQ_t = 0.306\ 8 + 0.129\ 6\ln x_t \frac{1}{1+\exp[-3.779(\ln x_t - 9.878)]}$$

$$R^2 = 0.935 \quad F = 272$$

$$(\text{prob}(F-\text{statistic})) = 0.000\ 00$$

该估计方程系数在 1% 的显著性水平下均通过了显著性检验，且回归方程总体也是显著的，模型拟合得较好。从模型估计结果可以看出，天津市人均工业废气排放量与人均地区生产总值之间发生了转换，由于所有数据都取了对数，则门限值 c 为 19 496.7 元左右，这个数值相当于 2001 年人均地区生产总值的水平，模型的转换系数为 3.779。从 α_0、α_1 的值为正可以看出，天津市人均工业废气排放量与人均地区生产总值并没有出现下降的趋势，人均地区生产总值增长导致环境污染的弹性系数增大，呈现一种单调上升趋势，经济增长对环境污染的弹性系数逐渐靠近 0.129 6，也就是说经济每增长一个单位，环境污染水平就上升 0.129 6 个单位，这表明经济的高速增长不仅没能使环境质量得到改善，还使环境质量进一步恶化。

2. 人均工业固体废物产生量与人均地区生产总值的平滑转换模型

通过构建辅助回归模型计算得到 F 统计量的值为 2.120，其值小于显著水平为 0.05 的临界值 4.380 8，则不拒绝原假设，说明人均工业固体废物产生量与人均地区生产总值的线性关系不显著，可以用平滑转换模型。采用 1stOpt 软件得到参数值，用得到的参数值作为初值，再通过 Eviews 软件进行 OLS 估计，得到的结果如下：

$$\ln FG_t = 6.08 + 0.174\ln x_t \frac{1}{1+\exp[-2.716(\ln x_t - 9.402)]}$$

$$R^2 = 0.950, \quad F = 108.630, \quad DW = 1.166$$

$$(\text{prob}(F-\text{statistic})) = 0.00000$$

人均工业固体废物产生量与人均地区生产总值模型各系数在 1％ 的显著水平下均通过了检验，$(\text{prob}(F-\text{statistic})) = 0.00000$，说明回归方程总体上也是显著的，自变量人均地区生产总值对因变量人均工业固体废物产生量的解释程度到达 95％，解释能力很强。由于 $DW > 4 - d_l = 2.834$，因此模型存在负的一阶自相关性，但不是很强烈。由模型估计结果可以看出，天津市人均工业固体废物产生量与人均地区生产总值确实发生了转换，门限值 c 为 12 112 元左右，这个数值相当于 1996 年天津市人均地区生产总值水平，模型的转换系数为 2.716。这表明经济的高速增长不但没能使环境质量得到改善，反而使环境质量进一步恶化，且没有出现环境库兹涅兹曲线中的转折点；同时也可看出，常数项为 6.08，α_1 为 0.174，均为正数，此时天津市人均工业固体废物产生量与人均地区生产总值没有出现下降的趋势，即天津市经济发展与环境污染之间是单调过程，不存在倒 U 形关系。

3. 人均工业废水排放量和人均地区生产总值的平滑转换模型

通过构建辅助回归模型计算用于检验非线性 F 统计量的值为 2.023，其值小于显著水平为 1％ 时的临界值 2.9899，不能拒绝原假设，说明人均工业废水排放量和人均地区生产总值线性关系不显著。可以用平滑转换模型，采用 1stOpt 软件得到参数值，用得到的参数值作为初值，再通过 Eviews 软件进行 OLS 估计，得到的结果如下：

$$\ln FS_t = 3.063 - 0.036\ln x_t \frac{1}{1+\exp[-11.153(\ln x_t - 10.936)]}$$

$$R^2 = 0.602, \quad F = 28.750$$

$$(\text{prob}(F-\text{statistic})) = 0.00000$$

模型整体拟合较好，自变量人均地区生产总值对因变量人均工业废水的解释程度达到 60.2％，解释能力较好，各模型参数都通过检验。从模型估计结果可以看出，天津市人均工业废水排放量和人均地区生产总值发生了平滑转换，门槛值 c 为 56 162.2 元左右，这个数值相当于 2008 年天津市人均地区生产总值的水平，模型转换系数高达 11.153，此时平滑转换模型可近似门槛模型。当越过门槛值后，水污染下降较快，不过并没有出现倒 U 形变化。显然这与前面两个模型估计有很大差别，总体上看，人均工业废水排放量随人均地区生产总值的增长而逐渐下降，这似乎说明经济增长对环境污染改善有利，但由于此处转换系数很大，模型近似看做门槛模型，由于此处的特殊性下面将着重讨论；再看其常数项为 3.063，α_1 为 −0.036，相对于常数项很小，当 $G(\ln x_t; \gamma, c) = 1$ 时，人均地区生产总值对人均工业废水排放量弹性也只有 0.036，表现为人均地区生产总值每增加 1 个单位，人均工业废水排放量就减少 0.036 个单位，此时人均工业废水排放量被控制住，说明天津市水污染环境政策确有其效。

5.1.5　政策建议及思考

1. 关于天津市工业固体废物治理的政策建议

天津市工业固体废物污染防治应以循环经济模式为主线，以"减量化、资源化、无害化"为原则，推行清洁生产，首先是从工业产业源头最大限度地减少废物的产生，其次是提高固体废物综合利用率，构筑循环经济产业链条。

1) 一般工业固体废物污染防治措施与对策

加快现已规划综合利用项目的建设，力求解决一般工业固体废物历史贮存量和未来增加量的双方面问题；同时鼓励建设工业固体废物资源综合利用项目，加快工业固体废物资源化进程，提高区域综合利用率。以天津市工业固体废物申报登记制度为依托，加强对一般工业固体废物产生源的管理和监督，落实一般工业固体废物的综合利用去向和安全处置方式，从管理角度为工业固体废物合理处置提供保障。严格执行企业环保准入制度，淘汰高耗能、高物耗、高污染的生产工艺及装备，积极推行清洁生产，发展"绿色环保"生产工艺，从源头减少工业固体废物的产生。

2) 工业固体废物污染防治措施与对策

加强工业固体废物从产生到处置的全过程管理，尽快建立工业固体废物管理信息交换系统、工业固体废物网上转移系统、工业固体废物信息交换平台和辅助决策系统，为工业固体废物的全过程监管提供技术支持。全面推进企业清洁生产审核，减少并最终淘汰有毒有害原料，从源头削减工业固体废物。建立工业固体废物处置中心，保障企业进行无害化处置。

2. 关于天津市工业废水治理的政策建议

1) 政府应对河流污染负责

政府保证社会与经济发展，对发展产生的工业"三废"对河流的污染负有主要责任。因此，要采取行政手段对河道水体污染实行问责制，目的是维护保持河流的河清、水洁、岸绿、鱼游的良好水环境。

2) 在决策中重视水污染问题

政府在确定经济发展速度、制定国民经济和社会发展决策时应综合考虑环境因素，统筹兼顾，使发展对环境的影响降到最低。区域经济的发展要充分考虑水资源保护，从政策上重视污水的出路。

3) 用行政手段限制污水排放

根据企业用水性质制定污水排放考核指标，同时，要求对冷却水重复使用、经过处理的污水必须再利用。环保部门严格考核排放污水的指标，限制废水排入河道。

4) 采用先进技术在源头控制污水的产生

化肥、农药的使用是造成农村水污染的主要原因。30 年来，化肥和农药的使用越来越广泛，有的完全代替了原有的农业生产技术，以致农作物产量提高的同时加大了土壤和水的污染。根据天津市委市政府的要求，在发展中建立"生态农业生产体系"，采用先进技术，加大有机肥料的使用，使用生物技术，用以菌治虫、以虫治虫替代各种农药，减少污染源。

3. 关于天津市废气治理的政策建议

1）改变能源使用结构

1999 年年初，天津市人民政府颁布了《天津市人民政府关于控制大气污染的通告》，规定 1 吨/小时以下燃烧设备一律改用清洁能源，这一举措实施后，在第一个冬季燃煤期间初见效果。1999 年二氧化硫年均值比 1998 年下降 17%，达到历史最好水平。通过改燃可从根本上解决二氧化硫的污染，总悬浮颗粒物和氮氧化物可削减 30% 以上。可采用的清洁能源主要有电、石油液化气和天然气。改变一次能源结构、增加天然气使用量是改燃的首选措施。

2）强制推广低硫、低灰份优质煤

天津市目前使用的煤平均含硫量为 1.1%，含灰份为 25%。根据煤源分析，若采用优质煤可使污染物含量大幅度下降。因此，用优质煤替代劣质煤是控制煤烟型污染的一条捷径。我国低硫优质煤产地主要在内蒙古、陕西，国家初步拟定的优质煤质量标准为含硫量小于 0.5%、含灰份小于 10%，天津市正在运转的盘山电厂和已扩建的杨柳青热电厂均已采用低硫煤种。

3）推广固硫型煤

固硫型煤主要分为居民用型煤、茶炉——大灶用型煤、工业用型煤，其环境效益初步估算，二氧化硫排放水平将下降 50%，在改燃过程中，最初可采用固 S 型煤作为过渡，但过渡期不可太长。目前居民用型煤在中心市区已基本普及。

5.2 苏 州 市

苏州，濒临东海；西抱太湖，背靠无锡，隔湖遥望常州；北濒长江，与经济发达的南通隔江相望；南临浙江，与嘉兴接壤，所辖太湖水面紧邻湖州；东距上海市区 81 千米。苏州是江苏省的东南门户、上海的咽喉、苏中和苏北通往浙江的必经之地。苏州物华天宝，人杰地灵，被誉为"人间天堂""园林之城"。苏州素来以山水秀丽、园林典雅闻名天下，有"江南园林甲天下，苏州园林甲江南"的美称，又因其小桥流水人家的水乡古城特色，而有"东方威尼斯""东方水都（东方水城）"之称。现今的苏州已经成为"城中有园、园中有城"，山、水、城、林、园、镇为一体，古典与现代完美结合，古韵今风，和谐发展的国际城市。本节首先研究苏州经济发展，其次建立城市生态环境建设的体系，通过模糊数学的方法来对江苏省的 13 个市区进行综合评价，得出结论并提出建议。

5.2.1 案例事件导入

2014 年 8 月 2 日上午 7 时 37 分许，江苏昆山市开发区中荣金属制品有限公司汽车轮毂抛光车间在生产过程中发生爆炸，截至 2014 年 8 月 6 日 14 时 30 分，共造成 75 人死亡、185 人受伤。

2014 年 8 月 4 日晚，国务院昆山爆炸事故调查组对事故做出判定，并总结出五大原因，认为昆山爆炸事故是一起重大责任事故，事故的责任主体是中荣公司，原

因在于企业存在的问题和隐患长期没有解决，粉尘浓度超标，遇到火源发生了爆炸。爆炸是由爆炸粉尘被引燃引发的，这些物质附着性较强，裹在人身上难以甩脱。事故导致大部分人烧伤面积超过 90%，伤势最轻的烧伤面积也超过 50%，几乎所有人都是深度烧伤。

调查组总结的五点原因为：①企业厂房没有按二类危险品场所进行设计和建设，违规双层设计建设生产车间，且建筑间距不够。②生产工艺路线过紧过密，2 000 平方米的车间内布置了 29 条生产线、300 多个工位。③除尘设备没有按规定为每个岗位设计独立的吸尘装置，除尘能力不足。④车间内所有电器设备没有按防爆要求配置。⑤安全生产制度和措施不完善、不落实，没有按规定每班按时清理管道积尘，造成粉尘聚集超标；没有对工人进行安全培训，没有按规定配备阻燃、防静电劳保用品；违反劳动法规，超时组织作业。

"逝者已矣，来者可追"。在如今新型城镇化的推进过程中，越来越提倡"人"的重要性。作为生产经营主体，企业本身具有逐利性，为了追求利润最大化，很可能减少对安全生产资金和设施的投入。另外，监管部门的缺位，没有合理规范企业经营和及时发现企业的违法生产行为并对其进行约束和处罚，才会从源头上增加了事故发生的概率，危及劳动者的人身和财产安全。

5.2.2　苏州市经济发展概况

苏州，一个历史悠久风景隽秀的古城，是我国华东地区特大城市之一，位于江苏省东南部、长江以南、太湖东岸、长江三角洲中部。

苏州以其独特的园林景观被誉为我国的"园林之城"，素有"人间天堂""东方威尼斯""东方水城"的美誉。苏州园林是我国私家园林的代表，被联合国教科文组织列为世界文化遗产。

苏州历史悠久，是我国首批 24 座历史文化名城之一，是吴文化的发祥地，历史上长期是江南地区的政治、经济、文化中心。苏州城始建于公元前 514 年，历史学家顾颉刚先生经过考证，认为苏州城为我国现存古老的城市之一。

1. 苏州市地区生产总值及三次产业结构

苏州是我国经济发达的城市之一，是长江三角洲经济圈重要的经济中心之一，是苏南地区的工业中心。

苏州地区生产总值长期居全国前六、江苏省第一（苏州经济占江苏的比重见表5-4）。2012 年苏州地区生产总值为 12 011.65 亿元，按 2012 年常住人口计算的人均地区生产总值则达到了 10.24 万元，苏州已经成为我国人均产出较高的城市之一。

表 5-4　苏州经济指标在江苏省的地位

指标	苏州	江苏	苏州占江苏的比重/%
年末户籍总人口/万人	647.81	7 553.48	8.6
年末常住总人口/万人	1 054.91	7 920	13.3

续表

指标	苏州	江苏	苏州占江苏的比重/%
城镇人口/万人	762.85	4 990	15.3
地区生产总值/亿元	12 011.65	54 058.22	22.2
第一产业生产总值/亿元	195.08	3 418.29	5.7
第二产业生产总值/亿元	6 502.25	27 121.95	24.0
第三产业生产总值/亿元	5 314.32	23 517.98	22.6

2013年，苏州市实现地区生产总值13 015.7亿元，比2012年增长9.6%。其中，第一产业增加值为214.5亿元，增长3.0%；第二产业增加值为6 849.6亿元，增长7.5%；第三产业增加值为5 951.6亿元，增长12.7%。人均地区生产总值（按常住人口计算）为12.32万元，按年平均汇率计算近2万美元。全年实现地方公共财政预算收入1 331亿元。

从表5-5可以看出，苏州自2006年以来地区生产总值和人均地区生产总值稳步上升。利用三次产业占地区生产总值的比重做出折线图（图5-2），可以很直观地看出苏州近些年来三次产业结构的变化，并得出这样一条规律：第一产业占地区生产总值的比重基本保持不变或者说略微下降，第二产业占地区生产总值的比重逐步下降，第三产业占地区生产总值的比重平稳上升，并且第二产业和第三产业向50%趋近。

表5-5　2006～2012年苏州地区生产总值及三次产业结构占比

年份	地区生产总值/亿元	第一产业占比/%	第二产业占比/%	第三产业占比/%	人均地区生产总值/元
2006	80 116	2.1	64.3	33.6	80 116
2007	94 318	2.0	62.1	35.9	94 318
2008	112 872	1.8	60.2	38.0	112 872
2009	122 565	1.8	58.8	39.4	122 565
2010	145 229	1.7	56.9	41.4	145 229
2011	167 454	1.7	55.6	42.7	167 454
2012	186 207	1.6	54.2	44.2	186 207

《2013年苏州市国民经济和社会发展统计公报》中也提到经济结构提档升级，服务经济发展提速，服务业实现增值5 951.6亿元，增长12.7%，占地区生产总值的比重达到45.7%，比2012年提高1.5百分点；制造业领域新兴产业实现产值13 806.6亿元，比2012年增长6.8%，占规模以上工业总产值的45.4%，比2012年提高2.4百分点。其中新材料、新型平板显示、高端装备制造业产值分别达到3 878.6亿元、2 761.1亿元和2 835.5亿元。生物技术和新医药、节能环保、高端装备制造及集成电路产业产值增长高于新兴产业产值，分别增长11.4%、10.1%、10.2%和12.6%。

具体到人的层次，产业结构的变化会产生多方面的影响，其中之一为从业人员结构的调整。通过查找《苏州统计年鉴》可以发现的确产生了这种变化（表5-6）。第一产业从

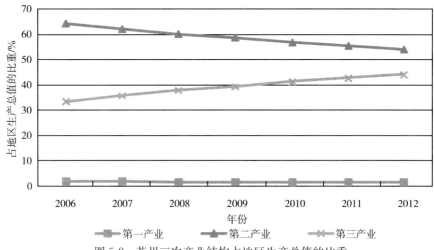

图 5-2　苏州三次产业结构占地区生产总值的比重

业人员的构成从 2006 年的 8.4％减至 2012 年的 4.3％，几乎减少了一半；第二产业和第三产业从业人员的构成呈现出和三次产业占地区生产总值之比具有相同的规律，即第二产业的从业人员逐步下降，第三产业的从业人员逐步上升。

表 5-6　苏州从业人员结构的改变（单位：％）

年份	第一产业	第二产业	第三产业
2006	8.4	61.4	30.2
2007	7.0	63.5	29.5
2008	6.5	61.3	32.2
2009	5.7	60.0	34.3
2010	5.0	59.6	35.4
2011	4.5	58.4	37.1
2012	4.3	56.9	38.8

2. 苏州市固定资本投资及内部结构

在固定投资方面，通过转型升级和结构调整，苏州市全年完成全社会固定资产投资 6 001.9 亿元，比 2012 年增长 14％。其中国有经济投资为 1 517.2 亿元，增长 24.5％；私营个体投资 1 775.9 亿元，增长 10.4％；外商投资为 1 222.2 亿元，增长 12.3％。第一产业完成投资为 6.7 亿元，下降 32.9％；第二产业完成投资 2 433.8 亿元，增长 11.4％，其中工业投资为 2 431.3 亿元，增长 11.7％；第三产业完成投资 3 561.4 亿元，增长 15.9％，占全社会投资的比重达到 59.3％，比 2012 年提高 1 百分点。新兴产业在建项目完成投资 1 346 亿元，比 2012 年增长 18.8％。工业技改投资 1 580.1 亿元，增长 4.6％，占工业投资的比重达到 65％。全年新开工项目 5 398 个，其中亿元以上项目 1 529 个，完成投资 2 751.1 亿元，分别比 2012 年增长 3.4％、8.4％和 20.5％。其中，2013 年苏州固定资本投资按三次产业分，第一产业固定资本投资占总量的 0.19％，第二产业固定资本投资占总量的 41.49%，第三产业固定资本投资占总量的 58.32%（图 5-3）。

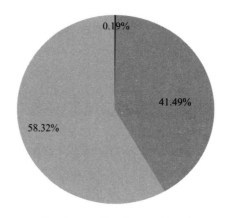

■第一产业 ■第二产业 ■第三产业

图 5-3　固定资本投资的三次产业分布

从固定投资的来源来看，城镇投资的比重微调至 50%，房地产投资的比重轻微浮动，保持在 25% 左右，2012 年和 2006 年相比，上浮了 2 百分点；农村投资的比重经历波动后下降了 4 百分点（表 5-7）。

表 5-7　固定资本投资及来源结构

年份	总计/万元	城镇投资		房地产开发		农村投资	
		数额/万元	占比/%	数额/万元	占比/%	数额/万元	占比/%
2006	21 069 898	9 984 723	47	4 707 472	22	6 350 903	30
2007	23 663 595	10 709 659	45	6 019 565	26	6 934 371	29
2008	26 111 595	11 568 544	44	7 180 805	28	7 362 246	28
2009	29 673 482	13 404 912	45	7 243 408	25	9 025 162	30
2010	36 178 211	16 575 403	46	9 358 018	26	10 244 790	28
2011	45 020 211	21 805 957	48	11 991 278	27	11 222 976	25
2012	52 664 852	26 498 973	50	12 633 597	24	13 532 282	26

注：2013 年《苏州统计年鉴》中固定资本投资有城镇投资、房地产开发、农村投资、城镇和工矿区私建房及农村私人建房五项，但自 2006 年起，仅有农村私人建房一项有数据，故此表中第一行占比加总不为 100%

5.2.3　苏州城市生态环境简析

1. 相关报道

(1)"全年环保投入 494 亿元，比 2012 年增长 11%，占地区生产总值的 3.8%。全市环境质量综合指数为 92.4。按 AQI 标准统计全市空气质量优良天数为 265 天，优良率为 72.6%。集中式饮用水源水质达标率为 100%。主要监测断面水质Ⅲ类以上比例为 64.7%。加强大气污染和灰霾天气监测，苏州市是全国第一个将空气质量指数发布扩展到下辖县级市的城市。全市农村新增林地绿地面积 4 407 公顷，陆地森林覆盖率达到 28.67%。市区新增绿地面积 505 万平方米。市区建成区人均公园绿地面积 14.96 平方米，市区建成区绿化覆盖率 42.5%。全市划定生态保护红线面积 3 205.52 平方千米，占市域土地面积的 37.8%。"

——摘自《2013 年度苏州市环境状况公报》

(2)2014 年 6 月 27 号，苏州市环保联合会成立。环保联合会除了将全市各行各业有志于环保事业的企业和个人联合起来外，承担环境公益诉讼主体成为其新功能。苏州市环保联合会是由我市热衷环境保护和生态文明建设的企事业单位、社会组织及相关人士资源组成的，全市性、联合性、非营利性的社会团体法人组织，目前已有 81 家单位会员和 120 多名个人会员。除了开展环境保护和生态文明建设宣传，以及学术交流、公益活动等之外，该联合会还将承担环境公益诉讼主体的功能，普及维护环境权益知识，提高公民环境维权意识。

——节选于苏州日报：《苏州环保联合会成立 发现污染事件可向法院提诉讼》

(3)张某等 3 人向昆山市淀山湖镇垃圾填埋场西北角倾倒百余吨化工残渣，污染土地约 1 900 平方米，造成损失高达 380 万元。商报曾经报道过的苏州首例污染环境刑事案件昨天宣判：张某等 3 名被告人均被昆山法院判处四年及以上有期徒刑。该案也是法院系统实行"三审合一"集中管辖以来，苏州首例进入刑事审判程序的污染环境案件。

——摘自找法网《苏州首例污染环境刑事案件昨天宣判》

从上述三则报道可以看出，苏州市近年来在城市生态环境建设上不仅加大了治理和维护环境的资金投入，而且在立法上也逐步落实了关于污染环境的法律责任。可以说苏州市在城市生态环境建设中付出了极大的努力。下面我们从具体数据出发，从水污染、大气污染、固体废物污染、城市绿化率四个方面探究苏州市面临的城市发展的环境问题。

2. 苏州城市生态环境简析

1)水污染

人类的活动会使大量的工业、农业和生活废物排入水中，使水受到污染。全世界每年约有 4 200 多亿立方米的污水排入江河湖海，污染了 5.5 万亿立方米的淡水，这相当于全球径流总量的 14% 以上。

1984 年我国颁布的《中华人民共和国水污染防治法》中为"水污染"下了明确的定义，即水体因某种物质的介入，而导致其化学、物理、生物或者放射性等方面特征的改变，从而影响水的有效利用，危害人体健康或者破坏生态环境，造成水质恶化的现象称为水污染。

苏州市工业废水排放量呈现波动态势，2006～2009 年工业废水排放量逐年下降，最低时为 57 349 万吨，随后又反弹上升至 2011 年的 71 441 万吨，后又小幅下降。从工业废水处理量来看，处理量几乎等于排放量(表 5-8)。表 5-8 中的数据说明工业废水排放量总体上略有下降，且废水排放量基数加大，水环境压力显著。

表 5-8　2006～2012 年苏州市工业废水排放及处理情况（单位：万吨）

年份	废水排放量	工业废水处理量
2006	73 227	\
2007	67 532	\
2008	58 762	\
2009	57 349	56 182
2010	65 055	66 968
2011	71 441	69 746
2012	70 754	73 790

2）大气污染

空气污染又称大气污染，按照国际标准化组织（International Organization for Standardization，ISO）的定义，空气污染是指由于人类活动或自然过程引起某些物质进入空气中，呈现出足够的浓度，达到足够的时间，并因此危害了人类的舒适、健康生活环境的现象。

我国已制定《中华人民共和国环境保护法（试行）》，并制定国家《工业废气排放标准》，以减轻大气污染，保护人民健康。

从表 5-9 不难看出，苏州市的工业废气排放量从 2006 年的 6 984 亿立方米上升到 2012 年的 14 821 亿标立方米，上升幅度达到 112.2%。值得注意的是，上升幅度最快的年份是 2011 年，工业废气排放量的增加量为 6 890 亿标立方米，这几乎等于 2006 年全年的工业废气排放量。

表 5-9　2006～2012 年苏州市工业废气排放量（单位：亿标立方米）

年份	工业废气排放量
2006	6 984
2007	5 557
2008	5 905
2009	6 611
2010	8 271
2011	15 161
2012	14 821

3）固体废物污染

固体废物是指在生产建设、日常生活和其他活动中产生的污染环境的固态、半固态废弃物质。《中华人民共和国固体废物污染环境防治法》（以下简称《固废法》）把固体废物分为三大类，即工业固体废物、城市生活垃圾和危险废物。由于液态废物（排入水体的废水除外）和置于容器中的气态废物（排入大气的废物除外）同样适用于《固废法》，所以有时也把这些废物称为固体废物。

由表 5-10 可知，苏州市工业固体废物排放量总体上是呈上升趋势，工业固体废物排放量由 2006 年的 1 620 万吨上升到 2012 年的 2 214 万吨，上升幅度为 36.7%。2012年工业固体废物排放量为 2 214 万吨，其中综合利用量为 2 179 万吨，综合利用率为98.4%，年处置量为 35 万吨。

表 5-10　2006 年～2012 年苏州市固体废物的相关数据(单位：万吨)

年份	工业固体废物排放量	处置量	综合利用量
2006	1 620	25	1 595
2007	1 666	30	1 632
2008	1 676	33	1 629
2009	1 880	25	1 853
2010	2 205	29	2 176
2011	2 298	48	2 251
2012	2 214	35	2 179

4)城市绿化率

城市绿化率又称城市绿地率，是指城市各类绿地总面积占城市面积的比率。其计算公式为城市绿地率＝(城市各类绿地总面积/城市总面积)×100%。城市各类绿地包括公共绿地、居住区绿地、单位附属绿地、防护绿地、生产绿地、风景林地六类。

我国规定：城市新建区的绿化用地面积应不低于总用地面积的 30%；旧城改建区的绿化用地面积应不低于总用地面积的 25%。

实际查考文献发现，运用具体数据更能体现城市的绿化情况，故选取绿化覆盖面积、园林绿化面积和公园绿地面积来反映苏州的绿化水平。

由表 5-11 可知，苏州市绿化覆盖面积由 2006 年的 10 597 公顷增长到 2012 年的40 906公顷，增长了近 4 倍，而且在这七年间园林绿化面积增长超过 4 倍，达到 33 738公顷，公园绿地面积增长超 2 倍。2012 年苏州市城市建成区绿地率达到了 36.5%、绿化覆盖率达 42%，人均拥有公共绿地面积，也从原来的几平方米增长至超过 14 平方米，相当于从"一张床"变成了"一间房"。

表 5-11　2006～2012 年苏州市的绿化概况(单位：公顷)

年份	绿化覆盖面积	园林绿化面积	公园绿地面积
2006	10 597	7 985	2 757
2007	11 165	8 676	3 294
2008	14 225	12 475	3 416
2009	36 651	29 896	6 670
2010	38 377	31 946	6 425
2011	39 435	32 393	6 277
2012	40 906	33 738	6 542

5.2.4 江苏省城市生态环境建设省内综合评价

1. 城市生态环境建设概念

参考前文的描述性统计结果可以看出，江苏省的经济运行发展良好，在城市的环境治理上投入了大量的人力物力，也逐步把环境建设纳入法律中来得到强制力的保证。改革开放三十多年来，江苏省的经济发展取得了巨大的成就，人民物质生活水平有了明显的提高，同时，生态环境问题也日趋严重。在新型城镇化快速推进的过程中，江苏省要摒弃以往"粗投入、低效率"的经济发展模式，寻求发展与环境兼顾的可持续道路。

城市生态环境建设的内容早已被提出，包括对城市的自然资源与自然环境的合理利用和保护，更重要的是通过一系列综合措施对已遭破坏或干扰的城市生态环境进行积极的治理和建设，恢复和重建城市生态系统的平衡。早些年，曾提出绿色GDP的概念，各地都加大了对生态环境建设的投入，但也存在着由于运行成本太大，而不愿花费人力、物力加以维护的现象，从而造成国家资金浪费的现象。部分地区当生态建设与经济发展发生冲突时，为片面地追求经济的增长，而往往使生态环境建设让步于经济建设。江苏省工业化、城市化的不断加快也带来了一系列的生态环境问题，严重制约了城市的可持续发展。因此，维持城市生态系统平衡，加快城市生态环境建设尤为重要。城市生态环境经济评价体系以森林生态学、生态经济学、环境经济学及可持续发展理论和方法为依据，在深入分析江苏省主要城市生态环境建设现状的基础上，结合江苏省城市的主要特点，综合国内外相关领域的研究成果，遵循科学性、系统性、代表性和可操作性等指标设置原则，建立江苏省城市生态环境建设的经济评价体系。因此，构建江苏省城市生态环境建设的经济评价体系，合理地评价城市生态环境建设的投入与产出关系，通过城市生态环境因子变动的经济综合评价，选择优化的城市生态环境建设方案，对江苏省的城市规划建设具有重要的指导意义。

2. 指标介绍

1）人均地区生产总值

人均GDP常作为发展经济学中衡量经济发展状况的指标，是重要的宏观经济指标之一，并且是人们了解和把握一个国家宏观经济运行状况的有效工具。将一个国家核算期内（通常是一年）实现的GDP与这个国家的常住人口（或户籍人口）相比进行计算，得到人均GDP。人均GDP是衡量各国人民生活水平的一个标准，为了更加客观地衡量，经常与购买力平价结合。

本章将人均地区生产总值作为一个正向性指标使用，即人均地区生产总值越高，一个城市生态环境建设越好。

2）第三产业占地区生产总值比重

《世界产业经济的发展史》表明，在工业化发展阶段，第二产业比重超过第一产业达到一定水平后，开始缓慢下降，同时第三产业比重上升，逐渐占据主导地位，成为推动经济的主动力。第三产业作为科技进步、生产力发展和人类物质文化生活水平提高的必然产物，已经成为衡量一个国家或地区经济发展和社会进步的重要标志。

有学者研究认为，第三产业有三个最明显的作用：第一，空间上的产业整合；第二，国民经济的蓄水池；第三，时间上的经济良性循环。

在本章中第三产业占地区生产总值比重也被当做正向性指标来使用。

3）城镇固定资产投资

城镇各种登记注册类型的企业、事业、行政单位及个体户进行的计划总投资、房地产开发投资、城镇和工矿区私人建房投资，县城及以上区域内发生的投资，县及县以上各级政府及主管部门直接领导、管理的建设项目和企业事业单位的投资均为城镇固定资产投资。

为什么这个指标备受关注呢？因为固定资产投资是社会固定资产再生产的主要手段。依靠先进技术和技术装备促进国民经济发展，建立新兴部门，进一步调整经济结构和生产力的地区分布，增强经济实力，为改善人民物质文化生活创造物质条件。这对我国的社会主义现代化建设具有重要意义。

很显然，在本小节中城镇固定资产投资也属于正向性指标。

4）人均可支配收入

人均可支配收入是指个人可支配收入的平均值。个人可支配收入是指个人收入扣除向政府缴纳的个人所得税、遗产税和赠与税、不动产税、人头税、汽车使用税及交给政府的非商业性费用等以后的余额。个人可支配收入被认为是消费开支的最重要决定性因素。因而，常被用来衡量一个国家生活水平的变化情况。

人均可支配收入是能明确反映人民生活水平的指标，在本小节中为正向性指标。

5）城镇化水平

目前关于城镇化的含义有三种：一是反映一个地区、一个国家或全世界居住在大中小城镇中的人口占城乡总人口的比例；二是人口集聚程度达到称为"城镇"的居民点的数目；三是单个城市的人口和用地规模。城镇化水平是区域经济发展程度的重要标志。虽然学术界对于城镇化水平的度量指标依旧存在争议，但我国现行使用的城镇化指标系是指城镇人口占总人口的比例，是世界各国衡量城镇化进展情况的最基本方法。

依照新型城镇化的内涵，将城镇化水平设为正向性指标。

6）人口密度

人口密度是指单位面积土地上居住的人口数。它是表示某一地区人口的密集程度的指标，通常以每平方千米或每公顷内的常住人口为计算单位。

关于人口密度有所争议，什么水平的人口密度是最有利于人们自由健康发展的呢？考虑到人口密度直接关系到资源的均化水平，将人口密度设定为负向性指标。

7）废水排放量

本小节中的工业"三废"主要是指易于统计的工业废品。工业废水排放量指企业提取的各种水经使用后，排放到企业生产经营活动环境范围以外的废水量，包括经本企业净化处理达到环保排放标准的废水、未经过净化处理的废水和虽经净化处理但未达到环保排放标准的废水。

初始本小节拟定工业"三废"作为最后三个指标，但由于江苏省各市统计年鉴对于废气和固体废物的统计单位和口径不统一。因此只纳入废水排放量，将其作为负向性指标。

8）城市园林覆盖率

前文中提到的城市绿化覆盖率是指城市各类型绿地（公共绿地、街道绿地、庭院绿地、专用绿地等）合计面积占城市总面积的比率。其高低是衡量城市环境质量及居民生活福利水平的重要指标之一。

本小节将此指标设定为正向性指标。

3. 方法介绍

1）模糊综合评价法

模糊综合评价法是一种基于模糊数学的综合评价方法。该综合评价方法根据模糊数学的隶属度理论把定性评价转化为定量评价，即用模糊数学对受到多种因素制约的事物或对象做出一个总体的评价。它具有结果清晰、系统性强的特点，能较好地解决模糊的、难以量化的问题，适合各种非确定性问题的解决。

2）变异系数法

变异系数法（coefficient of variation method）是直接利用各项指标所包含的信息，通过计算得到指标的权重，是一种客观赋权的方法。此方法的基本做法是：在评价指标体系中，指标取值差异越大的指标，也就是越难以实现的指标，越能反映被评价单位的差距。

标准差与平均数的比值称为变异系数，记为 CV（coefficient of variance）。变异系数可以消除不同主体由于平均数不同而难以比较的问题。

标准变异系数是一组数据的变异指标与其平均指标之比，它是一个相对变异指标。

变异系数有全距系数、平均差系数和标准差系数等。常用的是标准差系数，用 CV 表示，用公式表示为 $CV = \sigma/\mu$

标准差系数用于反映单位均值上的离散程度，常用在两个总体均值不等的离散程度的比较上。若两个样本总体的均值相等，则比较标准差系数与比较标准差是等价的。

3）一般步骤

（1）模糊综合评价指标体系的构建。模糊综合评价指标体系是进行综合评价的基础，评价指标的选取是否适宜，将直接影响综合评价的准确性。进行评价指标的构建应广泛涉猎与该评价指标系统行业资料或者相关的法律法规。

（2）构建权重向量。通过专家经验法、层次分析法（analytic hierarchy process，AHP）或变异系数法构建权重向量。

（3）构建评价矩阵。建立适合的隶属函数从而构建好评价矩阵。

（4）评价矩阵和权重向量的合成。采用适合的合成因子对其进行合成，并对结果向量进行解释

4. 实证结果

本小节参考以往的研究文献，查考 2013 年的《江苏统计年鉴》，选取 8 个指标建立起城市生态环境建设的体系，利用模糊数学的方法来对江苏省的 13 个市区进行综合评价。江苏省各市的指标值见表 5-12。

表 5-12 江苏省各市的指标值

城市	人均地区生产总值/（元/人）	第三产业占地区生产总值比重/%	城镇固定资产投资/亿元	人口可支配收入/元	城镇化水平/%	人口密度/（人/平方千米）	废水排放量/万吨	城市园林覆盖率/%
南 京	88 243.72	53.40	3 906.36	35 092.00	80.20	1 169.00	23 300.00	44.00
无 锡	117 054.40	45.20	2 303.23	35 663.00	72.90	1 467.00	22 986.72	42.70
徐 州	46 900.20	41.50	1 448.50	21 716.00	56.70	1 056.00	14 942.00	42.20
常 州	84 703.21	43.90	2 028.39	33 326.00	66.20	1 238.00	10 775.41	42.20
苏 州	113 864.20	44.20	2 621.76	39 079.00	72.30	736.00	70 754.00	41.90
南 通	62 470.64	40.00	1 192.76	28 292.00	58.70	1 393.00	47 718.40	41.30
连云港	36 384.31	39.60	561.71	20 816.00	54.40	805.00	6 390.00	39.90
淮 安	39 993.96	40.80	757.65	20 950.00	53.50	909.00	9 951.00	40.00
盐 城	43 235.45	38.20	607.54	21 941.00	55.80	896.00	7 144.67	40.20
扬 州	65 660.82	40.00	1 104.21	25 712.00	58.80	979.00	9 385.00	43.00
镇 江	83 378.34	41.60	898.73	30 045.00	64.20	955.00	64 920.00	42.30
泰 州	58 353.92	39.80	505.20	26 574.00	57.90	1 301.00	8 331.00	41.00
宿 迁	31 722.18	38.00	422.29	16 991.00	51.00	780.00	5 093.00	41.30
均值	67 074.26	42.02	1 412.18	27 399.77	61.74	1 052.68	23 207.01	41.69
标准差	27 332.09	3.92	994.88	6 596.57	8.47	230.88	21 981.47	1.18
变异系数	0.41	0.09	0.71	0.24	0.14	0.22	0.95	0.03
权数	0.15	0.03	0.25	0.09	0.05	0.08	0.34	0.01

由表 5-12 可以看出，人均地区生产总值、城镇固定资产投资和废水排放量在评价体系中的权重较大。运用相对偏差模糊矩阵评价的方法，将各指标值转化为无量纲的数值，即其大小处于 [0，1] 内，结果见表 5-13。

表 5-13 标准化后的各市指标值

城市	人均地区生产总值	第三产业占地区生产总值比重	城镇固定资产投资	人口可支配收入	城镇化水平	人口密度	废水排放量	城市园林覆盖率
南 京	0.66	1.00	1.00	0.82	1.00	0.41	0.72	1.00
无 锡	1.00	0.47	0.54	0.85	0.75	0.00	0.73	0.68
徐 州	0.18	0.23	0.30	0.21	0.20	0.56	0.85	0.56
常 州	0.62	0.38	0.46	0.74	0.52	0.31	0.91	0.56
苏 州	0.96	0.40	0.63	1.00	0.73	1.00	0.00	0.49
南 通	0.36	0.13	0.22	0.51	0.26	0.10	0.35	0.34
连云港	0.06	0.10	0.04	0.17	0.12	0.91	0.98	0.00
淮 安	0.10	0.18	0.10	0.18	0.09	0.76	0.93	0.02
盐 城	0.14	0.01	0.05	0.22	0.16	0.78	0.97	0.07
扬 州	0.40	0.13	0.20	0.40	0.27	0.67	0.94	0.76
镇 江	0.61	0.23	0.14	0.59	0.45	0.70	0.09	0.59
泰 州	0.31	0.12	0.02	0.43	0.24	0.23	0.95	0.27
宿 迁	0.00	0.00	0.00	0.00	0.00	0.94	1.00	0.34

标准化后的指标值由于去除了量纲的影响，因而在最后的加权中易于计算和评价。可以直观地看出南京的各项数值较好，宿迁的各项数值最差，而苏州的各项数值处于中等水平。

从表 5-14 可以看出，虽然苏州在经济发展和城市环境治理方面成绩卓越，但通过建立城市生态环境评价体系得出的结果来看，苏州排名第五位，南京排名第一位，说明在新型城镇化背景下，苏州在城市生态环境建设的过程中仍有需要改进和加强的地方。

表 5-14　综合评价得分及排名

城市	人均地区生产总值	第三产业占比	城镇固定资产投资	人口可支配收入	城镇化水平
南　京	0.66	1.00	1.00	0.82	1.00
无　锡	1.00	0.47	0.54	0.85	0.75
徐　州	0.18	0.23	0.29	0.21	0.20
常　州	0.62	0.38	0.46	0.74	0.52
苏　州	0.96	0.40	0.63	1.00	0.73
南　通	0.36	0.13	0.22	0.51	0.26
连云港	0.05	0.10	0.04	0.17	0.12
淮　安	0.10	0.18	0.10	0.18	0.09
盐　城	0.13	0.01	0.05	0.22	0.16
扬　州	0.40	0.13	0.20	0.39	0.27
镇　江	0.61	0.23	0.14	0.59	0.45
泰　州	0.31	0.12	0.02	0.43	0.24
宿　迁	0.00	0.00	0.00	0.00	0.00

城市	人口密度	废水排放量	城市园林覆盖率	得分	排名
南　京	0.41	0.72	1.00	0.79	1
无　锡	0.00	0.73	0.68	0.66	2
徐　州	0.56	0.85	0.56	0.48	6
常　州	0.31	0.91	0.56	0.65	3
苏　州	1.00	0.00	0.49	0.52	5
南　通	0.10	0.35	0.34	0.30	12
连云港	0.91	0.98	0.00	0.45	9
淮　安	0.76	0.93	0.02	0.44	10
盐　城	0.78	0.97	0.07	0.45	7
扬　州	0.67	0.93	0.76	0.54	4
镇　江	0.70	0.09	0.59	0.30	13
泰　州	0.23	0.95	0.27	0.45	8
宿　迁	0.94	1.00	0.34	0.42	11

5.2.5 政策建议

2013 年苏州市经济社会发展态势良好，在稳增长和调结构、惠民生和促改革方面取得了积极的成效，但是当前经济发展环境依然错综复杂，受外需持续疲软、国内结构性矛盾和资源环境等要素的制约，深化改革、转型发展、改善民生的任务还很艰巨，具体应当从以下几个方面进行改进。

(1)发展现代服务业。现代服务业的发达程度是衡量地区综合竞争力和现代化水平的重要标志，因此要大力发展现代服务业。要增加苏州对外开放的行业，不仅包括金融、保险、贸易、零售商业、房地产等目前开放度已较高的行业，还要扩展现代物流、通信、旅游会展、文化服务、新闻传媒、专业商务服务等众多以往开放程度较低的行业。苏州作为距离上海最近的一座较大城市，在接受其强大辐射的同时，也面临着巨大的竞争压力，在与上海的竞争发展中要形成错位竞争、优势互补。郑利芳(2008)提出苏州旅游资源丰富，旅游景点历史知名度高，具有极强的竞争优势，所以要进一步开发和完善各项旅游设施，开拓市场，与国际旅游业接轨，努力将苏州打造为融浓郁江南水乡特色与现代景观于一体的国际性旅游度假胜地，把旅游业培育为带动苏州服务业腾飞的新支柱产业。苏州市的产业结构与经济增长存在长期均衡关系，其经济增长受到产业结构的强有力制约

(2)注重民生，提高"内动力"。近年来，经济增速高于收入增速、收入差距拉大等问题，已引起社会各界的高度关注。"十二五"期间，把富民作为优先目标，保持城乡居民收入和经济增长同步，不仅是共享经济发展成果、体现和谐发展的要求，而且是转变经济发展方式的客观要求。目前，苏州市收入分配中仍存在比较明显的问题，建议在居民增收思路、制度创新、分配格局和政府职能转换上进行调整，强化建立健全增收机制，以增加收入为主线、就业创业为抓手，着力提高中低收入者收入，加快缩小收入差距，通过合理调节收入分配，改善民生，增强全市经济社会协调发展的内在动力。

(3)苏州市作为我国经济较为发达的地区之一，在经历了快速城市化和工业化过程以后，对发展循环经济的发展诉求较为强烈，虽然其生态建设前期较好，是全国为数不多的地级生态城市之一，但研究表明，许多方面仍需改进。有学者提出，须要站在更高层次的思维模式上考虑在生态文明视角下，经济发展与社会循环的整合、产品生产与废弃物资源化利用的整合、环境污染治理与循环化利用的整合、循环经济发展与机制体制创新的整合。

2014 年苏州市应当继续以稳增快转为主线，以提高经济发展质量和效益为中心，以改革创新和技术进步为动力，以增进民生福祉和可持续发展为目标，努力实现经济的平稳健康发展和社会的全面进步。

5.3 重庆市

重庆，简称渝或巴，别称山城、渝都、雾都、桥都，典型组团式城市，下辖 19 区

15县4自治县。重庆位于我国西南部，东邻湖北、湖南，南靠贵州，西接四川，北连陕西。重庆地处长江上游地区，是长江经济带三大中心城市之一，长江、嘉陵江两江环抱，域内各式桥梁层出不穷，素有"桥都"美誉；又因地处丘陵河谷地区，坡地较多，有"山城"之称。重庆是内陆出口商品加工基地和扩大对外开放先行区，是国家重要的现代制造业基地和高新技术产业基地，是长江上游科研成果产业化基地和生态文明示范区，是我国中西部地区发展循环经济示范区，是国家实行西部大开发的涉及地区和国家统筹城乡综合配套改革的试验区。本节全面分析重庆市的经济发展和环境污染现状，其中对环境变化趋势进行 Daniel 检验，得出环境污染变化趋势基本显著的结论，并指出重庆市应加强经济与环境的协调发展。

5.3.1 重庆市经济发展分析

1. 重庆市经济总量实现了较快增长

改革开放30多年来，重庆市经济增长取得了较为突出的成就。仅从地区生产总值而言，1978 年重庆市地区生产总值仅有 67.32 亿元，而截至 2013 年年底，重庆市地区生产总值达到了 12 656.69 亿元，30 多年时间地区生产总值名义总量增长了 180 多倍，1994～2013 年年均增长率约为 14.6％。从重庆市经济总量增长的长期趋势来看（图 5-4），重庆市经济增长大致可以分为三个阶段：1978～1989 年经济的缓慢增长阶段，主要体现在名义地区生产总值的近似直线增长的趋势上；1990～1996 年经济的调整增长阶段，主要体现在名义地区生产总值的近似抛物线左侧增长的趋势上；1997～2013 年经济的快速增长阶段，主要体现在名义地区生产总值的指数曲线增长趋势上。

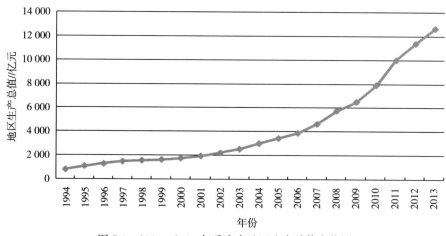

图 5-4　1994～2013 年重庆市地区生产总值走势图

从重庆市经济总量实际增长率的趋势来看（图 5-5），重庆市经济增长呈现出经济周期性波动与经济增长阶段相适应的特征，在重庆市经济的缓慢增长阶段（1978～1989年），重庆市地区生产总值主要出现了三个较为明显的周期性波动时期，分别是 1978～1981 年、1981～1987 年、1987～1989 年；在重庆市的调整增长阶段（1990～1996 年），重庆市地区生产总值处于一个经济周期内变动；而在重庆市经济的快速增长阶段，则表现出一个上升的趋势，并处于经济周期性波动的拉升阶段。这表明重庆市经济增长总体态势良好。

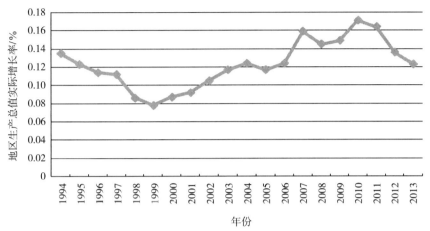

图 5-5　1994～2013 年重庆市地区生产总值实际增长率趋势图

2. 重庆市经济发展呈现明显的投资拉动特征

一般地说，从需求视角分析某地区的经济增长将可以依赖于对该地区的支出法地区生产总值增长趋势及其构成部分(投资、消费、出口)的增长趋势等的分析。本书也将采用该方法。从重庆市的支出法地区生产总值及其构成部分的增长趋势来看(图 5-6)，重庆市总体经济增长主要体现为以下几个特征：第一，重庆市的投资和消费与经济总量增长的趋势基本一致，1994 年，重庆市支出法地区生产总值、最终消费和资本形成总额分别为 755.96 亿元、475.38 亿元、263.89 亿元，而在 2012 年，重庆市支出法地区生产总值、最终消费和资本形成总额则分别达到了 11 409.6 亿元、5 393.05 亿元、6 341.36 亿元，年均增长率分别达到了 14.74%、13.33%、19.59%。第二，重庆市货物和服务净出口与经济总量增长的趋势呈负相关，1997 年重庆市货物和服务净出口总量为 −13.56 亿元，而到 2012 年该数值则达到了 −324.81 亿元。第三，从需求拉动的基本类型来看，重庆市经济发展的第三个阶段将主要呈现为两种类型，即 1996～2003 年，重庆市经济发展主要呈现为消费拉动型；而 2004 年后，则主要呈现为投资拉动型。

而从支出法地区生产总值及其构成部分的增长率趋势来看(表 5-15)，重庆市的支出法地区生产总值及其总消费与资本形成总额等构成部分的增长趋势较为稳定，而货物和服务净出口的增长率则出现较大的波动性，这一波动性初期体现在 1996 年和 1997 年。1996 年重庆市的货物和服务净出口值为 23.57 亿元，而 1997 年该数值则为 −13.56 亿元。当然，在重庆市经济增长的消费需求拉动阶段(1996～2003 年)，重庆市的货物和服务净出口值呈现出较大的波动性，而在经济增长的投资需求拉动阶段(2004 年以后)，重庆市的货物和服务净出口值则保持了较好的稳定性。

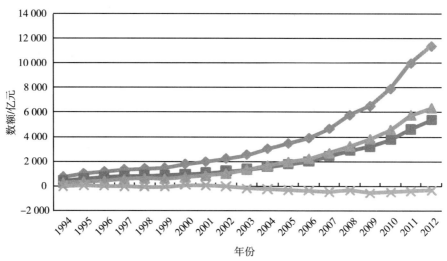

图 5-6　1994～2012 年重庆支出法地区生产总值及其构成部分走势图

表 5-15　1995 年以来重庆支出法地区生产总值及其构成增长率（单位：％）

年份	支出法地区生产总值增长率	最终消费增长率	资本形成总额增长率	货物和服务净出口增长率
1995	34.43	24.65	33.75	323.85
1996	16.02	24.85	17.78	−66.68
1997	14.50	11.80	29.07	−157.53
1998	5.87	4.24	11.67	135.99
1999	3.53	7.18	−1.09	15.66
2000	21.04	7.98	18.28	−349.09
2001	10.38	8.35	18.74	−31.22
2002	12.95	13.83	20.85	−105.74
2003	14.46	12.77	32.23	4354.40
2004	18.74	13.32	25.16	25.08
2005	14.27	13.23	17.76	34.86
2006	12.67	13.46	13.62	24.56
2007	19.68	20.50	20.31	28.65
2008	23.90	18.55	20.89	−24.21
2009	12.71	12.16	17.88	58.30
2010	21.37	17.75	19.85	−11.98
2011	26.32	21.77	25.80	−16.21
2012	13.97	16.19	10.14	−16.24

3. 重庆市经济增长过程中产业态势逐渐明确

对一个地区经济增长态势的判断，离不开对经济增长总量和需求情况的描述，也更离不开对产业发展和产业结构的分析。从产业发展的基本趋势来看（图 5-7），重庆市非农产业发展与经济发展阶段基本保持一致，自 1978 年，重庆市的产业发展主要可以分成 1978～1990 年（近似直线趋势）、1990～1996 年（近似抛物线左侧趋势）、1997 年以后（近似指数曲线趋势）三个时间段，这与重庆市经济发展的缓慢增长、调整增长与快速增长阶段分期保持一致。

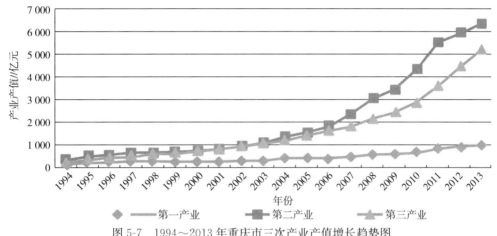

图 5-7　1994～2013 年重庆市三次产业产值增长趋势图

而从地区生产总值的三次产业构成来看（图 5-8），重庆市产业发展过程的总体趋势体现为：从三次产业在地区生产总值中所占份额来看，第一产业所占份额呈现出大幅下降的趋势，第三产业所占份额呈现出稳步上升的趋势，而第二产业所占份额则体现为平衡中略有微调的趋势。而从三次产业的份额地位来看，第一产业的份额逐步下降为地区生产总值构成份额的第三位，体现为第一产业的基础性地位；第二产业的份额始终处于首位，体现了第二产业的主体性地位；第三产业的份额则出现了跳跃式的变化，体现为第三产业的主导性地位。当然，从三次产业占地区生产总值的份额来看，重庆市三次产业发展主要体现为四个发展分期：第一分期——1978～1991 年，主要的产业发展次序为第二产业、第一产业和第三产业；第二分期——1991～1998 年，主要的产业发展次序为第二产业、第三产业和第一产业；第三分期——1998～2002 年，主要的产业发展次序为第二产业和第三产业持平，第一产业居末；第四分期，2002 年以后，主要的产业发展次序为第二产业、第三产业和第一产业。从产业的发展分期来看，第三产业呈现出试探性发展的基本趋势，尤其体现在产业发展的第三分期和第四分期的分界处。而从三次产业对经济增长的贡献率来看（图 5-9），第三产业对经济增长的贡献率远远大于第一产业和第二产业，而第二产业对经济增长的贡献大于第一产业，这也体现了第一、二、三产业的基础、主体和主导性地位。

4. 重庆市经济增长仍然表现为粗放型特征

按照经典生产函数的表述，影响经济增长的要素主要包括劳动力、资本、技术、资

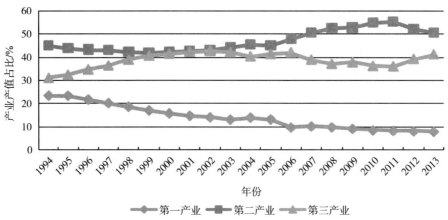

图 5-8　1994～2013 年重庆市三次产业产值占地区生产总值份额趋势图

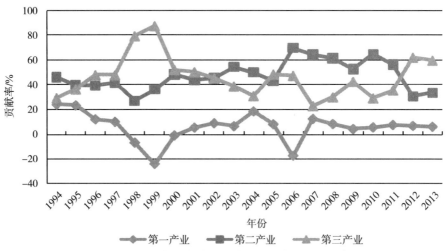

图 5-9　1994～2013 年重庆市三次产业对经济增长贡献率趋势图

源等，因而分析重庆市经济增长的现状必然离不开对重庆市经济增长过程中对劳动力、资本、技术和资源等要素占用情况的相关分析。

从重庆市经济增长的劳动力要素视角来看，重庆市经济增长对劳动力的占用和吸纳趋势基本体现为平稳增长中略有微调的趋势，如图 5-10 所示，以 1996 年和 1997 年为分水岭，重庆市经济增长对劳动力的吸纳分成了两个阶段：1985～1996 年，经济增长对劳动力的吸纳直线上升；而 1997 年，经济增长对劳动力的吸纳略有回落，之后经济增长对劳动力的吸纳主要体现为小幅变化中的总量平衡趋势。这与重庆市总人口的直线上升趋势略有不同，主要表现在 1997 年之后的"喇叭口向右"的离心型增长趋势。

而从重庆市经济增长的资本要素来看，图 5-11 给出重庆市新增固定资产，固定资产构成部分中的建筑安装工程费用、设备工具器具购置费用和其他费用等增长的基本趋势，1978 年以后，重庆市固定资产投资总额的增长基本体现为指数型增长，固定资产投资构成部分中的建筑安装工程费用、设备工具器具购置费用和其他费用的增长趋势与

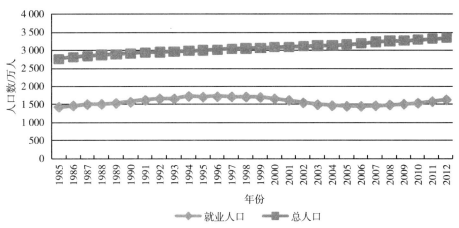

图 5-10 1985~2012 年重庆市就业人口及总人口变化趋势图

固定资产投资总额的增长趋势也基本保持一致;而就新增固定资产部分而言,1985 年以来重庆市的新增固定资产增长趋势与固定资产投资总额的增长趋势基本一致,只不过在 2002 年后新增固定资产有了较小幅度的波动。

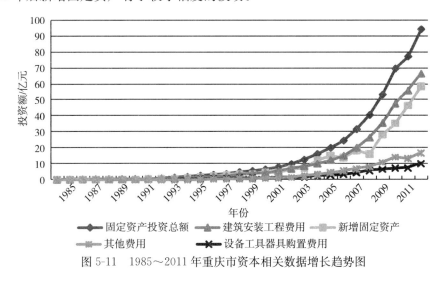

图 5-11 1985~2011 年重庆市资本相关数据增长趋势图

5.3.2 重庆市生态环境发展分析

重庆市处于我国中部和西部地区的结合部,在我国经济社会发展格局及西部大开发中具有战略性的地位和作用。随着经济建设的快速发展和城市化进程的加快,重庆市的生态环境问题日益突出,尽管有关部门给予了足够的重视并采取了一定的治理措施,但是生态环境仍然呈现日益恶化的趋势,这大大制约了重庆市经济的下一步发展,并直接影响到重庆市社会经济的可持续发展。因此,面临西部大开发和重庆成为新的经济特区这一契机,治理生态环境已迫在眉睫。

本案例运用 Daniel 检验对环境污染变化趋势进行定量分析,其也是环保部推荐使用的方法,它使用 Spearman 秩相关系数,用于单因素小样本的检验,精确性较高。

Daniel 检验过程为：时序为 Y_1，Y_2，…，Y_n，对应的污染数据为 C_1，C_2，…，C_n，将污染数据从大到小排序为 X_1，X_2，…，X_n，然后按式(5-9)计算这组数据的 Spearman 秩相关系数 r_s，r_s 的范围为[−1，1]。之后将 $|r_s|$ 和临界值 W_p 比较，当 $|r_s|>W_p$ 时，表明变化趋势有显著意义。若 r_s 为负值，表明污染数据呈显著性下降趋势；若 r_s 为正值，表明污染数据呈显著性上升趋势。当 $|r_s|<W_p$ 时，表明变化趋势无显著意义，即污染变化平稳。其中临界值 W_p 可根据 N 值查表得出，本案例中时间周期为 10 年，即 $N=10$，查表得 $W_p=0.564$。

$$r_s = 1 - \left(6 \times \sum_{i=1}^{10} d_i^2\right) \bigg/ (N^3 - N) \tag{5-9}$$

其中，d_i 为原数据和顺序统计量之间的秩差；N 为时间周期。

通过 Daniel 检验，可以发现重庆市生态环境存在以下几个问题。

1. 废水排放量大，处理率低，水质污染突出

近年来，随着重庆市被批准为全国统筹城乡综合配套改革试验区和经济特区，其城市化进程进一步加快，据估计今后大约有 800 万农村人口将进入城区，届时工业废水、生活污水排放量将大大增加，有害污染物的成分渐趋复杂，浓度也日趋加大。据有关统计资料，全市每年排放废水 14.6 亿吨，其中工业废水为 10 亿吨，排放达标率为 89%；生活污水为 4.6 亿吨，处理率仅为 7%，其余直接排入江中，使河流受到严重污染。2012 年，全市排放的废水为 13.2 亿吨，加上境外上游排入的污水还有 20 亿吨，重庆市水污染形势较为严峻。长江、嘉陵江和乌江水质监测结果表明，"三江"共有 10 项水质监测项目出现不同程度的超标，其中大肠菌群在个别断面上超标竟高达 159 倍，主要城区江段超过 II 类水质。市民已面临水资源短缺问题，人均占有量仅为 1 650 立方米，低于全国人均水平。由图 5-12 可以看出，重庆市的污水排放量变化一直是呈波动趋势，其波动范围为 12 亿～15 亿吨；化学需氧量排放量在 2010 年以前一直是处于平稳状态，但是在 2011 年大幅度增加。对重庆市废水排放总量和化学需氧量排放量的变化进行 Daniel 检验，得到其 Spearman 秩相关系数 r_s，分别为 −0.533 和 0.05，而其对应的临界值 $W_p=0.6$，废水排放总量和化学需氧量排放量的 r_s 均小于 $W_p=0.6$，这表明重庆市废水排放总量和化学需氧量排放量的变化无显著意义，其污染保持平稳。

2. 大气污染以煤烟型污染为主

重庆市的能源消费结构中，煤炭占 71%，全市每年耗煤 2 686.5 万吨，排入大气的工业废气达 2 133 亿立方米、工业固体废物达 75 万吨、烟尘和工业粉尘达 30 多万吨。燃煤引起的大气污染物占大气污染物排放总量的 90% 以上，构成典型的煤烟型大气污染。2006 年主城区空气质量属轻度污染，空气中二氧化硫、氮氧化物和可吸入颗粒物日均浓度分别为 0.09 毫克/立方米、0.038 毫克/立方米和 0.152 毫克/立方米，除氮氧化物达国家二级标准外，其余均超标 0.52 倍，主城区年均降尘量为 9.21 吨/平方千米，超参考标准 1.02 倍。2006 年主城区 5 个国控点采集雨样表明，酸雨频率为 43.6%，降水最低 PH 值为 4.59，与 2005 年相比，主城区酸雨频率上升了 10.8 百分点，酸雨 PH 值上升了 0.23 百分点。目前，主城区酸雨形势仍不容乐观，酸雨危害较

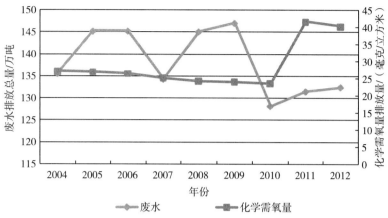

图 5-12 2004～2012 年重庆市废水排放总量和化学需氧量变化趋势图

大。2000 年以来重庆市先后实施了"清洁能源"工程、"五管齐下"净空工程和进一步控制尘污染等一系列大气污染控制措施，每年减少使用燃煤 200 万吨，减排可吸入颗粒物 5.7 万吨、二氧化硫 11 万吨、氮氧化物 0.9 万吨，空气中污染物浓度总体呈下降趋势，满足 Ⅱ 级天数的比例从 2000 年的 51.2% 上升到 2006 年的 70%，主城区空气质量得到一定的改善。但是，随着重庆市经济社会的快速发展和城市规模的不断扩大，主城区能源和原材料消耗量快速增长，加之一些环境监管措施不到位，导致空气中扬尘、燃煤二氧化硫及粉（烟）尘和机动车排气污染水平依然居高不下。空气中可吸入颗粒物（PM10）和二氧化硫浓度仍然超过国家 Ⅱ 级标准。主城区空气质量的改善程度离广大人民群众的要求还有较大差距，大气污染成为影响重庆市人居环境和直辖市形象、制约经济社会协调发展的一个重要因素。

根据图 5-13 可以分析重庆市大气主要污染物的年际变化。重庆市二氧化硫年均浓度是呈下降趋势的，由 2003 年的 0.12 毫克/立方米下降到了 2012 年的 0.04 毫克/立方米；二氧化氮年均浓度变化幅度较小，在 2004 年达到最高值，为 0.07 毫克/立方米，之后大体保持平稳，年均浓度在 0.03～0.05 毫克/立方米的范围内波动。对二氧化硫和二氧化氮年均浓度变化进行 Daniel 检验，二氧化硫和二氧化氮的 r_s 分别为 -0.952 和 -0.879，其绝对值均大于 W_p，这表明这两种污染物浓度有显著性下降，二氧化硫较二氧化氮污染减缓的趋势更显著。由此可知，近 10 年二氧化硫较二氧化氮的治理措施取得了较好的效果。重庆市工业粉尘排放量在 2003～2010 年下降较为明显，2011 年出现反弹，之后平稳。而可吸入颗粒物浓度的变化幅度较小，由 2003 年的 0.09 毫克/立方米下降为 2012 年的 0.05 毫克/立方米，其浓度一直处于 0.05～0.09 毫克/立方米的范围内。对可吸入颗粒物和粉尘排放量的变化趋势进行 Daniel 检验，其 Spearman 秩相关系数 r_s 分别为 -0.951 和 -0.818，其绝对值均大于 W_p，这表明重庆市在可吸入颗粒物和粉尘排放方面的污染也是显著下降的。通过以上分析可以得知，重庆市在治理大气污染方面的措施得到了有效实施，各方面的污染物均呈现出显著的下降趋势，重庆市的空气质量正在逐步得到改善。

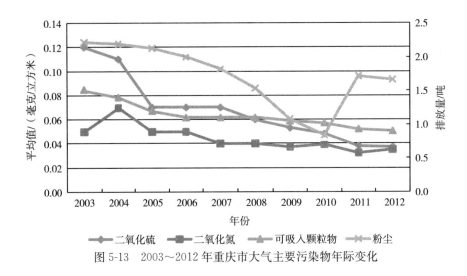

图 5-13　2003～2012 年重庆市大气主要污染物年际变化

3. 工业固体废物、生活垃圾产量大，累计存量大，处理率低

重庆市每年产生工业固体废物为 1 511.47 万吨，排放量为 290.52 万吨，综合利用率仅为 43.3％，工业固体废物历年累计堆存量达 7 850.48 万吨，多数就地堆积，大量占地，部分排放江河，目前仅基本做到清运出城进行简易处理，无害化处理率仅为 7.1％。据初步调查，沿长江和嘉陵江两岸有垃圾堆放点 605 个，其中一些有毒有害废渣尚未得到妥善处理，直接威胁到饮用水源和周边环境。重庆市主城区每年产生生活垃圾 200 多万吨，但只能基本做到清运出城进行堆放填埋或部分焚烧处理，多数尚未达到无公害化处理的要求，对城市环境和人群健康构成极大的威胁。由图 5-14 可以看出，重庆市工业固体废物产生量、综合利用量大体上均逐年升高，而且二者的变化趋势及幅度基本相同，工业固体废物的剩余量在 10 年间呈缓慢增长趋势。对三者进行 Daniel 检验，其 Spearman 秩相关系数 r_s 分别为 0.988、1 和 0.963。工业固体废物产生量、利用量和剩余量的 r_s 均大于临界值 0.563，这表明重庆市工业固体废物的产生是显著增加的，与此同时综合利用量也呈显著增加趋势，但是其增速赶不上产生量的增速，表现为剩余量是逐年缓慢增加，说明重庆市工业固体废物的治理并未取得实质性的进展。

4. 地质灾害等自然灾害频繁，经济损失大

重庆市自然灾害种类多、频率高、强度大、突发性强、破坏严重，主要的灾害是地质灾害、洪涝灾害和干旱，其中重点是滑坡、崩塌、泥石流等地质灾害，都市区自然灾害首推滑坡。对生态环境破坏较大的自然灾害主要有干旱、暴雨、洪涝、冰雹、阴雨和地质灾害，其中干旱、洪涝和地质灾害的危害最大，干旱发生率高达 80％～90％、一般持续 30～50 天，最长达 80 天以上；暴雨型洪灾时有发生，对农田、水利、交通、通信等设施的毁损严重。2006 年的特大干旱和 2007 年百年未遇的特大洪水均给重庆市造成巨大的经济损失。

5. 植被破坏严重，人均绿地少，水土流失加剧

目前，重庆都市区原始森林破坏严重，区内大片分布的是人工种植的各种灌丛及农

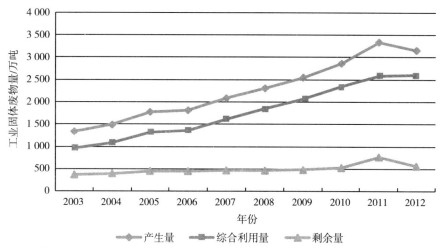

图 5-14　2003～2012 年重庆市工业固体废物产生量、利用量和剩余量变化

业植物，且城市绿化率很低，主城区人均绿地面积为 4.6 平方米，只相当于全国人均绿地面积 5.3 平方米的 86.7%，在全国 35 个百万人口以上城市中居中下等水平，远没有达到创建"山水园林城市"目标的要求。由于绿地缺乏，水土流失严重，主城九个区域水土流失面积达 3 796.4 平方千米，占国土面积的 69.08%，远远高于全国 38.2% 的平均水平，由于人多地少，都市区人均土地面积只有 0.1 公顷，仅为重庆市人均土地面积 0.27 公顷的 37%，王宏(2002)认为重庆日益紧张的人地矛盾，严重制约着都市区的可持续发展。

5.3.3　政策建议

从以上分析可以看到，重庆市经济增长具有明显的投资拉动及产业发展态势逐渐明晰等特征，然而，也应当看到，重庆市经济增长过程中仍体现出明显的粗放型经济增长特征，这是新时期重庆市经济增长和经济发展过程中必须加以注意的重要问题。在经济发展的同时，重庆市的生态环境中也存在着一定的问题。在大气污染方面，重庆市大气中主要污染物呈逐年下降的趋势，这表明重庆市在治理空气污染方面取得了一定的进展。在水污染方面，通过 Daniel 检验可知，重庆市的废水排放总量和化学需氧量的变化无显著意义，但从其变化趋势可以看出，它们的变化并不平稳，这表明重庆在水污染方面还存在巨大压力。在工业固体废物方面，重庆市的工业固体废物呈逐年增加的趋势，尽管其综合利用率也在上升，但是赶不上工业固体废物产生增长率，工业固体废物的剩余量在逐年缓慢增加。因此，重庆市应加强生态环境建设，使经济增长与环境保护协调发展，具体建议包括以下几条。

1. 加强生态环境意识教育，提高对经济和环境协调发展的认识

通过各种媒体报道重庆市生态环境现状，增强企业、市民的生态环境意识及危机感，使广大市民都认识到经济与环境持续协调发展的重要性和紧迫性，从而自觉地行动起来，投入到生态环境的治理当中。尽快转变各级主管部门、企业及职工群众长期以来的"先污染，后治理"的观念，把环境影响评估纳入到所有的重大经济决策中去，使环境保护与经济发展协调起来。要让人们都认识到发展经济与保护环境并不矛盾，发展经济可提供更为充裕的资金更为先进的技术来加强生态环境保护，优美的环境可为经济发展创造良好的条件，二者互为补充、互为促进、共同发展。

2. 加快结构调整和优化

节约和有效利用目前的石油、天然气和煤炭等资源，提高能源使用效率。发展清洁能源，利用西气东输之机，以气代煤，提高天然气在重庆市能源结构中的比例，优化配置天然气工程、电热工程、集中供热工程，推广使用固硫型煤工程等改善结构，减少污染环境的工程。重庆市应结合实际情况，因地制宜发展生态农业，积极进行农业结构调整，改善第一产业结构；以市场为导向，以结构调整为主线，以优化升级为目标，在立足现有基础和优势的前提下，调整和优化重庆市的第二产业结构；第三产业应注重形成合理的规模和结构，实现由总量增长向优化结构和提高素质的方向转变。在继续发展商业贸易和生活服务等传统行业的同时，大力发展旅游业、会展业、物流业、金融业、信息咨询业等科技含量高和附加值大的资本密集型的新兴行业。

3. 转变经济增长方式

重庆市应结合实际，加快经济增长方式的转变，将高投入、高消耗型经济增长方式，转变为集约型、效益型、科技型和清洁型的经济增长方式。其主要途径是大力发展循环经济，延长生产链条，增强企业关联度，形成一个多行业、综合性的链网结构，使不同企业之间资源共享和副产品互换，使上游生产过程中所产生的废物成为下游生产的原料，以此达到企业间资源的最佳配置、物质的循环流动、废物的有效利用，并将环境污染减少到最低水平，从而实现循环生产、集约经营的目的，增强企业整体抵御市场风险的能力。

4. 加大环保资金投入力度

通过加大环保资金投入力度，解决制约重庆市环境保护的资金瓶颈问题。重庆市政府应抓住西部大开发的有利时机，争取国家的有力支持，并按照地区生产总值的一定比例，每年从财政资金中拨出一部分专用资金用于环保；同时，要引进市场机制，建立多种融资渠道，实行污染治理多元化，鼓励吸引社会闲散资金和国外资金，加大对城市基础设施建设、城市绿化、防止水土流失、城市保洁等项目的投资。

5. 有效的制度安排

城市生态系统是一个复杂的综合系统，涉及社会、经济、自然环境等方面。由于重庆市生态环境系统受到外部环境系统的深刻影响，因此必须有一套完整有效的制度，即经济、法律、行政等手段，才能保证经济与环境的协调发展；并且要明确各类环境资源的产权，理顺环境资源的价格体系，发挥政府主导作用，促进政府调控与市场机制的结合。

5.4　蚌　埠　市

蚌埠市，又称珠城，位于安徽省北部，居苏鲁皖之中心，北与宿州市接壤，南与淮南市相连，东与明光市毗邻，西与蒙城县相依。津浦铁路、京沪铁路、淮南铁路贯穿蚌埠市区，淮河自西向东流过境南。从地势上看，蚌埠市西北高东南低，地貌区划以淮河为界，分为淮北平原区和江淮丘陵区，淮河也是蚌埠地区最大的自然地表水，蚌埠市区年平均径流量近300亿立方米。本节首先分析蚌埠市经济发展情况和发展模式；其次研究蚌埠在城镇化推进中面临的诸多制约和难题，其中环境因素不容忽视；再次分别从水污染、大气污染、固体废物污染、能源消耗、城市绿化率五个方面探究蚌埠市发展面临的环境问题；最后运用 SWOT 分析法进行分析并给出建议。

5.4.1　经济发展情况

蚌埠市拥有机械、化工、医药、电子、建材等行业齐备的工业体系，市辖的三县（固镇县、怀远县、五河县）均为全国商品粮大县。

2013 年蚌埠市全年生产总值突破 1 000 亿元大关，达 1 007.85 亿元，按可比价格计算，比 2012 年增长 11.1%。分产业看，第一产业增加值为 172.36 亿元，增长 3.9%；第二产业增加值为 515.68 亿元，增长 14.3%；第三产业增加值为 319.81 亿元，增长 9.5%。三次产业结构之比由 2012 年的 17.8：50.0：32.2 调整为 17.1：51.2：31.7，其中工业增加值占生产总值的比重为 45.3%，比 2012 年提高 1.3 百分点。人均生产总值达 31 482 元（折合 5 164 美元），比 2012 年增加 3 483 元。除地区生产总值以外，固定资产投资和全社会融资总量也同时突破千亿大关，由此蚌埠市已步入一个新的快速发展的区间，进入经济转型发展的关键时期。

1. 蚌埠市生产总值及三次产业结构

2013 年，蚌埠市的生产总值 1 007.9 亿元，增长率为 11.1%。三次产业结构为 17.1：51.2：32.7，呈二三一态势，与 2012 年相比，第二产业提高 1.2 百分点，第一产业和第三产业分别回落 0.7 百分点和 0.4 百分点。分行业看，工业占比最大，对经济增长的贡献率最高，与 2012 年相比，占比提高的行业仅有工业、房地产业和金融业。

分行业地区生产总值及占比、贡献率如表 5-16 所示。

表 5-16　分行业地区生产总值及占比和贡献率

类别	绝对量/亿元	占比/%	对经济增长的贡献率/%
地区生产总值	1 007.85		
第一产业	172.36	17.1	5.7
农林牧渔业	172.36	17.1	5.7
第二产业	515.68	51.2	66.3
工业	456.65	45.3	61.1
建筑业	59.03	5.9	5.2

类别	绝对量/亿元	占比/%	对经济增长的贡献率/%
第三产业	319.81	31.7	27.9
交通运输、仓储和邮政业	37.44	3.7	3.6
批发和零售业	56.63	5.6	5.0
批发业	35.28	3.5	3.3
零售业	21.35	2.1	1.7
住宿和餐饮业	26.32	2.6	1.4
住宿业	2.73	0.3	0.2
餐饮业	23.59	2.3	1.2
金融业	30.80	3.1	6.2
房地产业	34.19	3.4	4.0
K门类房地产业	14.68	1.5	3.1
居民自有住房服务	19.51	1.9	0.9
营业性服务业	48.85	4.8	2.1
信息传输、计算机服务和软件业	19.04	1.9	−0.1
其他营利性服务业	29.81	3.0	2.2
非营利性服务业	85.58	8.5	5.6
公共管理和社会组织	29.25	2.9	2.4
其他非营利性服务业	56.33	5.6	3.2

2. 蚌埠市固定资本投资及内部结构

如表5-17所示，2013年蚌埠市固定资产投资完成1 060.9亿元，同比增长21.6%。第一、二、三产业投资占总投资的比重分别为2.3%、40.4%和57.3%，投资结构呈三二一态势。与2012年同期相比，第一产业投资占比回落0.7百分点，第二产业投资占比回落4.7百分点，第三产业投资提高5.4百分点（其中房地产业投资占比提高9.3百分点）。从分行业来看，制造业和房地产业是投资的重点，分别占投资总额的38.9%和37.2%，两行业合计占比达76.1%，除房地产业以外的现代服务业投资占比仅为11.3%，比2012年提高0.8百分点。

表5-17 分行业投资额及占比

类别	绝对量/亿元	占比/%
固定资产投资	1 060.89	
第一产业	24.75	2.3
农林牧渔业	24.75	2.3
第二产业	428.35	40.4
采掘业	2.42	0.2
制造业	412.50	38.9
电煤气及水生产供应业	8.72	0.8
建筑业	4.72	0.4

类别	绝对量/亿元	占比/%
第三产业	607.79	57.3
批发和零售业	12.22	1.2
交通运输邮政业	46.53	4.4
住宿和餐饮业	11.59	1.1
信息传输软件业	0.06	0.0
金融业	0.44	0.0
房地产业	394.49	37.2
租赁和商务服务业	0.35	0.0
科学研究地质勘查业	43.78	4.1
水利环境公共设施管理	57.64	5.4
居民服务和其他服务业	0.00	0.0
教育	9.42	0.9
卫生和社会工作	2.70	0.3
文化体育和娱乐业	5.35	0.5
公共管理和社会组织	23.23	2.2

注：传统服务业包括批发零售业、交通运输邮政业、住宿和餐饮业、居民服务和其他服务业、公共管理和社会组织，第三产业中除去传统服务业外的行业属于现代服务业

3. 蚌埠市全社会融资来源及投向

由于全社会融资涵盖面广，数据无法收集完整，且在融资总量中贷款余额占比最大，贷款余额与融资总量的分析效果大致相同，因此将使用贷款余额代替融资总量进行分析。

从表 5-18 可以看出，贷款投向占比由大到小依次为经营性贷款、固定资产投资贷款、个人消费贷款、个人住房贷款，占比分别为 37.3%、22.1%、20.1%、11.3%。

表 5-18　贷款余额投向及占比

分类	绝对量/亿元	占比/%
金融机构本外币贷款余额	818.17	
单位贷款	485.64	59.4
经营性贷款	305.13	37.3
固定资产投资贷款	180.51	22.1
个人贷款	257.28	31.4
个人消费贷款	164.75	20.1
个人住房贷款	92.53	11.3

注：固定资产投资贷款主要指重点项目、基础设施建设和住宅项目建设的信贷投放

5.4.2　发展模式

2013 年，蚌埠市主要经济指标增速继续好于全省、领先皖北地区，部分指标突破

历史最好水平。11项主要经济指标，9项指标增速超全省平均水平，有7项指标增速居全省前4位。然而蚌埠市的经济发展速度并不如意，为了找寻蚌埠市发展的制约因素，有必要对蚌埠市经济增长模式进行深层次的探究。

1. 产业结构

蚌埠市1990年三产比例为33：39：28，2000年三产比例为25：36：39，2010年三产的比例为19：47：34，2013年三产比例为17：51：32。而2013年，全省三产比例为12.3：54.6：33.1，全国三产比例为10：43.9：46.1，相较于全国水平，安徽省及蚌埠市第一产业所占比重相对较大，农业占总产业比重高于全国平均水平，从经济发展过程来看，蚌埠市第一产业所占比重仍然较大，仍处于经济发展的初级阶段。

为了综合考虑蚌埠市产业结构的变化，我们从两个维度进行探究，产业结构合理化和产业结构高级化。

这里引入衡量产业结构合理化的泰尔指数，当经济处于均衡状态，劳动力在三个产业间不再流动，此时泰尔指数等于0，泰尔指数不为0，表明产业结构偏离了均衡状态，产业结构不合理。

蚌埠市的产业结构泰尔指数表明蚌埠市产业结构尚不合理，2007～2013年产业结构泰尔指数不断上下波动，2013年的产业结构泰尔指数为0.255 647 9，高于往年。相较于安徽全省可以看出，2009年前，蚌埠市产业结构不合理程度高于全省水平；2009年后，蚌埠市产业结构不合理程度均低于全省水平。这表明蚌埠市的产业结构调整政策，特别在金融危机后，有效地抑制了产业结构的偏移（表5-19）。

表5-19 2007～2013年安徽省和蚌埠市的产业结构泰尔指数

年份	蚌埠市	安徽省
2007	0.220 073 7	0.191 825 4
2008	0.209 219 8	0.180 162
2009	0.224 029 6	0.451 905 7
2010	0.217 670 6	0.218 145 9
2011	0.221 904	0.343 730 9
2012	0.189 094 5	0.222 807 8
2013	0.255 647 9	—

产业结构高级化实际上是产业结构升级的一种衡量，20世纪70年代之后信息技术革命对主要工业化国家的产业结构产生了极大的冲击，出现了"经济服务化"的趋势。我们采用第三产业产值与第二产业产值之比作为产业结构高级化的度量，并记作经济服务化指数，用来反映经济结构的服务化倾向。如果经济服务化指数处于上升状态，就意味着经济在向服务化的方向推进，产业结构在升级。

从蚌埠市"经济服务化"指数（图5-14）来看，近几年，蚌埠市第三产业与第二产业的比值不断下降，同安徽省数据变化有着相同的趋势，这表明在2005年以后，蚌埠市及整个安徽省的第二产业发展迅速，而第三产业发展相对薄弱。考虑到蚌埠市及安徽省仍处于资本扩张型发展道路,第二产业的发展可以在很大程度上拉动整体经济的发展。但是从产业结构来看,过度发展受制于资源且高能耗的第二产业并不是一条可持续发展的道路,蚌埠市未来产业结构调整仍然任重而道远。

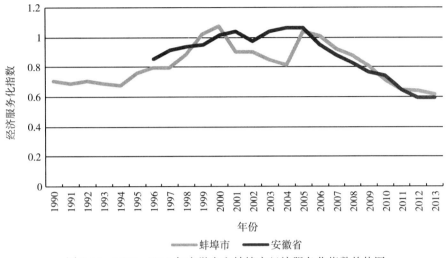

图 5-14　1990~2013 年安徽省和蚌埠市经济服务化指数趋势图

2. 投资对经济增长的拉动作用

在现代经济周期理论中,投资对经济的拉动作用主要体现在即期直接拉动作用、即期间接拉动作用和远期拉动作用上。要保持一国国民经济持续快速稳定的增长,必须保持适度的投资增长,过低的投资无法拉动经济的增长,而过高的投资则会导致经济泡沫。

由图 5-15 和图 5-16 可以看出,蚌埠市固定资产投资与地区生产总值发展趋势相同,且固定资产投资增长率的波动同地区生产总值增长率的波动也基本是一致的,投资波动的幅度大于地区生产总值波动的幅度,两者之间成明显的正相关关系(表 5-20)。

表 5-20　蚌埠市固定资产投资与地区生产总值的相关系数

指标	地区生产总值	固定资产投资
地区生产总值	1	0.974
固定资产投资	0.974	1

地区生产总值投资弹性系数是指地区生产总值增长率与投资增长率的比值,是反映投资增长速度对地区生产总值增长速度影响程度的指标。1995 年、2000 年、2005 年、2010 年的地区生产总值投资弹性系数分别为 0.174、0.149、0.858、0.410。2011 年、2012 年、2013 年的地区生产总值投资弹性系数分别为 0.964、0.413、0.613。近 10 年蚌埠市的平均地区生产总值投资弹性系数约为 0.654,即固定资产投资每增长 1 百分点,地区生产总值大约会增长 0.654 百分点。

再构建蚌埠市投资效果系数,其为地区生产总值增加额与当年固定资产投资额的比值,是反映一定时期内单位固定资产投资所增加的地区生产总值数量。这是反映固定资

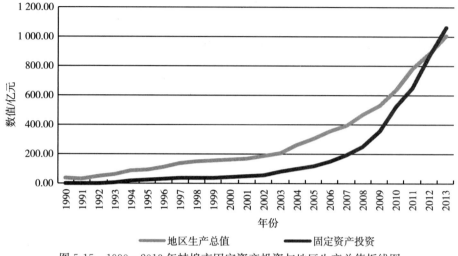

图 5-15　1990～2013 年蚌埠市固定资产投资与地区生产总值折线图

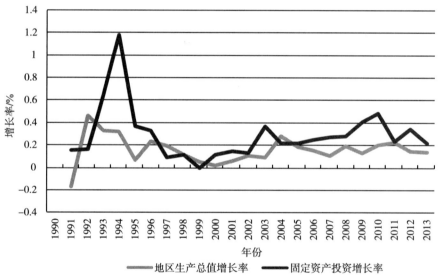

图 5-16　1990～2013 年蚌埠市固定资产投资与地区生产总值增长率折线图

产投资效益最全面的综合性最强的指标。

　　根据图 5-17 可以看出，根据资本的边际报酬递减的规律，蚌埠市固定资产投资效果系数呈现递减趋势。2000 年前蚌埠市的平均固定资产投资效果系数为 5.652，2000～2009 年的平均固定资产投资效果系数为 2.476，2010～2013 年的固定资产投资效果系数分别为 1.207、1.199、1.020、0.950。固定资产投资绩效越来越低，但降幅逐步减小并趋于稳定。

　　通过以上分析可以判断，蚌埠市经济增长模式属于投资拉动型，若固定资产投资增速，地区生产总值增速，但两者并不完全同步；固定资产投资总量尽管快速上升，但投资绩效越来越低，这制约了经济的更好增长。

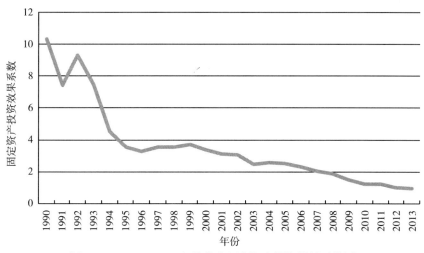

图 5-17　1990～2013 年蚌埠市固定资产投资效果系数图

通过向量自回归模型（vector autoregression，VAR）建立固定资产投资与地区生产总值的脉冲响应函数，并给定固定资产投资以 1 单位的正向冲击，观察地区生产总值的影响。图 5-18 反映，在第 T 期，蚌埠市固定资产投资增加 1 个单位，生产总值迅速增加约 0.56 个单位；$T+1$ 期，固定资产投资冲击作用更加明显，生产总值增加约 0.7 个单位；$T+2$ 期开始，冲击对蚌埠市的影响逐期降低，最终收敛于 0，冲击的影响逐渐消失。

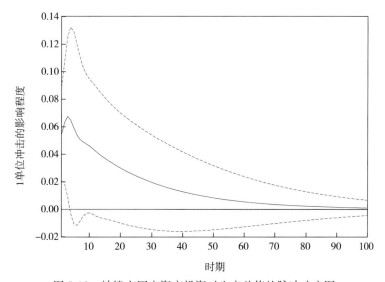

图 5-18　蚌埠市固定资产投资对生产总值的脉冲响应图

注：虚线代表 95% 的置信区间，实线代表地区生产总值受到 1 单位固定资产投资冲击的响应

蚌埠市是传统的老工业城市，物质资本存量相对较大，一方面当期的投资用于弥补因折旧和技术落后而淘汰的生产能力，维持简单再生产，并形成相应的资本。另外，由于投资的乘数效应，固定资产投资在当年对生产资料等构成消费，使此前已形成的相应

生产能力得以发挥。另一方面，投资直接增加未来时期社会财富的创造能力，实现扩大再生产。

5.4.3　融资对经济增长的拉动作用

全社会融资总额是一定时期内全社会各类经济主体之间资金融通总量，融资总额的增长意味着社会总需求的增长。由于该指标建立时间较短，且数据不易收集完整，我们考虑使用全社会融资总额主要构成部分的贷款余额指标来代替融资总额指标进行分析。

1990～2013 年，蚌埠市贷款余额逐年增加，2013 年金融机构的人民币贷款余额达810.18 亿元，本外币贷款余额总计 818.17 亿元。通过建立蚌埠市贷款余额对地区生产总值的脉冲响应函数可以看出（图 5-19），在第 T 期，给定贷款余额 1 个单位正向冲击，生产总值迅速增加约 0.38 个单位；$T+1$ 期，贷款余额冲击作用更加明显，生产总值增加约 0.6 个单位；$T+2$ 期开始，冲击的影响逐渐消失。

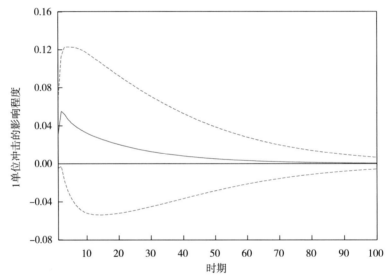

图 5-19　蚌埠市贷款余额对地区生产总值的脉冲响应图

注：虚线代表 95％的置信区间，实线代表地区生产总值受到 1 单位贷款余额冲击的响应

换言之，贷款余额（全社会融资总额）的增加，不仅在即期对经济有拉动作用，而且在接下去一段时间里拉动作用会更加强烈，并且对远期经济的发展也有明显的促进作用。

鉴于蚌埠市现处于投资拉动阶段，适度、有效的投资显得尤为重要，特别在经济发展和产业转型并行时期，投资方向的确定对产业结构的调整有着重要的影响。根据图5-20，通过分析历年投资对产业结构高级化（第三产业与第二产业增加值的比值）的影响，并结合历年第三产业所占比重，可以看出 1995 年前，投资主要集中在第二产业，第三产业发展速度缓慢，产业结构高级化不断降低。1995～2000 年是蚌埠市第三产业发展的黄金时期，第三产业得到迅猛的发展，其中 1999 年、2000 年蚌埠市第三产业增加值一度超过第二产业增加值，社会整体向"经济服务化"发展。2000 年以后，投资逐渐向第二产业转移，投资对产业结构高级化的促进作用不断减弱，这很大程度上源于东部沿海城市将一些工业、制造业向内地转移。安徽省因发展需求，抓住产业转移的机遇，大力发展第二产业，而相对忽视了第三产业的发展。2005 年、2006 年，第三产业增加值再次超过第二产业，2007～2013 年，第二产业发展迅速，超越第三产业，并逐渐拉大了距离。2011～2013 年，投资与产业结构高级化背道而驰。通过对比这三年固定资产投资在三次产业中的投资结构，2011 年三次产业投资结构为 2.5∶61.9∶35.6，2012 年三次产业投资结构为 3.1∶45.1∶51.9，2013 年三次产业投资结构为 2.3∶40.4∶57.3。2011 年六成比例的固定资产投资投资于第二产业，2012 年与 2013 年，第三产业投资比例超过第二产业并不断扩大，其中 2013 年第三产业投资占据一般将近六成比例。然而不仅第三产业增加值却没有第二产业增加值高，并且投资还抑制向产业结构高级化的发展。

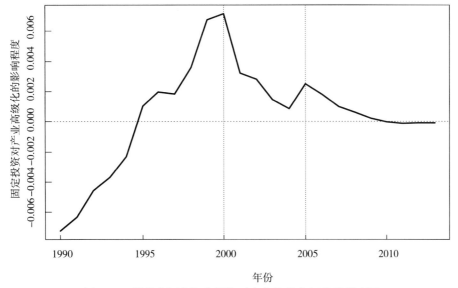

图 5-20　蚌埠市固定资产投资对产业结构高级化的影响图

　　根据分析，这主要有三方面的原因。首先，蚌埠市第三产业发展薄弱，仍处于初期发展阶段，尚未形成规模效应。其次，蚌埠市第三产业投资转化效率低，大量投资无法在短时间内转变为增加值。最后，蚌埠市的第三产业只是传统的第三产业，投资回报率较低。

5.4.3　生态城市

　　生态城市是由社会、经济、自然三个子系统构成的，即社会—经济—自然复合系统。三个子系统在发挥自身功能的同时又相互制约、相互补充，共同支撑着生态城市这一复合系统协调、持续地运行。

　　城市的随意扩张不仅对绿化造成了极大的破坏，也破坏了城市自身的自然调节功能。例如，道路、旅游设施的建设及旅游活动对自然环境造成了干扰和破坏；城市周边自然植被由于缺乏生态规划，没有建成具有良好生态质量的调控系统；城市土地开发与空间资源可持续利用存在结构性矛盾。这些调节功能的破坏不但不能满足日益发展的物质文化生活需求，而且会带来生态环境质量的下降。

查考发现，2007～2012 年，蚌埠市共发生 16 起环境污染突发事件，平均每年 2.67 起，其中水污染事件 9 起，空气污染事件 6 起，其他污染事件 1 起。2007 年蚌埠市共发生 5 起环境污染突发事件，其中 4 起水污染事件，1 起空气污染事件，直接导致经济损失 420 万元，占全省总经济损失的 93%；2009 年同样发生 4 起环境突发事件，水污染事件 2 起，大气污染事件 2 起。2010 年发生 3 起环境污染突发事件，其中 1 起水污染事件，2 起大气污染事件。2012 年发生 3 起环境污染突发事件，其中水污染事件 2 起，大气污染事件 1 起。

由此可见，蚌埠市生态城市的城镇化推进面临诸多制约和难题，其中环境因素不容忽视，本小节从水污染、大气污染、固体废物污染、能源消耗、城市绿化率五个方面探究蚌埠市面临的城市发展的环境问题。

1. 水污染

蚌埠地区水环境主要以淮河干支流为主，蚌埠作为沿淮经济带的中心城市，以化工等重污染工业为方向的投资在区域经济中占有重要地位，淮河蚌埠段的干支流都受到不同程度的污染。淮河水污染已经成为蚌埠市经济发展重要的制约因素。

表 5-21 是 2005～2013 年蚌埠市工业用水及废水排放的相关情况，截至 2013 年，蚌埠市工业用水总量为 28 825.61 万吨，工业用水重复率为 75.65%，工业废水排放量为 4 171.76 万吨，与 2005 年的工业用水及废水排放相比，2013 年工业用水总量增加了 11 223.02 万吨，工业废水减排 3 139.6 万吨，工业用水重复利用率已提升了 27.11%，通过这两年的比较可以看出，蚌埠市在工业用水与污水排放方面都采取了有效的控制，在水环境保护上取得了相应的成果。从总体上看，自 2006 年后蚌埠市工业用水总量一直是处于递减的态势，工业废水排放基本也是一直在减少，2013 年逐渐逼近 4 000 万吨，除 2012 年外，工业用水重复率均在 75% 之上，尽管其有所下降，但变化幅度较小。结合 2005～2010 年淮河干流水质监测结果，作为蚌埠市饮用水来源地的淮河干流水质有明显好转。2005～2008 年，淮河蚌埠段的超标因子主要集中在氨氮、溶解氧、粪大肠菌群三项指标上，随着城市污水集中处理，以及工业污水达标后排放的推进，近几年蚌埠饮用水水源地的水质明显改善。

表 5-21　2005～2013 年蚌埠市工业用水及废水排放的相关情况

年份	工业用水总量/万吨	工业废水排放量/万吨	工业用水重复利用率/%	工业废水排放达标率/%
2005	17 602.59	7 311.36	48.54	97.64
2006	—	9 007	—	94.35
2007	43 250.48	7 791.46	78.77	97.14
2008	40 930.35	6 854.41	77.53	99.57
2009	38 191.25	5 975.18	77.66	99.61
2010	42 062.55	5 741.81	78.56	99.74
2011	30 102.70	4 370.4	75.22	—

续表

年份	工业用水总量/万吨	工业废水排放量/万吨	工业用水重复利用率/%	工业废水排放达标率/%
2012	29 047.21	4 143.79	33.40	—
2013	28 825.61	4 171.76	75.65	—

注：所有数据来源于历年《安徽省统计年鉴》及《蚌埠市统计年鉴》

2. 大气污染

除水污染之外，蚌埠还面临大气环境被破坏的威胁，历年雾霾天次数不断刷新纪录，以氮氧化物超标为特征的空气污染日益显现，大气污染开始向复合型污染转变。

从表5-22可以看出，蚌埠市工业废气排放总量波动幅度较大，2006年相较2005年排放总量增加了约100倍，2007年回落至约2006年排放水平的十分之一，2007～2010年，蚌埠市工业废气排放总量小幅波动，2011年起，工业废气排放总量呈直线上升，至2013年排放总量达到19 185 036万标立方米，略超2006年水平。而自2006年起，蚌埠市的经济水平迅猛发展，特别是高能耗、高污染的第二产业，其所占比重一路攀升，到2013年，第二产业所占比重突破51%，反映出在城镇化的建设中，蚌埠市抓住了发展的机遇，然而在发展过程中，忽视了高能耗的第二产业对环境的影响，特别是工业废气排放，由于存在监管难等原因，工业废气排放量不断增加。

表5-22 蚌埠市工业废气排放情况

年份	工业废气排放总量/万标立方米	二氧化硫排放量/吨	工业烟（粉）尘排放量/吨
2005	136 235	17 043	29 545
2006	18 162 967	—	25 169
2007	1 232 067	17 135	16 032
2008	1 786 497	17 614	14 903
2009	388 149	17 432	13 974
2010	431 951	17 735	12 148
2011	6 698 233	19 004	9 285
2012	15 986 894	18 700	9 082
2013	19 185 036	16 970	12 642

注：所有数据来源于历年《安徽省统计年鉴》及《蚌埠市统计年鉴》

除了工业废气排放外，蚌埠市还存在秸秆焚烧的问题。随着城镇化过程的不断推进，蚌埠市大量农村劳动力流向城镇，越来越多的农村青壮年选择去工厂上班或外出务工，农村空巢现象极为普遍。农忙时节，农村便存在劳动力不足的问题，秸秆焚烧成为农民最为方便的选择，并且随着各种饲料、能源的普及和推广，农民便不再将秸秆视为资源，其的存在又影响后期的耕种，因此，焚烧秸秆成为最具有"性价比"的选择。大量的焚烧使得方圆百里在一周时间内烟雾弥漫，PM2.5严重超标，大气环境呈现复合型污染。

3. 固体废物污染

随着固体废物管理网络的建立，以及不断完善的回收利用系统，蚌埠市工业固体废物的后续管理得到不断加强，工业固体废物的综合利用水平不断提高，城市生活垃圾逐步实行无害化、减量化、资源化处理。

从表 5-23 和表 5-24 可以看出，2005 年蚌埠市的工业固体废物产生总量为 64.76 万吨，综合利用率为 88.00%。2006 年，工业固体废物产生总量翻倍增加，其综合利用率降低至 64.38%，2007 年起，工业固体废物产生总量恢复到正常水平并且缓慢增长，综合利用率不断提高，2010 年，综合利用率达到最高，为 99.94%，2011 年之后，工业固体废物产生速度明显放缓，综合利用率仍保持在 99% 以上。这表明蚌埠市工业固体废物产生总量的增速随着技术进步和产业升级开始减缓，工业固体废物的利用率维持着较高水平。2009～2013 年，城市生活垃圾无害化处理率不断提高，由 2009 年的 53.90%，增加到 2013 年的 71.28%。工业固体废物综合利用率的提高及生活垃圾无害化处理率的提高，使得蚌埠市近些年固体废物污染不断减弱，这与蚌埠市近几年未发生较为严重的固体废物污染的现状相符。

表 5-23　蚌埠市工业固体废物产生及利用情况

年份	工业固体废物产生总量/万吨	工业固体废物综合利用率/%
2005	64.76	88.00
2006	1 224.00	64.38
2007	76.27	85.67
2008	83.70	91.49
2009	149.80	97.63
2010	177.05	99.94
2011	209.66	99.08
2012	204.39	99.11
2013	219.65	99.05

注：所有数据来源于历年《安徽省统计年鉴》及《蚌埠市统计年鉴》

表 5-24　蚌埠市生活垃圾处理率

年份	生活垃圾无害化处理率/%
2009	53.90
2010	65.83
2011	73.99
2012	70.83
2013	71.28

4. 能源消耗

发展低碳经济是一个长期的过程，蚌埠市在加速推进经济发展过程中，不断进行产业结构的调整，加快调整能源结构步伐，开展生态文明建设。但是低碳经济的发展并不只是解决某一方面存在的问题，李治国和周德田(2013)认为低碳城市的形成应该包括生产低碳化、消费低碳化、排放低碳化及能源低碳化。降低能源消耗，建立低碳生态城市势在必行。

由表 5-25 分析表明，蚌埠市的能源效率保持在较高的水平，2007 年起经济增长速度已经大大超过了能源消耗速度。2005 年单位地区生产总值能耗为 1.07 吨标准煤/万元，2013 年单位地区生产总值能耗下降至 0.590 619 吨标准煤/万元。从能源消费结构来看，虽然燃油和电力消耗比例不断上升，但煤炭仍是蚌埠市的主要能源，能源消费中油、气等优质能源的使用比例依然偏低。

表 5-25 2005～2013 年蚌埠市部分能源消耗情况

年份	全社会能源消费总量/万吨标准煤	全社会电力消费量/万千瓦时	单位地区生产总值能耗/(吨标准煤/万元)
2005	323.30	265 314	1.068 924
2006	345.84	278 704	1.050 026
2007	375.88	295 635	0.989 814
2008	405.04	325 462	0.911 686
2009	428.55	366 401	0.808 679
2010	459.61	408 101	0.754 626
2011	503.01	454 206	0.691 537
2012	548.06	516 694	0.621 616
2013	584.14	617 129	0.590 619

注：所有数据来源于历年《安徽省统计年鉴》及《蚌埠市统计年鉴》；单位地区生产总值能耗以 2005 年不变价地区生产总值计算得到

5. 城市绿化率

城市景观是城市生态环境及生态文明的物质化体现，是人与自然和谐相处、人居环境健康安全的直观反映。而生态城市的建设需要依托城市外围的自然生态保障体系；要以水系、道路绿化脉络为联系；要以街头和小区及单位绿地为补充的点、线、面相结合，从而达到生态、美化、娱乐功能兼顾，人类与自然亲近的城市生态景观体系。

从表 5-26 可以看出，蚌埠市城镇绿化面积逐年增加，2009 年绿化覆盖面积为 6 796 公顷，到 2013 年，绿化覆盖面积达到 8 469 公顷，人均公园绿地面积从 2009 年的 7.31 平方米增长到 2013 年 10.76 平方米；但是随着人口的增长和人口的流动，城市人口密度维持在 2 200 人/平方千米，逐年小幅波动；城市绿化覆盖率保持在 45% 以上，2001 年，绿化覆盖率达到历史最高水平，为 49.75%，2013 年则为 48.11%。近些年，通过蚌埠淮河文化广场、城市绿地广场和燕山森林公园等项目的建设，蚌埠市逐步形成生态功能完善、环境优美、生活舒适的人居环境。

表 5-26   2005～2013 年蚌埠市城镇生活指标

年份	绿化覆盖面积/公顷	人均公园绿地面积/平方米	城市人口密度/（人/平方千米）	绿化覆盖率/%
2009	6 796	7.31	2 281	46.94
2010	7 345	6.84	2 257	49.75
2011	7 503	7.04	2 293	49.22
2012	7 895	8.39	2 346	47.01
2013	8 469	10.76	2 140	48.11

注：所有数据来源于历年《安徽省统计年鉴》及《蚌埠市统计年鉴》

5.4.4 蚌埠市经济发展 SWOT 分析

SWOT 分析法是一种能够较客观而准确地分析和研究一个客体现实情况的方法。SWOT 即优势（strength）、劣势（weakness）、机会（opportunity）、威胁（threat）的简称，利用这种方法可以找出值得肯定的地方，以及应该去避开的东西，并发现存在的问题，找出解决方法，明确以后的发展方向。将 SWOT 分析法应用于经济发展研究，可以对经济体所处情景进行全面、系统、准确的研究，对其本身的优势、劣势产生清楚的了解，对其外部的机遇和威胁时刻提高警惕，有助于制订发展计划，以及与之相应的发展计划或对策。

2013 年蚌埠市的生产总值超过 1 000 亿元，与 2012 年相比增长 11.1%。在蚌埠经济高速发展的背后，到底存在着什么优势和劣势，面临什么机遇和挑战呢？怎样才能让蚌埠市的经济健康快速发展呢？下面对蚌埠市的经济发展进行 SWOT 分析，对其所具备的优势和劣势及面临的机会与威胁进行判断，并着重分析蚌埠市所属的战略地位，从而使其在经济发展中充分发挥优势，较好克服劣势，及时抓住机会，有效回避威胁，以能够更好更快地发展。

1. 优势

1）地理优势

蚌埠市位于华北平原南端京沪铁路和淮南铁路的交汇点，同时也是京沪高铁、京九高铁、京福高铁的交汇点，地处我国南北分界线，淮河穿城而过。蚌埠市被誉为现代珠城，是安徽省重要的工商业城市，位于安徽省东北部、淮河中游，交通便捷，公路、铁路、水运、航空四通八达，是安徽省最大的交通枢纽。蚌埠港为千里淮河第一大港，新港年吞吐量达百余万吨，拥有数个千吨级泊位，蚌埠港可四季通航江苏、上海、浙江、江西等省市，还可以借助已开放港口通达海外；公路四通八达，高标准的城市出入口道路已与国道、省道相联结；4C 级标准新机场已建成投入使用。因此现代化的交通区位优势，营造了蚌埠市经济和社会发展的有利条件。

2）企业优势

蚌埠市是安徽省的重要工业城市，拥有工业企业一千多家，总投资达 21 亿元的北方通用核心器件产业基地也早已落户本市，最近几年电子信息产业规模大幅度扩张，特色产业集聚加速显现，目前已集聚方兴科技、大富科技、新威国际、德豪润达、中航三鑫五家境内外上市公司，以及台玻集团、牧东光电、凯盛众普等一大批知名企业与产业集聚加速显现。

3）资源优势

蚌埠市拥有丰富的资源，2007 年起，发现矿产地 276 处，矿产 23 种（含亚种），其中能源矿产 1 种（煤），金属矿产 7 种（铁、岩金、砂金、铜、铅、锌、银），非金属矿产 13 种，水气矿产 2 种（地下水、矿泉水）；农产品有小麦、豆类、薯类、棉花、烟草等。

4）文化优势

2012 年，蚌埠市成功举办第四届中国花鼓灯歌舞节暨第九届安徽省花鼓灯会；34 000 平方米的新博物馆开工建设，音乐厅、歌剧院完成前期规划设计；全市 55 个乡镇综合文化站、1 103 个农家书屋全面建成，首次实现乡镇文化站、农家书屋全覆盖；全年组织文艺演出 120 多场；市博物馆免费接待观众近 10 万人次；市图书馆接待读者 32 万人次；禹会遗址、汤和墓、双墩遗址、双墩春秋墓、教会建筑旧址、垓下遗址、化明堂严氏墓 7 处古迹已列入国务院第七批全国文物保护单位。

5）管理优势

蚌埠创造了一个有利于促进开放经济发展的综合环境，这个环境包括亲商服务环境，与国际接轨的法制环境和良好的社会环境等。在服务管理上，蚌埠市借鉴"小政府、大社会"的管理、服务模式，按照市场经济体制和国际惯例的要求，培养亲商意识。例如，全过程服务的概念要求所有管理部门不仅要提高招商成效，更要注重企业所急，想企业所想，为企业发展创造良好的外部环境。

2. 劣势

1）第一产业所占比重较小

蚌埠市传统的行业，如农业、畜牧业、渔业竞争力不足，且由前文知第一产业回落 0.7 百分点。随着第二产业的高速发展，财政收入显著增加；同时，在某种程度上掩盖了蚌埠本地生产力落后的事实，这对蚌埠市来说有一定风险。

2）城镇化水平滞后

按照一般的理论，城镇化的水平一般是和经济发展的总体水平正相关的，但蚌埠市的城镇化与其经济发展的总体水平却并不相称，2013 年蚌埠市的人均地区生产总值为 31 855.25 元，制造业占地区生产总值的比重达到了 51.2%，而城镇化水平只有 49.7%。

城镇化水平之所以滞后，其中的重要原因就是蚌埠虽然在近 10 年中经济增长比较快，却没有经历产业更替和社会生活的巨大变迁。蚌埠市的产业结构虽有一定调整，但步伐还不够快，2013 年蚌埠市的三类产业之比依次为：17.1∶51.2∶31.7。在第二产业快速发展时，存在第一产业不能及时跟进，就业比重偏低，基础设施有待进一步完善等问题。

3）人才竞争力较弱

一方面，同上海、南京、合肥等城市相比，蚌埠市的大学少，自身劳动力数量和质量等不具有优势；另一方面，许多大学生毕业后更倾向于去发达城市发展，因为发达城市就业机会、发展空间远大于蚌埠本市，从而造成了人才流失、人才短缺。

4）城乡居民收入差距大

城乡居民收入差距大，且农村居民人均可支配收入增长率低于城镇居民人均可支配收入增长率，随着经济的发展，差距也在加大，并且未来趋势更加严峻，这种现象将影响蚌埠市的经济发展。

3．机会

1）京沪高铁的开通

京沪高铁的开通为蚌埠市带来了新的发展机遇。良好的区位、便捷的交通、优良的投资环境吸引了一批又一批国内知名企业来蚌埠市投资兴业，著名企业的入驻为蚌埠市的经济发展注入了新的活力，如万达有限公司。作为蚌埠市重点招商引资项目，蚌埠市的万达广场致力于打造蚌埠市档次最高、业态最全、体量最大的地标级城市综合体。万达广场建成投入运营后，不仅能进一步提升蚌埠市作为区域性中心城市的地位，更为市民带来一场体验式消费的新变革，同时为蚌埠区域经济发展做出重要贡献。

2）抓住合芜蚌试验区建设机遇

抓住合芜蚌试验区建设的机会，在"十二五"期间高举创新大旗，重视科技工作，以新的姿态迎接机遇与挑战，促进蚌埠崛起，将蚌埠市建设成为美好幸福的皖北中心城市。抓住合芜蚌试验区建设机遇，有利于激发人才资源的潜力和提高人才的创新活力；加快形成推动自主创新的体制机制；有利于培育壮大战略性新兴产业；加快形成依靠创新驱动发展的格局；有利于转变经济发展方式；加快推进中部崛起战略的深入实施。

4．威胁

1）对房地产业依赖程度大

以往蚌埠市的经济发展很大程度上依赖于房地产行业，但 2014 年房地产市场不再保持 2013 年的辉煌，而是突发转向，房市悲观情绪蔓延。此外，房地产调控也不再针对于房价，而是转向强调政府在增加住房供给的责任和市场化改革中的经济功能。房地产泡沫一旦破裂，将严重影响蚌埠市的经济发展。

2）生态环境形势严峻

近年来，随着经济的发展，环境问题也日趋严重。工业废气排放量不断增加，恶化了本地的生态环境，特别是淮河流域，生态系统破坏和有机污染问题，导致流域水质严重恶化。农业生产过程中使用大量的农药及化肥，对大气、土壤和地下水都造成一定的影响，尤其是在每年夏初收割小麦的季节，焚烧秸秆现象大面积存在，燃烧后所产生的固体废物对大气产生极其严重的影响。

通过对蚌埠经济发展的 SWOT 分析，我们对蚌埠的经济发展有了一个较全面、准确的认识，从而能够更好地加快发展蚌埠的现代经济。

5.4.5 政策建议

1．充分利用区位优势，争取更多政策支持

蚌埠市面向"长江三角洲"，背靠中西部，承东启西，贯通南北，拥有京沪高铁、蚌埠新港等四通八达的交通网络，区位优势明显，因而要充分利用综合交通枢纽优势，积极承接沿海产业转移；同时，抓住合芜蚌自主创新综合试验区、淮海经济区、中原经济区等战略发展机遇，争取更多的政策优惠和支持，为打造皖北中心城市，重返全省第一方阵创造良好的外部环境。

2. 加快转型升级，优化产业结构

大力发展附加值高、节能环保的优势产业，对传统产业增加技术投入，减少生产成本，加快转型升级。加大对新型工业化及现代服务业，特别是生产服务业的投入力度，加快发展技术密集型产业和高新技术产业。夯实农业基础，着力发展特色农业和现代农业。最重要的是，需从有利于蚌埠市经济结构、产业结构调整的角度，实现经济增长方式由粗放型向集约型转变，提高资源配置效率，这样才能最终实现蚌埠市经济的持续增长和良性循环。

3. 强化工业城市，壮大支柱产业

进一步强化工业的主导地位，加大对工业的招商引资力度，积极申报规模以上工业企业，不断增加规模以上工业企业数量，壮大规模以上企业规模。同时对现有大中型企业进行摸排，出台政策，制定帮扶措施，解决企业困难，帮助大中型企业加快发展、做大做强、增强核心竞争力、形成品牌效应，支撑全市经济又好又快发展。

4. 优化投资结构，增加居民收入

首先，加大工业和现代服务业的投资力度，适度控制房地产业投资，不断挖掘和引进 10 亿元以上的大项目、好项目，进一步壮大投资规模、优化投资结构。但要防止严重浪费资源、产出低且降低投资效率的低水平重复建设。其次，通过大力发展服务业、减少垄断、降低税收等措施增加劳动收入；通过拓宽居民投资渠道、提高存款利息等措施，提高居民财产性收入。居民收入增加将有力地促进内需的挖掘和消费率的提高。最后，加大薄弱环节和优势行业的投资力度，以满足这些行业的投资需求，提高投资的经济效益和社会效益，加强高新技术产业投资，加强对主导产业和市场占有率高的项目的投资，兼顾各产业及其内部的均衡发展，优化产业布局，在社会事业、基础设施、现代农业、新兴服务业等方面，进一步加大投入力度。并且在保持适度投资规模的同时，加大科技投入，通过技术创新，推动经济持续、快速、健康地发展。

5. 加快城镇化步伐，大力发展特色旅游业

首先，要加快城镇化步伐。要重点发展市区、县城及中心镇；要以产业带动城镇化发展；要完善制度，合理引导农业人口流向城镇。其次，大力发展旅游业。旅游业是无烟工业，要深挖旅游资源，完善基础设施，加大宣传力度，壮大旅游业。

6. 继续环境治理，建设生态城市

首先，要加快城镇生活污水、垃圾及其他废弃物的治理，削减城镇化生活带来的生活污染。其次，加大对高能耗、高污染产业（企业）的监控，建立健全完善的监管评级体系，加大科技创新，发展清洁能源产业，鼓励企业实行清洁生产和工业用水循环利用，建立低碳环保型工业。最后，要修复已被污染的河流等生态系统，依法保护好区域内的林草植被、湿地及自然保护区，有规划地开展生态修复工程。

参考文献

曹光辉，汪锋，张宗益，等.2006.我国经济增长与环境污染关系研究[J].中国人口·资源与环境，(1)：25-29.

常杪，田欣，杨亮.2010.中日碳排放模式比较与日本低碳发展政策借鉴[A].中国科学技术协会，福建省人民政府.经济发展方式转变与自主创新——第十二届中国科学技术协会年会(第一卷)[C].福建：中国科学技术协会.

陈华文，刘康兵.2004.经济增长与环境质量：关于环境库兹涅茨曲线的经验分析[J].复旦学报(社会科学版)，(2)：87-94.

陈诗一.2011.边际减排成本与中国环境税改革[J].中国社会科学，(3)：85-100，222.

程楠.2008.对中国城市化过程中土地资源合理利用的探究[J].改革与战略，(7)：19-20.

崔连标，范英，朱磊，等.2013.碳排放交易对实现中国"十二五"减排目标的成本节约效应[J].中国管理科学，(1)：37-46.

崔连标，范英，朱磊.2014.基于碳减排贡献原则的绿色气候基金的分配研究[J].中国人口·资源与环境，(1)：31-37.

戴永安.2010.中国城市化效率及其影响因素——基于随机前沿生产函数的分析[J].数量经济技术经济研究，(12)：103-117，132.

杜栋，庞庆华，吴炎.2008.现代综合评价方法与案例精选[M].北京：清华大学出版社.

樊纲.2009.走向低碳发展：中国与世界[M].北京：中国经济出版社.

范英，张晓兵，朱磊.2010.基于多目标规划的中国二氧化碳减排的宏观经济成本估计[J].气候变化研究进展，(2)：130-135.

方伟成，孙成访.2012.深圳市环境污染与经济增长关系的实证研究[J].再生资源与循环经济，(7)：17-20，28.

冯静茹.2013.浅析美国区域性碳排放权交易制度及其启示——以美国区域温室气体行动为视角[J].国际研究，(13)：250-252.

郭庆旺，贾俊雪.2005.中国全要素生产率的估算：1979—2004[J].经济研究，(6)：51-60.

郭腾云，董冠鹏.2009.基于GIS和DEA的特大城市空间紧凑度与城市效率分析[J].地球信息科学学报，(4)：482-490.

郭亚军.2002.一种新的动态综合评价方法[J].管理科学学报，5(2)：49-54.

侯强，王晓莉，叶丽绮.2008.基于SFA的辽宁省城市技术效率差异分析[J].沈阳工业大学学报(社会科学版)，(3)：230-234.

胡蓉，徐岭.2010.浅析美国碳排放权制度及其交易体系[J].内蒙古大学学报，(5)：17-20.

蒋本铁，郭亚军.2000.具有"三维"特征的综合评价方法[J].东北大学学报(自然科学版)，21(2)：140-143.

李博之.1987.南昌市的城市效率初探[J].江西师范大学学报(自然科学版)，(4)：115-121.

李布.2010.借鉴欧盟碳排放交易经验构建中国碳排放交易体系[J].中国发察，(1)：55-56.

李刚.2007.基于Panel Data和SEA的环境Kuznets曲线分析——与马树才、李国柱两位先生探讨[J].统计研究，(5)：54-59.

李国璋，江金荣，周彩云.2010.全要素能源效率与环境污染关系研究[J].中国人口·资源与环境，(4)：50-56.

李郇，徐现祥，陈浩辉．2005．20 世纪 90 年代中国城市效率的时空变化［J］．地理学报，（4）：615-625．

李陶，陈林菊，范英．2010．基于非线性规划的中国省区碳强度减排配额研究［J］．管理评论，（6）：54-60．

李彦明．2007．南京市工业"三废"排放的环境库兹涅茨特征研究［J］．世界科技研究与发展，（3）：82-86．

李治国，周德田．2013．基于 VAR 模型的经济增长与环境污染关系实证分析——以山东省为例［J］．企业经济，（8）：11-16．

梁超．2013．环境约束下中国城镇化效率及其影响因素实证研究［D］．重庆大学硕士学位论文．

廖振良．2012．上海市碳排放交易机制及发展战略研究报告［R］．上海，联合国环境规划署——同济大学环境与可持续发展学院．

刘建徽，王克勤．2005．基于 DEA 方法评价城市化相对效率［J］．重庆职业技术学院学报，（2）：107-109．

刘兆德，陈国忠．1998．山东省城市经济效率分析［J］．地域研究与开发，（1）：44-48．

马树才，李国柱．2006．中国经济增长与环境污染关系的 Kuznets 曲线［J］．统计研究，（8）：37-40．

彭水军，包群．2006．经济增长与环境污染——环境库兹涅茨曲线假说的中国检验［J］．财经问题研究，（8）：3-17．

宋树龙，孙贤国．1999．论珠江三角洲城市效率及其对城市化影响［J］．地理学与国土研究，（3）：34-37．

王兵，吴延瑞，颜鹏飞．2010．中国区域环境效率与环境全要素生产率增长［J］．经济研究，（5）：99-100．

王宏．2002．重庆环境成本、自然资源成本估算及对 GDP 的修正［J］．探索，（5）：127-129．

王瑞玲，陈印军．2005．我国"三废"排放的库兹涅茨曲线特征及其成因的灰色关联度分析［J］．中国人口·资源与环境，（2）：42-47．

王嗣均．1994．城市效率差异对我国未来城镇化的影响［J］．经济地理，（1）：46-50．

王伟男．2009．欧盟排放交易机制及其成效评析［J］．世界经济研究，（7）：68-73．

王圆圆．2004．安徽城市效率分析与对策［J］．地域研究与开发，（2）：34-37．

王志刚，龚六堂，陈玉宇．2006．地区间生产效率与全要素生产增长率分解(1978—2003)［J］．中国社会科学，（2）：55-66．

吴玉萍，董锁成，宋键峰．2002．北京市经济增长与环境污染水平计量模型研究［J］．地理研究，（2）：239-246．

吴郁玲，曲福田．2007．中国城市土地集约利用的影响机理：理论与实证研究［J］．资源科学，（6）：106-113．

熊灵，齐绍洲．2012．欧盟碳排放交易体系的结构缺陷、制度变革及其影响［J］．欧洲研究，（1）：52-55．

徐双庆，刘滨．2012．日本国内碳交易体系研究及启示［J］．清华大学学报，（8）：1119-1120．

张步艰．1995．浙江省城市经济效率分析［J］．地理学与国土研究，（4）：33-36．

张军，吴桂英，张吉鹏．2008．中国省际物质资本存量估算：1952 物质资本存量估算［J］．经济研究，（10）：36-37．

张莉侠．2007．中国乳制品企业技术效率分析——基于 SBM 超效率模型［J］．统计与信息论坛，（3）：103-108．

张麟，刘光中．2001．城市系统效率的差异及对我国城市化进程的影响［J］．软科学，（3）：65-67．

章升东，宋维明，何宇 . 2007. 国际碳基金发展概述[J]. 林业经济，(7)：47-48.

章升东，宋维明，李怒云 . 2006. 国际碳市场现状与趋势[J]. 世界林业研究，(5)：9-13.

郑利芳 . 2008. 苏州经济发展中的环境保护研究[D]. 中国地质大学硕士学位论文 .

钟太洋，蒋鹏，徐忠国 . 2001. 城市化进程中耕地资源转用效率评价——以江苏省为例[J]. 地域研究和开发，(2)：55-59.

周冲，吴玲 . 2013. 安徽省城镇化发展影响因素分析[J]. 统计与决策，(23)：91-93.

周阳品，王雪娜，黄光庆 . 2010. 基于环境库兹涅茨曲线分析的广州城市环境发展趋势探讨[J]. 热带地理，(5)：491-495.

朱智洺 . 2004. 库兹涅茨曲线在中国水环境分析中的应用[J]. 河海大学学报（自然科学版），(4)：387-390.

Aigner D，Lovell C A，Schmidt P. 1977. Formulation and estimation of stochastic frontier production function models[J]. Journal of Econometrics，6(1)：21-37.

Alonso W. 1971. The economics of urban size[J]. Papers in Regional Science，26(1)：67-83.

Battese G E，Coelli T J. 1995. A model for technical inefficiency effects in a stochastic frontier production function for panel data[J]. Empirical economics，20(2)：325-332.

Battese G E，Corra G S. 1977. Estimation of a production frontier model：with application to the pastoral zone of Eastern Australia[J]. Australian Journal of Agrcultural Economics，21(3)：169-179.

Bimonte S. 2002. Information access, income distribution, and the environmental Kuznets curve[J]. Ecological Economics，41(1)：145-156.

Bimonte S，Salvatore B. 1999. Information access income distribution, and the environmental Kuznets curve[J]. Ecological Economics，31：409~423.

Bohm P，Larsen B. 1994. Fairness in a tradable permit treaty for carbon emissions reductions in Europe and the former Soviet Union [J]. Environmental and Resource Economics，(4)：219-239.

Boucekkine R，Pommeret A，Prieur F. 2013. Technological vs. ecological switch and the environmental Kuznets curve[J]. Ecological Economics，95(2)：252-260.

Byrnes P E，Storbeck J E. 2000. Efficiency gains from regionalization：economic development in China revisited[J]. Socio-Economic Planning Sciences，34(2)：141-154.

Charnes A，Cooper W W，Golany B. 1985. Foundations of data envelopment analysis for Pareto-Koopmans efficient empirical production functions[J]. Journal of econometrics，30(1)：91-107.

Charnes A，Cooper W W，Li S. 1989. Using data envelopment analysis to evaluate efficiency in the economic performance of Chinese cities[J]. Socio-Economic Planning Sciences，23(6)：325-344.

Charnes A，Cooper W W，Rhodes E. 1978. Measuring the efficiency of decision making units[J]. European journal of operational research，2(6)：429-444.

Chen W. 2005. The costs of mitigating carbon emissions in China：findings from China MARKAL-MACRO modeling[J]. Energy Policy，33(7)：885-896.

Coase R H. 1960. The problem of social cost[J]. Journal of Law and Economics，(3)：1-44.

Cornwell C，Schmidt P，Sickles R C. 1990. Production frontiers with cross-sectional and time-series variation in efficiency levels[J]. Journal of Econometrics，46(1)：185-200.

Criqui P，Mima S，Viguir L. 1999. Marginal abatement cost of CO_2 emission reductions, geographical flexibility and concrete ceilings：an assessment using the POLES model[J]. Energy Policy，27：585-601.

Cui L B, Zhu L, Springmann M, et al. 2014. Design and analysis of the green climate fund[J]. Journal of Systems Science and Systems Engineering, 23(3): 266-299.

Dales J H. 1968. Pollution, Property and Prices[M]. Toronto: University Press.

Dinda S. 2004. Environmental Kuznets curve hypothesis: a survey[J]. Ecological Economics, 49(4): 431-455.

Dinda S. 2005. A theoretical basis for the environmental Kuznets curve[J]. Ecological Economics, 53(3): 403-413.

Ellerman A D, Buchner B K. 2007. The European Union emissions trading scheme: origins, allocation, and early results [J]. Environmental Economics and Policy, 1(1): 66-87.

Ellerman D A, Decaux A. 1998. Analysis of post-kyoto CO2 emission trading using marginal abatement curves[C]. Massachusetts Institute of Technology, Joint Program on the Science and Policy of Global Change, Report 40.

Enkvist P A, Nauclér T, Rosander J. 2007. A cost curve for greenhouse gas reduction[J]. The McKinsey Quarterly, 1: 35-45.

Färe R, Grosskopf S, Lovell C A K. 1994. Production Frontiers[M]. Cambridge: Cambridge University Press.

Färe R, Grosskopf S, Pasurka Jr C A. 2007. Environmental production functions and environmental directional distance functions[J]. Energy, 32(7): 1055-1066.

Giovanis E. 2013. Environmental Kuznets curve: evidence from the British household panel survey[J]. Economic Modelling, 30: 602-611.

Grossman G M, Krueger A B. 1995. Economic growth and the environment[J]. Quarterly Journal of Economics, 110(2): 337-353.

Hailu A, Veeman T S. 2001. Non-parametric productivity analysis with undesirable outputs: an application to Canadian pulp and paper industry[J]. American Journal of Agricultural Economics, 83: 605-616.

IEA. 2011. CO_2 emissions from fuel combustion: highlights (2011 edition) [M]. Paris: OECD / IEA.

Kesicki F, Strachan N. 2011. Marginal abatement cost (MAC) curves: confronting theory and practice [J]. Environmental Science and Policy, 14: 1195 -1204.

Klepper G, Peterson S. 2006. Marginal abatement cost curves in general equilibrium: the influence of world energy prices [J]. Resource and Energy Economics, 28(1): 1-23.

Kossoy A, Ambrosi P. 2010. State and trends of the carbon market 2010 [R]. Washington D C: World Bank.

List J A, Gallet C A. 1999. The environmental Kuznets curve: does one size fit all? [J]. Ecological Economics, 31(3): 409-423.

Luukkonen R, Saikkonen P T T. 1988. Testing linearity against smooth transition autoregressive modles [J]. Biometrika, (75): 491.

Luzzati T, Orsini M. 2009. Investigating the energy-environmental Kuznets curve[J]. Energy, 34(3): 291-300.

Manne A S, Richels R G. 1992. Buying Greenhouse Insurance: The Economic Costs of CO2 Emission Limits[M]. Massachusetts: MIT Press.

Meeusen W, van den Broeck J. 1977. Efficiency estimation from Cobb-Douglas production functions with composed error[J]. International Economic Review, 18(2): 435-444.

Miah D. 2010. Global observation of EKC hypothesis for CO _ 2, SO _ x and NO _ x emission: a policy understanding for climate change mitigation in Bangladesh[J]. Ecological Economics，38(8)：4643.

Miah E，Danesh C. 2008. Global observation of EKC hypo their for CO _ 2，SO _ x and NO _ x emission：a policy understanding for climate change mitigation in Bangladesh[J]. Energy Policy，34(3)：291～300.

Morris J，Paltsev S，Reilly J. 2008. Marginal abatement costs and marginal welfare costs for greenhouse gas emissions reductions：results from the EPPA model[R]. MIT Joint Program on the Science and Policy of Global Change Report 164.

Nordhaus W D. 1991. The cost of slowing climate change：a survey[J]. Energy Journal，(12)：37～65.

Northam R M. 1975. Urban Geography[M]. New York：J. Wiley Sons.

Oberndorfer U. 2009. EU emission allowances and the stock market：evidence from the electricity industry[J]. Ecological Economics，68：1116-1129.

Okada A. 2007. International negotiations on climate change：a non-cooperative game analysis of the kyoto protocol[A]. In：Rudolf A，William Z I. Diplomacy Games—Formal Models and International Negotiation[C]. Berlin：Springer Publisher.

Park S，Lee Y. 2011. Regional model of EKC for air pollution：evidence from the republic of korea[J]. Energy Policy，39(10)：5840-5849.

Prud'homme R，Lee C W. 1999. Size，sprawl，speed and the efficiency of cities[J]. Urban Studies，36(11)：1849-1858.

Rebane K K. 1995. Energy，entropy，environment：why is protection of the environment objectively difficult? [J]. Ecological Economics，13(2)：89-92.

Seiford L M，Zhu J. 2002. Modeling undesirable factors in efficiency evaluation[J]. European Journal of Operational Research，142：16-20.

Solow R M. 1957. Technical change and the aggregate production function[J]. The Review of Economics and Statistics，39(3)：312-320.

Sveikauskas L. 1975. The productivity of cities[J]. The Quarterly Journal of Economics，89(3)：393-413.

Tone K. 2001. A slacks-based measure of efficiency in data envelopment analysis[J]. European Journal of Operational Research，(130)：498-509.

Tone K. 2004. Dealing with undesirable outputs in DEA：a slacks-based measure (SBM) approach[R]. Presentation at NAPW III，Toronto.

Zhang Z X. 1996. Cost-effective analysis of carbon abatement options in China's electricity sector[J]. Energy Sources，20：385-405.

Zhu J. 1998. Data envelopment analysis vs. principal component analysis：an illustrative study of economic performance of Chinese cities[J]. European Journal of Operational Research，111(1)：50-61.

附　录

附表 2-1　国际主要地区二氧化碳排放量（单位：亿吨）

年份	中国	欧洲联盟	日本	美国	澳大利亚
1995	332.03	399.77	118.39	515.62	30.74
1996	346.31	411.80	120.56	528.60	32.93
1997	346.95	401.25	120.16	541.94	33.36
1998	332.43	401.55	115.91	545.61	34.69
1999	331.81	389.58	119.80	553.17	32.55
2000	340.52	391.41	121.96	571.36	32.96
2001	348.76	399.85	120.23	560.14	32.49
2002	369.42	396.79	121.68	565.09	34.10
2003	452.52	405.84	123.74	568.17	34.65
2004	528.82	406.88	125.97	579.08	34.88
2005	579.00	404.71	123.82	582.64	36.27
2006	641.45	405.88	123.13	573.76	37.12
2007	679.18	400.99	125.11	582.87	37.72
2008	703.54	392.61	120.69	565.68	38.76
2009	769.22	362.91	110.07	531.18	39.51
2010	828.69	370.98	117.07	543.31	37.31
2011	864.00	371.60	124.00	530.27	38.43

附表 2-2　基于 2005 年不变价国际主要地区 GDP 水平（单位：亿美元）

年份	中国	欧洲联盟	日本	美国	澳大利亚
1995	9 373.70	109 230.08	41 321.89	90 199.00	4 791.90
1996	10 311.08	111 294.42	42 400.42	93 614.00	4 983.27
1997	11 270.01	114 372.33	43 076.97	97 832.00	5 177.65
1998	12 149.07	117 665.05	42 214.07	102 138.00	5 411.89
1999	13 072.39	121 074.25	42 129.93	107 111.00	5 680.02
2000	14 170.48	125 710.99	43 081.01	111 581.00	5 898.47
2001	15 346.63	128 418.76	43 234.14	112 801.00	6 010.51

续表

年份	中国	欧洲联盟	日本	美国	澳大利亚
2002	16 743.17	130 111.78	43 359.33	114 863.00	6 245.71
2003	18 417.49	132 016.51	44 089.98	117 795.00	6 442.51
2004	20 277.65	135 403.81	45 130.83	121 894.00	6 709.71
2005	22 569.03	138 257.35	45 718.76	125 643.00	6 923.54
2006	25 435.29	142 886.28	46 492.73	128 984.00	7 134.20
2007	29 047.10	147 513.93	47 511.94	131 444.00	7 404.45
2008	31 835.63	148 001.69	47 017.04	130 972.00	7 683.51
2009	34 764.50	141 622.33	44 418.42	126 900.00	7 810.15
2010	38 380.01	144 618.32	46 484.81	129 920.00	7 973.19
2011	41 949.35	146 923.89	46 219.70	132 259.00	8 167.20

附表 2-3　国际主要地区劳动投入（单位：百万人）

年份	中国	欧洲联盟	日本	美国	澳大利亚
1995	676.21	222.00	66.88	136.71	9.04
1996	685.08	223.38	67.43	138.81	9.14
1997	693.87	224.63	67.96	141.28	9.22
1998	702.44	225.88	68.04	143.35	9.32
1999	712.54	227.37	67.83	145.24	9.43
2000	723.39	228.81	67.59	147.13	9.62
2001	734.24	229.06	67.57	148.22	9.79
2002	746.75	229.88	67.11	149.01	9.94
2003	758.31	232.08	66.94	149.93	10.12
2004	770.03	234.79	66.63	151.19	10.25
2005	780.38	237.06	66.63	152.91	10.56
2006	789.99	239.62	66.61	155.17	10.81
2007	797.90	241.72	66.92	156.46	11.07
2008	802.22	244.14	66.74	158.21	11.34
2009	808.46	245.05	66.52	158.14	11.55
2010	812.50	245.67	66.75	157.95	11.71
2011	816.58	246.40	66.68	159.07	11.86

附表 2-4　国际主要地区能源投入（单位：百万吨石油当量）

年份	中国	欧洲联盟	日本	美国	澳大利亚
1995	1 044.45	1 644.37	496.26	2 067.21	92.56
1996	1 073.50	1 700.67	507.08	2 113.13	98.95
1997	1 072.55	1 684.61	512.49	2 134.50	101.29
1998	1 079.92	1 694.81	503.27	2 152.67	103.94
1999	1 100.70	1 681.17	512.36	2 210.90	106.19
2000	1 161.35	1 692.72	518.96	2 273.33	108.11
2001	1 186.80	1 733.14	510.79	2 230.82	105.75
2002	1 253.83	1 728.12	510.39	2 255.96	109.46
2003	1 427.55	1 764.61	506.24	2 261.15	110.81
2004	1 639.85	1 783.91	522.49	2 307.82	112.70
2005	1 775.68	1 785.88	520.54	2 318.86	113.50
2006	1 938.94	1 787.58	519.81	2 296.69	115.02
2007	2 044.61	1 766.88	515.20	2 337.01	118.65
2008	2 120.81	1 759.16	495.35	2 277.03	122.52
2009	2 286.14	1 659.03	472.17	2 164.46	122.11
2010	2 516.73	1 724.29	499.09	2 215.50	122.51
2011	2 727.73	1 662.45	461.47	2 191.19	122.89

附表 2-5　基于 2005 不变价的国际地区资本投入（单位：亿美元）

年份	中国	欧洲联盟	日本	美国	澳大利亚
1995	20 899.11	278 671.78	115 808.16	141 137.72	10 027.05
1996	23 597.18	285 360.96	119 331.65	147 133.08	10 393.69
1997	26 475.79	292 524.86	122 592.52	154 106.77	10 806.40
1998	29 665.91	300 917.21	124 824.89	162 300.29	11 297.23
1999	33 015.11	310 139.44	126 831.52	171 656.27	11 811.30
2000	36 702.39	320 000.45	128 770.35	181 778.33	12 396.39
2001	40 698.19	329 630.25	130 345.97	190 951.85	12 828.70
2002	45 256.15	338 666.54	131 292.16	198 825.22	13 348.25
2003	50 662.24	347 585.75	132 189.97	206 824.45	14 012.14
2004	56 731.45	356 846.87	133 064.78	215 628.74	14 773.27
2005	63 521.29	366 572.63	133 963.99	225 059.73	15 600.95
2006	71 190.03	377 522.22	134 954.36	234 404.55	16 544.20
2007	79 930.32	389 749.68	135 907.97	242 704.23	17 524.61
2008	89 433.43	401 012.53	136 367.68	248 993.94	18 642.00
2009	101 464.80	407 706.88	135 738.95	251 098.36	19 730.46
2010	114 825.52	414 085.40	135 132.63	252 963.47	20 789.38
2011	129 306.64	420 407.45	134 667.27	255 471.03	21 866.99

附表 2-6 "十二五"期间我国 31 个省(自治区，直辖市)单位生产总值二氧化碳排放下降指标(单位：%)

地区	单位生产总值二氧化碳排放下降	单位生产总值能源消耗下降	地区	单位生产总值二氧化碳排放下降	单位生产总值能源消耗下降
北 京	18	17	湖 北	17	16
天 津	19	18	湖 南	17	16
河 北	18	17	广 东	19.5	18
山 西	17	16	广 西	16	15
内蒙古	16	15	海 南	11	10
辽 宁	18	17	重 庆	17	16
吉 林	17	16	四 川	17.5	16
黑龙江	16	16	贵 州	16	15
上 海	19	18	云 南	16.5	15
江 苏	19	18	西 藏	10	10
浙 江	19	18	陕 西	17	16
安 徽	17	16	甘 肃	16	15
福 建	17.5	16	青 海	10	10
江 西	17	16	宁 夏	16	15
山 东	18	17	新 疆	11	10
河 南	17	16			

附表 3-1 我国各省(自治区、直辖市)三种主要环境污染物排放环境熵测算结果

地区	年份	废气排放环境熵	废水排放环境熵	固体废物产生环境熵	地区	年份	废气排放环境熵	废水排放环境熵	固体废物产生环境熵
北京市	2003	0.14	−2.96	3.87	山西省	2003	1.22	0.15	0.65
	2004	0.61	−0.30	3.46		2004	0.19	0.28	0.54
	2005	0.13	0.01	−0.23		2005	0.20	0.16	0.20
	2006	2.19	−1.03	2.22		2006	0.75	4.78	0.31
	2007	4.17	−1.69	−6.49		2007	0.70	−1.06	0.79
	2008	−2.89	−0.52	−3.92		2008	0.33	−0.03	0.85
	2009	1.31	0.98	11.70		2009	0.11	−0.57	−0.65
	2010	0.48	−0.14	0.36		2010	1.08	1.55	0.61
	2011	0.82	0.50	−7.18		2011	0.76	−2.01	1.95
天津市	2003	0.86	−0.28	0.03	吉林省	2003	0.74	−4.53	0.41
	2004	−1.20	0.62	0.43		2004	2.18	7.28	2.46
	2005	1.22	3.74	1.19		2005	32.21	268.67	38.76
	2006	2.15	−5.18	0.77		2006	−5.31	16.37	−7.71
	2007	−1.21	−1.18	0.51		2007	−26.03	−16.24	−37.20
	2008	0.37	−0.48	0.23		2008	4.75	−10.04	5.87
	2009	−0.02	−0.54	0.12		2009	0.09	−0.07	0.08
	2010	0.73	0.08	0.59		2010	46.84	31.30	51.20
	2011	0.83	0.06	−0.30		2011	33.47	30.78	20.06

续表

地区	年份	废气排放环境熵	废水排放环境熵	固体废物产生环境熵	地区	年份	废气排放环境熵	废水排放环境熵	固体废物产生环境熵
河北省	2003	0.37	0.41	0.17	黑龙江	2003	—	—	—
	2004	0.42	2.59	0.93		2004	0.55	−9.44	0.66
	2005	0.38	−0.53	−0.05		2005	0.82	−0.05	0.26
	2006	2.15	2.15	−0.63		2006	1.48	−0.34	3.02
	2007	0.57	−1.12	0.59		2007	2.58	−5.80	0.92
	2008	−0.76	−0.42	0.15		2008	0.26	0.15	0.37
	2009	1.34	−2.60	0.42		2009	16.79	−16.53	13.16
	2010	0.36	0.72	1.31		2010	0.60	10.40	1.30
	2011	2.15	1.04	2.65		2011	0.20	2.14	1.17
辽宁省	2003	0.89	−1.02	0.09	安徽省	2003	0.17	−0.53	0.19
	2004	23.69	251.00	97.52		2004	0.22	0.35	0.26
	2005	0.55	0.84	0.16		2005	0.25	−0.12	0.28
	2006	3.81	−6.14	2.66		2006	0.42	2.77	0.55
	2007	−2.72	0.37	1.75		2007	0.97	1.30	0.56
	2008	3.29	−2.41	0.48		2008	0.42	−2.26	0.79
	2009	−8.63	−4.39	1.24		2009	−0.12	2.32	0.45
	2010	0.16	−0.30	−0.01		2010	0.81	−1.60	0.58
	2011	0.38	1.57	1.43		2011	1.96	−0.12	0.98
上海市	2003	0.20	−0.41	0.23	河南省	2003	0.53	0.11	0.31
	2004	0.18	−0.17	0.17		2004	0.35	0.62	0.53
	2005	−0.05	−0.19	0.17		2005	0.58	0.98	0.66
	2006	0.40	−0.24	0.27		2006	0.28	0.91	0.69
	2007	0.09	−0.08	0.35		2007	0.39	0.49	0.64
	2008	0.64	−0.90	0.88		2008	0.25	−0.19	0.32
	2009	−0.19	−0.06	−0.29		2009	0.33	0.85	0.53
	2010	2.17	−0.69	0.91		2010	0.16	2.47	−0.13
	2011	−0.99	−2.15	−0.44		2011	2.43	−1.20	1.31
江苏省	2003	0.08	−1.03	0.10	湖北省	2003	0.16	−0.98	0.22
	2004	0.51	1.62	0.54		2004	1.36	0.66	0.32
	2005	0.27	2.24	0.51		2005	−0.55	5.87	−1.22
	2006	0.52	−0.73	0.67		2006	1.31	−1.16	1.49
	2007	−0.19	−1.81	0.09		2007	−0.61	−0.11	1.03
	2008	0.28	−0.98	0.25		2008	0.62	1.66	0.50
	2009	0.30	−0.34	0.16		2009	0.55	−1.55	0.90
	2010	0.11	0.19	0.13		2010	0.14	0.48	0.39
	2011	1.94	−4.29	0.55		2011	1.69	2.18	0.41

地区	年份	废气排放环境熵	废水排放环境熵	固体废物产生环境熵	地区	年份	废气排放环境熵	废水排放环境熵	固体废物产生环境熵
浙江省	2003	0.67	0.04	0.37	湖南省	2003	0.28	1.99	0.44
	2004	0.50	−0.23	0.64		2004	0.37	−0.24	0.46
	2005	0.24	1.26	0.19		2005	0.25	−0.21	0.13
	2006	1.20	1.34	2.07		2006	0.03	−2.90	0.30
	2007	1.33	0.19	1.23		2007	0.94	0.04	0.69
	2008	0.12	−0.18	0.69		2008	0.15	−0.87	−0.04
	2009	1.34	0.85	0.66		2009	0.86	0.80	0.68
	2010	0.11	0.29	0.13		2010	19.66	−1.47	8.48
	2011	1.94	−4.29	0.55		2011	0.52	0.21	1.93
福建省	2003	0.30	1.10	−1.36	广东省	2003	0.15	0.17	0.27
	2004	0.46	1.12	0.63		2004	0.33	0.58	0.40
	2005	0.70	1.10	0.71		2005	0.22	2.44	0.32
	2006	0.48	−0.34	1.08		2006	0.03	0.02	0.09
	2007	1.69	0.84	1.30		2007	5.48	3.09	6.28
	2008	−0.01	0.18	0.70		2008	3.53	−5.41	4.68
	2009	0.43	0.09	0.94		2009	16.44	−30.56	−3.40
	2010	0.21	−0.21	0.22		2010	0.09	−0.02	0.25
	2011	0.59	2.98	−4.06		2011	4.97	−0.94	1.67
山东省	2003	0.30	0.49	0.14	海南省	2003	0.09	0.01	−0.03
	2004	0.75	0.80	0.55		2004	0.64	−1.20	0.55
	2005	0.86	0.83	0.76		2005	2.19	2.89	0.52
	2006	0.28	0.32	0.83		2006	−0.28	−0.37	0.51
	2007	1.54	2.15	0.68		2007	1.21	−4.59	0.23
	2008	0.43	0.73	0.57		2008	1.44	0.20	1.66
	2009	0.37	0.45	0.72		2009	0.00	3.24	−0.38
	2010	1.04	1.06	0.59		2010	0.01	−6.37	0.33
	2011	0.81	−1.03	1.50		2011	2.13	5.05	6.05
内蒙古自治区	2003	0.35	0.20	0.17	陕西省	2003	0.39	1.41	0.21
	2004	1.17	−0.17	0.32		2004	0.40	1.38	1.64
	2005	−0.25	0.56	0.69		2005	0.45	2.72	1.59
	2006	1.08	0.66	0.31		2006	0.23	−0.45	0.18
	2007	−0.04	−0.58	0.47		2007	0.38	1.80	0.69
	2008	0.28	0.82	−0.08		2008	1.19	−0.07	0.61
	2009	0.59	−0.10	0.25		2009	0.47	0.09	−0.62
	2010	0.23	1.47	0.63		2010	0.50	−0.54	0.78
	2011	0.43	−0.09	1.59		2011	0.62	−0.91	0.16

地区	年份	废气排放环境熵	废水排放环境熵	固体废物产生环境熵	地区	年份	废气排放环境熵	废水排放环境熵	固体废物产生环境熵
广西壮族自治区	2003	0.59	2.23	1.66	甘肃省	2003	1.11	1.41	0.73
	2004	1.77	0.32	0.19		2004	−0.29	−3.81	0.21
	2005	−0.59	1.12	0.28		2005	0.55	−1.75	0.25
	2006	0.30	−1.28	0.76		2006	0.60	−0.28	0.78
	2007	0.98	2.56	0.72		2007	2.43	−2.14	1.86
	2008	−0.23	0.71	0.74		2008	−0.28	1.59	0.77
	2009	0.56	−3.01	0.38		2009	1.27	−0.05	−0.22
	2010	0.60	0.26	1.00		2010	−0.05	−0.34	0.32
	2011	2.96	−2.30	0.94		2011	6.22	5.67	5.14
重庆市	2003	—	—	—	青海省	2003	0.27	−0.18	0.12
	2004	—	—	—		2004	1.15	0.37	0.28
	2005	—	—	—		2005	0.40	7.24	0.18
	2006	0.73	0.03	0.01		2006	128.49	−52.27	16.97
	2007	0.19	−0.57	0.36		2007	0.85	0.19	0.24
	2008	−0.05	−0.06	0.23		2008	1.42	−0.30	0.18
	2009	1.08	−0.04	0.25		2009	0.09	1.48	0.02
	2010	−0.42	−0.74	0.34		2010	0.32	0.18	0.11
	2011	−0.31	−0.26	0.41		2011	1.22	−0.29	4.36
四川省	2003	−0.17	0.44	0.62	宁夏回族自治区	2003	0.08	−0.07	0.19
	2004	0.33	−0.21	0.59		2004	0.14	−0.08	0.09
	2005	0.12	0.12	0.19		2005	0.19	3.31	0.15
	2006	0.68	−1.06	0.78		2006	0.23	−1.86	0.31
	2007	3.05	−0.11	1.20		2007	0.43	1.10	0.62
	2008	−2.08	−0.64	−0.24		2008	0.22	−0.32	0.25
	2009	−0.04	0.12	0.09		2009	0.09	0.23	0.35
	2010	1.69	−1.61	1.58		2010	4.46	0.11	2.00
	2011	0.60	−1.39	0.74		2011	−1.55	−0.58	0.95
贵州省	2003	0.07	−0.92	4.20	新疆维吾尔自治区	2003	0.85	0.08	0.34
	2004	0.75	−0.63	1.17		2004	1.17	1.24	0.16
	2005	−0.57	−2.63	1.03		2005	0.36	0.85	0.20
	2006	9.33	−1.82	3.19		2006	0.67	0.43	0.67
	2007	2.96	−2.63	0.35		2007	0.54	0.21	0.80
	2008	−4.75	−0.38	−0.34		2008	0.62	2.42	1.02
	2009	1.34	2.64	3.29		2009	3.31	3.87	6.02
	2010	0.56	0.23	0.24		2010	0.55	0.17	0.30
	2011	0.42	5.31	−0.84		2011	3.69	3.52	4.99

续表

地区	年份	废气排放环境熵	废水排放环境熵	固体废物产生环境熵	地区	年份	废气排放环境熵	废水排放环境熵	固体废物产生环境熵
云南省	2003	0.96	1.41	0.10	江西省	2003	0.32	0.70	0.36
	2004	0.53	1.99	0.47		2004	0.41	0.85	0.38
	2005	0.37	−3.05	0.43		2005	0.23	−0.13	0.52
	2006	1.00	1.05	1.09		2006	0.31	1.43	0.33
	2007	1.02	0.70	0.80		2007	0.58	1.45	0.46
	2008	0.11	−1.15	0.45		2008	0.52	−0.44	0.33
	2009	0.81	−0.37	0.46		2009	0.24	−0.21	0.45
	2010	1.44	−1.28	0.67		2010	0.95	1.20	0.65
	2011	1.98	4.78	2.45		2011	—	—	—

附表 3-2 2002～2006 年我国各省(自治区、直辖市)新型城镇化效率值及排名

地区	2002 年		2003 年		2004 年		2005 年		2006 年	
	新型城镇化效率值	排名	新型城镇化效率值	排名	新型城镇化效率值	排名	新型城镇化效率值	排名	新型城镇化效率值	排名
北京	0.4	12	0.46	11	0.4	12	0.4	12	0.76	9
天津	1.08	6	1.01	8	1.03	8	2.27	1	2.23	1
河北	0.33	14	0.31	14	0.26	19	0.24	18	0.15	24
辽宁	0.27	21	0.23	23	0.17	27	0.17	25	0.11	28
上海	1.23	3	1.28	3	1.4	4	1.14	5	1.13	4
江苏	1.09	5	1.07	5	1	10	1.21	4	1.02	8
浙江	1.01	9	1.04	7	1.01	9	0.35	13	0.25	15
福建	1.05	8	1.04	6	1.04	6	1.01	9	0.34	11
山东	0.26	22	0.13	29	0.16	28	0.15	28	0.12	27
广东	1.01	10	0.2	27	1.03	7	1	10	1.04	6
海南	9.27	1	4.77	1	1.71	2	1.64	2	1.74	2
安徽	0.31	20	0.38	13	0.34	13	0.28	15	0.28	14
江西	0.31	18	0.24	22	0.27	17	0.26	16	0.18	22
河南	0.14	30	0.11	30	0.1	30	0.1	30	0.09	30
湖北	0.19	28	0.28	17	0.28	15	1.01	8	1.02	7
湖南	0.33	15	0.28	16	0.22	24	0.22	21	0.19	20
吉林	1.06	7	1.11	4	1.11	5	1.04	6	1.11	5
山西	0.24	25	0.24	21	0.22	23	0.2	23	0.19	21
黑龙江	0.37	13	0.39	12	3.63	1	1.03	7	0.31	13
内蒙古	0.24	23	0.2	26	0.2	25	0.16	27	0.15	25
广西	0.33	16	0.26	19	0.27	18	0.19	24	0.21	17

续表

地区	2002 年		2003 年		2004 年		2005 年		2006 年	
	新型城镇化效率值	排名	新型城镇化效率值	排名	新型城镇化效率值	排名	新型城镇化效率值	排名	新型城镇化效率值	排名
重庆	0.22	27	0.21	25	0.19	26	0.17	26	0.14	26
四川	0.14	29	0.14	28	0.14	29	0.13	29	0.11	29
贵州	0.24	24	0.22	24	0.26	20	0.23	20	0.2	19
云南	0.31	19	0.52	10	0.29	14	0.21	22	0.16	23
陕西	0.32	17	0.26	18	0.26	21	0.24	17	0.2	18
甘肃	1.13	4	0.28	15	0.28	16	0.3	14	0.31	12
青海	1.25	2	1.45	2	1.48	3	1.46	3	1.44	3
宁夏	1	11	0.63	9	0.66	11	0.63	11	0.49	10
新疆	0.24	26	0.25	20	0.24	22	0.23	19	0.22	16

地区	2007 年		2008 年		2009 年		2010 年		2011 年	
	新型城镇化效率值	排名	新型城镇化效率值	排名	新型城镇化效率值	排名	新型城镇化效率值	排名	新型城镇化效率值	排名
北京	0.76	9	1.03	9	0.46	9	0.45	8	0.6	7
天津	2.01	1	1.27	3	0.65	7	0.48	7	0.63	6
河北	0.14	27	1.1	7	0.42	10	0.32	11	0.37	9
辽宁	0.11	28	0.11	29	0.11	29	0.17	25	0.15	28
上海	1.14	3	1.25	4	1.49	3	3.55	1	3.64	1
江苏	0.29	15	1.13	6	0.27	12	0.15	28	0.2	20
浙江	0.39	13	0.39	11	0.23	16	0.26	14	0.21	19
福建	0.3	14	0.3	13	0.29	11	0.32	12	0.31	11
山东	1	8	0.18	24	0.22	18	0.11	29	0.17	25
广东	1.08	6	1.07	8	1.03	6	0.21	18	0.17	26
海南	1.95	2	2.08	1	1.92	1	1.84	2	1.83	2
安徽	0.45	12	1.59	2	1.34	4	0.32	10	0.32	10
江西	0.21	19	0.2	21	0.21	21	0.26	13	0.28	13
河南	0.09	30	0.08	30	0.08	30	0.1	30	0.14	29
湖北	1	7	0.31	12	0.16	25	0.18	21	0.17	24
湖南	0.16	26	0.14	27	0.15	27	0.16	26	0.17	27
吉林	1.14	5	0.24	16	0.22	19	1.04	5	1.04	4
山西	0.19	21	0.21	20	0.2	22	0.2	19	0.22	17
黑龙江	0.51	11	0.18	25	0.16	26	0.18	22	0.2	21

续表

地区	2007 年		2008 年		2009 年		2010 年		2011 年	
	新型城镇化效率值	排名	新型城镇化效率值	排名	新型城镇化效率值	排名	新型城镇化效率值	排名	新型城镇化效率值	排名
内蒙古	0.2	20	0.22	19	0.21	20	0.5	6	0.41	8
广西	0.16	25	0.16	26	1.54	2	0.18	20	0.19	22
重庆	0.18	23	0.2	22	0.19	23	0.18	23	0.22	18
四川	0.1	29	0.12	28	0.11	28	0.15	27	0.14	30
贵州	0.16	24	0.25	15	0.24	15	0.23	17	0.28	14
云南	0.18	22	0.19	23	0.19	24	0.18	24	0.19	23
陕西	0.23	16	0.26	14	0.26	13	0.34	9	0.29	12
甘肃	0.22	17	0.23	17	0.23	17	0.25	15	0.25	16
青海	1.14	4	1.16	5	1.17	5	1.28	3	1.23	3
宁夏	0.52	10	0.59	10	0.57	8	1.08	4	0.82	5
新疆	0.21	18	0.23	18	0.25	14	0.24	16	0.26	15